泥鳅高效养殖100例

编著 徐在宽 徐 青

科学技术文献出版社
SCIENTIFIC AND TECHNICAL DOCUMENTATION PRESS

(京)新登字 130 号

内 容 简 介

本书广泛列举了不同地区、不同养殖方式的泥鳅的具体生产实例及其养殖经验,以便读者对泥鳅人工养殖能有更直接、更生动的认识,从而有利于开展泥鳅的养殖生产。为了使读者在参阅这些实例并结合自身条件开展泥鳅的养殖生产时能不断创新,从而提高养殖技术水平和经营水平,本书还介绍了泥鳅养殖生物学特点及其养殖生产中的关键问题。

本书适合水产养殖单位、养殖户及水产科技工作者阅读参考。

科学技术文献出版社是国家科学技术部系统惟一一家中央级综合性科技出版机构,我们所有的努力都是为了使您增长知识和才干。

前　言

　　泥鳅是淡水经济鱼类，营浅水底栖生活，多栖息于稻田、沟渠、池塘等浅水区域。泥鳅肉质细嫩，味道鲜美，营养丰富，且具有药用保健功能，享有"水中人参"之美誉，是深受国内外消费者喜爱的美味佳肴和滋补保健食品。

　　在我国，泥鳅多产于天然水域，历年来由于国内外市场需求量上升，捕捞量不断增加，农田耕作制度改变和农药大量使用，其自然资源量锐减，产量日趋下降。为了满足市场需求，除了加强天然资源保护、进行环境无公害整治、实施天然资源增殖外，开展人工养殖是一条必需和有效的途径。

　　泥鳅具有耐缺氧、生活力强、食性杂、浅水底栖等优良的养殖生物学特点，适宜庭院养殖、池塘养殖、稻田养殖、网箱养殖、工厂化养殖等多种集约化养殖方式，并能与多种水产品种进行混养，具有占地面积、占水域水体小，养殖技术不复杂，管理、运输方便，成本低，经济效益显著等优点，其巨大的养殖价值正越来越为人们所认识。

泥鳅人工养殖是近年来逐步兴起的一项产业，已总结出许多成功的新方法和养殖经济效益显著的实例，同时由于泥鳅养殖生物学特点与一般家鱼有区别，也不乏盲目上马导致失败的结果。所以，在开展泥鳅养殖之前，除了应熟悉泥鳅生物学特点及其养殖技术、经济运作方法之外，还应该熟悉并借鉴各地泥鳅养殖成功经验，以便更简捷地了解各种泥鳅养殖的成功诀窍，并根据各地成功经验结合自身条件开展并提高泥鳅养殖技术。为此，本书选编了最新公布的不同地区、不同养殖方式的泥鳅人工养殖实例供各地养殖者参考。实现一种成功的水产养殖涉及多种因素，例如，产品的市场容量、养殖的环境条件、苗种来源、饲料供应、养殖技术的难易、养殖规模和养殖方式、资金状况、投入产出的预测、人工管理水平、经营管理方式等，因此在参阅这些实例时，切忌生搬硬套，以偏概全；在开展泥鳅养殖时更重要的是不断分析总结经验，提高养殖水平和经营水平。为此，本书还介绍了泥鳅的养殖生物学特点并提示其养殖关键点,以便读者在参阅各实例时,更有效地分析其成功原因,从而根据自身条件结合这些实例获得更深入的认识,进而创造出更合理的养殖方式和经营方法,得到更高经济效益。

编著者

目 录

第一章 泥鳅的养殖生态特征 ……………………………… (1)
一、泥鳅的身体结构特征 ……………………………… (1)
二、泥鳅的栖息特性 …………………………………… (2)
三、泥鳅生活生长特征 ………………………………… (2)

第二章 泥鳅人工养殖实例 ………………………………… (7)
例 1　养殖池套养泥鳅、黄鳝 ……………………… (7)
例 2　藕田套养泥鳅、黄鳝 ………………………… (8)
例 3　藕田养鳅 ……………………………………… (10)
例 4　池塘生态养鳅 ………………………………… (12)
例 5　黄鳝养殖中混养泥鳅 ………………………… (14)
例 6　鳅、鳝、鱼混养 ……………………………… (16)
例 7　鳅、鳝网箱混养 ……………………………… (18)
例 8　茭白田鳅、鳝混养 …………………………… (21)
例 9　稻田养殖泥鳅 ………………………………… (23)
例 10　稻田养泥鳅,稻、鳅双丰收 ………………… (24)
例 11　泥鳅稻田苗种培育及养成 …………………… (26)
例 12　泥鳅人工繁育 ………………………………… (29)
例 13　泥鳅繁育技术总结 …………………………… (31)
例 14　泥鳅人工繁殖及苗种生产 …………………… (34)
例 15　泥鳅苗种规模化生产 ………………………… (37)
例 16　泥鳅人工繁殖及苗种培育 …………………… (41)

例 17　菱角田套养泥鳅增效益 …………………………… (43)
例 18　稻田网箱养殖泥鳅 ………………………………… (45)
例 19　池塘泥鳅高密度养殖 ……………………………… (47)
例 20　莲藕泥鳅种养结合 ………………………………… (49)
例 21　水田养泥鳅 ………………………………………… (51)
例 22　低洼田养泥鳅 ……………………………………… (53)
例 23　稻田繁殖泥鳅 ……………………………………… (54)
例 24　野生泥鳅驯养试验 ………………………………… (56)
例 25　池塘小网箱养殖泥鳅 ……………………………… (59)
例 26　池塘养泥鳅 ………………………………………… (62)
例 27　泥鳅、青虾池塘轮养 ……………………………… (64)
例 28　泥鳅池塘规模化养殖技术总结 …………………… (66)
例 29　养殖泥鳅获效益 …………………………………… (69)
例 30　微孔管道增氧养泥鳅 ……………………………… (71)
例 31　茨菇田养泥鳅增效益 ……………………………… (73)
例 32　庭院式养泥鳅 ……………………………………… (77)
例 33　茭白田养泥鳅 ……………………………………… (79)
例 34　池塘高效养泥鳅 …………………………………… (83)
例 35　稻田养鳅增效益 …………………………………… (86)
例 36　泥鳅在多品种放养中综合养殖 …………………… (87)
例 37　泥鳅大棚养殖 ……………………………………… (89)
例 38　泥鳅水泥池养殖 …………………………………… (91)
例 39　泥鳅、龙虾轮养 …………………………………… (94)
例 40　泥鳅苗种池塘培育生产试验 ……………………… (97)
例 41　大鳞副泥鳅苗种繁育技术总结 …………………… (101)
例 42　泥鳅集约化养殖 …………………………………… (106)
例 43　水泥池、网箱微流水集约化泥鳅养殖 …………… (108)
例 44　鳅、龟、鱼、螺混养 ……………………………… (110)

目 录

例 45　大刺鳅的繁殖和养殖介绍 …………………………(111)
例 46　稻田增殖水丝蚓养泥鳅 …………………………(114)
例 47　稻田养泥鳅生产技术总结 …………………………(117)
例 48　庭院建大棚暂养泥鳅增效 …………………………(119)
例 49　野生泥鳅分级暂养增效益 …………………………(120)
例 50　田凼养泥鳅 …………………………………………(122)
例 51　稻田养鳅增效益 ……………………………………(123)
例 52　莲藕—荸荠—泥鳅—油菜种养结合增效益 ………(125)
例 53　楼顶建池养泥鳅 ……………………………………(127)
例 54　茭茄田鱼和泥鳅混养 ………………………………(129)
例 55　稻田鱼和泥鳅混养 …………………………………(132)
例 56　泥鳅暂养增效益 ……………………………………(136)
例 57　泥鳅人工繁殖和苗种培育试验 ……………………(137)
例 58　黄河滩人工繁殖泥鳅 ………………………………(140)
例 59　利用蔬菜大棚养泥鳅 ………………………………(142)
例 60　山区梯田养泥鳅 ……………………………………(144)
例 61　早稻泥鳅轮作增效益 ………………………………(145)
例 62　稻田中放养亲泥鳅进行自然繁养的
　　　 经验小结 …………………………………………(148)
例 63　泥鳅池塘高效养殖总结 ……………………………(150)
例 64　泥鳅无公害池塘养殖试验 …………………………(152)
例 65　洼地养泥鳅的技术总结 ……………………………(155)
例 66　提高泥鳅水花培育成活率的经验小结 ……………(157)
例 67　莲藕池养泥鳅的技术总结 …………………………(159)
例 68　池塘养泥鳅增效益 …………………………………(161)
例 69　池塘网箱规模化养殖泥鳅 …………………………(162)
例 70　稻—蟹—泥鳅生态种养效果分析 …………………(164)
例 71　长薄鳅人工繁殖试验 ………………………………(169)

例 72　池塘网箱养殖泥鳅增效益 …………………… (174)
例 73　滩荡泥鳅、鱼、鳝混养 ………………………… (176)
例 74　稻田养殖泥鳅技术总结 ………………………… (178)
例 75　纸厂废水苇田养泥鳅 …………………………… (181)
例 76　稻田养泥鳅，稻、鱼双丰收 …………………… (186)
例 77　稻田中进行稻、蟹、泥鳅混养效果好 ………… (188)
例 78　稻、鸭、泥鳅复合种养系统效果分析 ………… (195)
例 79　小池养泥鳅效果好 ……………………………… (200)
例 80　池塘精养泥鳅 …………………………………… (202)
例 81　稻田养泥鳅经济效益明显 ……………………… (204)
例 82　池塘泥鳅高密度养殖 …………………………… (207)
例 83　水泥池微流水养殖泥鳅 ………………………… (209)
例 84　泥鳅水泥池高密度暂养 ………………………… (211)
例 85　高原鳅鱼试养介绍 ……………………………… (213)
例 86　庭院鳖池混养泥鳅 ……………………………… (215)
例 87　西北地区泥鳅人工繁殖试验 …………………… (218)
例 88　小土池生态高效养泥鳅 ………………………… (221)
例 89　大鳞副泥鳅人工催产试验 ……………………… (224)
例 90　介绍一种复合种养模式 ………………………… (227)
例 91　北方稻田泥鳅、河蟹混养 ……………………… (228)
例 92　北方稻田泥鳅、家鱼混养 ……………………… (232)
例 93　庭院式泥鳅囤养 ………………………………… (234)
例 94　泥鳅秋季人工繁殖及苗种培育 ………………… (235)
例 95　泥鳅池塘养殖试验 ……………………………… (239)
例 96　北方稻田泥鳅养殖增效益 ……………………… (242)
例 97　网箱泥鳅养殖技术经验总结 …………………… (245)
例 98　虾池养泥鳅防偷死症 …………………………… (247)
例 99　泥鳅大规模苗种生产技术 ……………………… (250)

例100 稻田养泥鳅增效益 ………………………… (254)

第三章 泥鳅人工养殖技术要点 ……………………… (256)
  一、繁殖 ………………………………………… (256)
  二、孵化 ………………………………………… (271)
  三、夏花培育 …………………………………… (277)
  四、大规格鱼种培育 …………………………… (283)
  五、商品泥鳅养成 ……………………………… (286)
  六、泥鳅越冬 …………………………………… (300)
  七、泥鳅捕捉 …………………………………… (301)
  八、泥鳅贮养 …………………………………… (305)
  九、泥鳅运输 …………………………………… (308)
  十、泥鳅养殖中的病害防治 …………………… (311)
  十一、提高泥鳅养殖经济效益 ………………… (318)

第一章 泥鳅的养殖生态特征

一、泥鳅的身体结构特征

泥鳅的体形在腹鳍以前呈圆筒状，由此向后渐侧扁，头较尖。体背部及两侧深灰色，腹部灰白色。尾柄基部上侧有黑斑。尾鳍和背鳍具黑色斑点。胸鳍、腹鳍和臀鳍为灰白色。因生活环境及饲料营养不同，体色有变化。唇2对，口须最长可伸至或略超过眼后缘，但也有个别的较短，仅达前鳃盖骨。无眼下刺。背鳍无硬刺，前2枚为不分支鳍条。尾鳍圆形(图1-1)。

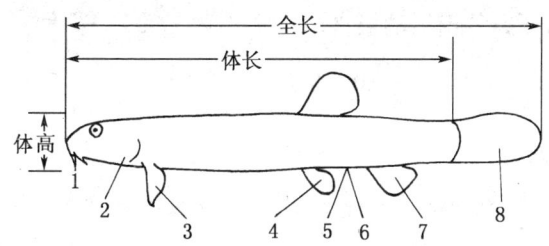

1. 口须 2. 鳃盖 3. 胸鳍 4. 腹鳍
5. 肛门 6. 生殖孔 7. 臀鳍 8. 尾鳍

图1-1 泥鳅的外部形态

泥鳅眼很小，圆形，为皮膜覆盖。鳞细小，圆形，埋在皮下，头部无鳞。泥鳅的视觉极差，但触觉、味觉极灵敏，这与其生活习性相吻合。

泥鳅皮下黏液腺发达，体表黏液丰富。

二、泥鳅的栖息特性

泥鳅在生物学分类上属鲤形目、鳅科、泥鳅属。全世界有10多个品种，主要品种有泥鳅、大鳞副鳅、中华花鳅等。目前，我国养殖的主要品种为泥鳅。泥鳅广泛分布在我国辽河以南至澜沧江以北及台湾和海南岛。国外主要分布于日本、朝鲜、前苏联和东南亚等国家及地区。

泥鳅属温水性底层鱼类，多栖息在静水或缓流水的池塘、沟渠、湖泊、稻田等浅水水域中，有时喜欢钻入泥中，所以栖息环境往往有较厚的软泥。较适水环境为中性和偏酸性。泥鳅对环境适应能力强，耐饥饿，但也能为避开不利环境而逃逸。在天旱水干或遇不利条件，例如，冬季低温时的"休眠"期间，就会钻入泥层中，这时只要泥中稍有湿气，少量水分湿润皮肤，泥鳅便能维持生命。一旦条件好转，便会复出活动摄食。

三、泥鳅生活生长特征

1. 呼吸

泥鳅对缺氧的耐受力很强，离水不容易死亡，水体中溶氧低于 0.16mg/L 时仍能存活，这是由于泥鳅不仅能用鳃呼吸，还能用皮肤和肠进行呼吸。泥鳅肠壁很薄，具有丰富的血管网，能够进行气体交换，具辅助呼吸功能，所以又称为"肠呼吸"。据称，泥鳅耗氧量的 1/3 是由肠呼吸取得的（图1-2）。

当水中溶氧不足时，它便会浮出水面吞咽空气，在肠内进行气体交换，然后将废气从肛门排出。所以，在其下潜时水面会出现串串气泡。人工养殖时，必须保持水体中溶氧水平，使泥鳅正常生长。投饵摄食后，泥鳅肠呼吸的次数会增加。若投喂动物性饲料过多，会导致摄食过度而影响肠呼吸。

图 1-2 泥鳅的肠呼吸运动

2. 温度

泥鳅生长的水温范围是 13～30℃,最适水温是 24～27℃。当水温降到 5～10℃ 或升到 30℃ 以上时,泥鳅便潜入泥层下 20～30cm 处,停止活动进行"休眠"。一旦水温达到适宜温度时,便又会复出活动摄食。

3. 食性

泥鳅是偏好动物性饵料的杂食性鱼类。生长发育的不同阶段摄取食物的种类有所不同。通常体长 5cm 以下时,主食适口性的浮游动物;长至 5～8cm 时则转杂食性。所以幼鱼阶段,胃中的浮游动物,特别是桡足类明显较多。成鱼阶段,胃中的昆虫幼虫,特别是摇蚊幼虫明显高于幼鱼。泥鳅的食性很广,在泥鳅胃中的食物团里腐殖质、植物碎片、植物种子、水生动物的卵等的出现率最高,约占 70%,其他如硅藻、绿藻、蓝藻、裸藻、黄藻、原生动物、枝角类、桡足类、轮虫等占30%。人工养殖中能摄食商品饵料。泥鳅在一昼夜中有两个明显的摄食高峰,分别是上午7:00~10:00和下午16:00~18:00,而早晨5:00左右是摄食低潮。人工养殖投喂时段应根据该特性进行。

泥鳅与其他鱼类混养时常以其他鱼类的残饵为食,可称为池塘的"清洁工"。泥鳅肠道短小,对动物性饵料消化速度比植物性饵料快。泥鳅贪食,如投喂动物性饵料会贪食过量,不仅影响肠呼吸,而且会产生毒害气体而胀死。当水温为15℃以上时,泥鳅的食欲增高;水温24~27℃时最旺盛;水温30℃以上时食欲减退。在泥鳅生殖时期食量比较大,雌鳅比雄鳅更大,以满足生殖时期卵黄积累和生殖活动的需要。饥饿时甚至吞食自产的受精卵。

4. 光照

泥鳅一般白天潜伏水底,傍晚后活动觅食,不喜强光。人工养殖时往往集中在遮光阴暗处,或是躲藏在巢穴之中。

5. 人工养殖特性

泥鳅生长和饵料、饲养密度、水温、性别和发育时期有关。人工养殖中个体差异很大。

泥鳅个体小,有钻泥本能,善逃跑,既可钻孔逃跑,又能越埂、跳跃、附壁攀越,因此,养殖中应注意防逃。其生长速度不很快,故泥鳅商品食用规格较小。泥鳅抗病力强,食性杂,适应多种水域单养、混养,特别是在浅小水域中照样摄食生长。泥鳅适于高密度养殖,养殖成本低。泥鳅繁殖力也较强,其本身又是其他一些特种水产动物的优良活饵料。

据报道,日本泥鳅的食用规格最小只需5cm体长,国内一些企业加工香酥泥鳅干的规格为12~16cm。

在自然状况下,刚孵出的苗体长约0.3cm,1个月之后可长达3cm,半年后可长到6~8cm,第二年年底可长成13cm长、15g左右的体重。最大的个体可长成20cm长、100g体重。

人工养殖时约经20天培育便可长成3cm的鳅苗夏花,1足龄时可长成每千克80~100尾的商品泥鳅。

6. 繁殖

泥鳅一般1冬龄性成熟,属多次性产卵鱼类。长江流域泥鳅生殖季节是在4月下旬,水温达18℃以上时开始,直至8月份,产卵期较长。盛产期在5月下旬至6月下旬。每次产卵需时间也长,一般4~7天才能排卵结束。

泥鳅怀卵量因个体大小而有差别,卵径约1mm,吸水后膨胀达1.3mm,一般怀卵8 000粒左右,少的仅几百粒,多的达十几万粒。12~15cm体长泥鳅怀卵为1万~1.5万粒;20cm体长泥鳅怀卵达2.4万粒以上。体长9.4~11.5cm雄性泥鳅精巢内含约6亿个精子。雄泥鳅体长约达6cm时便已性成熟。成熟群体中往往雌泥鳅比例大。

泥鳅常选择有清水流的浅滩,如水田、池沼、沟港等作为产卵场。发情时常有数尾雄泥鳅追逐1尾雌泥鳅,并不断地用嘴吸吻雌鳅头、胸部位,最后由1尾雄鳅拦腰环绕挤压雌鳅,雌鳅经如此刺激便激发排卵,雄鳅排精。这一动作能反复多次。产卵活动往往在雨后、夜间或凌晨。受精卵具弱黏性,黄色半透明,可黏附在水草、石块上,一般在水温19~24℃时经2天孵出鳅苗(图1-3)。

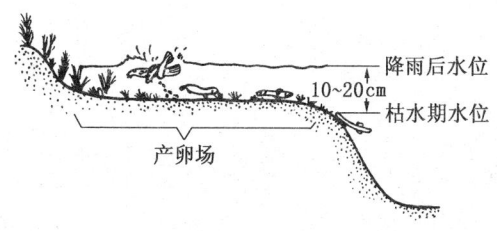

图1-3 泥鳅的天然产卵场

刚孵出的鳅苗约 3.5mm,身体透明呈"痘点"状,吻端具黏着器,附着在杂草和其他物体上。约经 8h,色素出现,体表渐转黑色,鳃丝在鳃盖外,成为外鳃。3 天后卵黄囊接近消失,开始摄食生长。约经 20 多天,鳅苗长到 15mm,此时的形态与成鳅相似,呼吸功能也从专以鳃呼吸转为兼营肠呼吸了。

第二章　泥鳅人工养殖实例

例1　养殖池套养泥鳅、黄鳝

湖北钟祥市官庄湖水产养殖场刘以明经过多年探索，总结了一套利用养殖池套养泥鳅、黄鳝的经验，养殖效益不错。现总结如下。

1. 建好养殖池

套养泥鳅、黄鳝的池子，要选择在避风向阳、环境安静、水源方便的地方，采用水泥池或土池均可，也可在水库、堰塘、小水沟、小河中网箱套养，面积一般为 $25\sim150m^2$。若用水泥池套养，放苗前先要进行脱碱处理，才能放养泥鳅苗和黄鳝苗。若用土池养殖，要求土质坚硬并将池底夯实。池深 $0.8\sim1.5m$，无论是水泥池还是土池，都要在池底填入 $30cm$ 肥泥层，含有机质较多的肥泥最好，这样有利于泥鳅和黄鳝挖洞穴居。建池时还要设置进、出水口，水深保持在 $15\sim20cm$。进、出水口要用拦鱼网扎好以防泥鳅和黄鳝外逃。放苗前10天左右用生石灰对养殖池彻底消毒，并在放苗前 $3\sim4$ 天排干池水，再注入新水。

2. 选好种苗

套养泥鳅、黄鳝，种苗是关键。黄鳝种苗最好选用人工培育驯化的深黄大斑鳝或金黄小斑鳝，不能用杂色鳝苗。黄鳝苗以每千克 $60\sim80$ 条为宜，放养密度一般为 $1\sim1.5kg/m^3$。黄鳝苗放养20天后再按 $1:10$ 的比例投放泥鳅苗，泥鳅苗最好是用人工养殖的，因为人工养殖的鳝苗成活率高。

3. 喂配合饲料

首先要安装好饲料台,饲料台用木板或塑料板制成均可,面积视池子大小而定,要低于池面5cm。黄鳝苗投放后,前3~6天不投喂饲料,待黄鳝适应环境后,第4~7天开始投喂饲料,每天晚上19:00左右投喂饲料最佳。人工套养泥鳅、黄鳝以配合饲料为主,适当投喂一些蚯蚓、河螺、黄粉虫等。自配饲料配方为:鱼粉21%、饼粕类19%、能量饲料37%、蚯蚓(干品)12%、矿物质1%、酵母50%、多种维生素2%、黏合剂3%。每天投喂1~2次,采用定时、定量的原则,尾重20g的黄鳝苗饲养1年可长到0.25~0.3kg。泥鳅在养殖池里主要以黄鳝排出的粪便和吃不完的饲料为食,每天投喂1次麦麸就可以满足泥鳅的食量。

4. 科学饲养管理

泥鳅、黄鳝的生长旺季是在5~9月份,期间管理要做到"勤"和"细",即勤巡池、勤管理,发现问题及时解决。泥鳅和黄鳝都是昼伏夜出,要细心观察泥鳅和黄鳝的生长动态,以便及时采取相应的措施。同时还要保持池水水质清新,pH值在6.5~7.5。

5. 搞好疾病预防

实践证明,黄鳝一旦发病,治疗效果往往不佳。这就要求养殖户必须无病先防,有病早治。经常用1~2mg/kg漂白粉泼洒全池,定期用鳝病灵、鳝鱼转立停全池消毒,预防疾病,每年春、秋季节用晶体敌百虫进行驱虫。

例2 藕田套养泥鳅、黄鳝

藕田套养泥鳅或黄鳝对地蛆均有防治作用,泥鳅的作用稍优于黄鳝。但藕田综合套养泥鳅和黄鳝防治莲藕食根金花虫的效果最佳,二者起到互补的作用,防效达90%以上。同时通过二者的活动,疏松并肥化了土壤。促进莲藕增产,平均每667m²可收获泥鳅和黄鳝50kg,每667m²增收300元左右。江苏省宝应县顾茂才等进行藕田套养泥鳅、黄鳝高效模式,总结经验如下。

1. 荷藕

(1)增加藕种用量,适时早栽:一般每 $667m^2$ 用种量 $350\sim400kg$,比单季藕多 $100kg$。应选用成熟较早、抗逆性较强、商品性较好的品种,如中熟品种大紫红、早熟品种鄂莲一号等。莲藕一般在每年的 4 月下旬栽排藕种,8 月初及时采收。

(2)科学运筹肥水,促进早发快长

①肥料运筹:莲藕要施足基肥,用量占总需肥量的 60％左右,速缓效肥相结合,一般每 $667m^2$ 施足有机肥 $3\,000kg$ 或有机复合肥 $60kg$、碳铵 $15kg$、钾肥 $7kg$。追肥 2 次,第一次在田间开始出现少量立叶前,每 $667m^2$ 追施碳铵 $20kg$;第二次在结藕前重施结藕肥,每 $667m^2$ 施尿素 $15\sim20kg$,以促进藕身迅速膨大。

②水分管理:复种的早藕灌水深度要比单季藕浅,随着立叶生长,逐步由浅入深,最高不超过 $50cm$,特别是 7 月中旬应降低水层至 $20cm$,以水控制地上部生长,促进地下部结藕。

2. 泥鳅、黄鳝

(1)基础设施:在藕田四周用铁皮或石棉瓦埋深 $30\sim40cm$ 作为防逃设施。如果田块面积较大,可忽略此项工作,但泥鳅和黄鳝回捕率较低。

(2)鱼苗投放:开春每 $667m^2$ 投放规格为 $10g/$条左右的泥鳅和黄鳝苗各 $8\sim10kg$。投放后应及时观察活动情况,及时补充饵料。

(3)田间管理:在幼虫发生高峰期的 7 月份少投或不投放饵料,利用泥鳅、黄鳝的暴食期和幼虫危害高峰期相遇的特点,大量捕食。

(4)泥鳅和黄鳝捕获:泥鳅和黄鳝一般采用"集鳅坑"法诱捕:在田四周开挖直径 $30cm$,深 $15cm$ 的小坑,上覆稻草,晚上捕获。

例3 藕田养鳅

安徽省五河县小圩镇大王村养殖户张某介绍，1hm² 藕田可以产出莲藕 30t，泥鳅 975kg，2008 年其 0.27hm² 田地收入 2 万余元。现将其养殖技术介绍如下。

1. 藕田条件

用做养殖泥鳅的藕田要求水源充足、水质清新良好、进排水方便、光照充足、土壤要黏、腐殖质丰富，以利于莲藕的生长和泥鳅的天然饵料繁殖，田埂无渗漏，保水性要好。藕田选定后，要加高、加固田埂，使埂的高度高于水面 40cm 左右。埂的内侧要用水泥板埋入地下 30cm。或在田埂内侧衬 1 层尼龙薄膜埋入土中 30cm 左右，上端可覆盖在埂面上。田埂要整齐、坚实，防逃设备高出埂面 50cm，田块的四周及中间可以开挖"田"、"井"字形沟，沟宽 1.5m，深 30～50cm，在进排水口挖鱼坑 3～5m²，深度 80cm，并且沟坑相通，同时安装进、排水管道，并在进、排水口设置防逃护栅。田间的沟坑面积要占藕田总面积的 10%～25%。开挖沟坑是为了盛夏时泥鳅可入沟避暑栖息，增加活动空间，秋、冬季节便于捕捞。

2. 藕种栽植与泥鳅种放养

藕种选择生长快、抗病害、产量高、无损伤、无断芽、新鲜的优质藕种进行栽植。栽 2 250～3 000kg/hm² 藕种，栽后用 20mg/kg 生石灰泼洒消毒，1 周后注入新水 30～40cm。同时，施腐熟发酵后的有机肥 3t/hm² 培肥水质，为泥鳅苗种下田提供生物饵料。放养的鳅苗要求体形匀称、肥满、大小一致、体色新鲜、精神好、规格要在 4～6cm 以上，这样可在当年养成商品泥鳅。投放时间以 5 月上旬至 6 月中旬为宜。放养 45 万～60 万尾/hm²。放养前一定要用 3%～5% 食盐水浸泡 10～15min 消毒，为尽快让其适应人工饲养，应加以驯化，下田前在暂养池里让其饿上 3～4 天，使其腹中残留食物消化掉再投放。

3. 日常管理

(1)投饵:投饲要做到定质、定量、定时、定位。

①定质:做到不喂变质饲料,饲料要适口新鲜,饲料组成相对恒定。在鳅苗投放后的前15天投喂粉状配合饲料,可调成糊状投喂,随着泥鳅的生长发育,逐渐掺入成鳅饲料,即将豆饼、米糠等植物性饲料加上鲜活小鱼虾或者其他动物的内脏下脚料剁碎,再拌上配合饲料。配合饲料中植物性饲料和动物性饲料比例大约在6∶4。养殖中、后期要以动物性饵料为主,或者增加动物性饲料的投喂量,以利于成鳅增肥。

②定量:每天的投喂量占泥鳅苗种总重量的4%~7%。

③定时:上午、下午各投喂1次,一般以1~2h吃完为宜,投喂量不可过多,否则鳅苗贪食,会引起消化不良。在田间沟坑中设置食台,距底部5cm,圆形直径30~40cm。用编织袋做成即可。

④定位:将泥鳅驯化到食台吃食,以观察吃食情况。每天投喂量应根据天气、温度、水质等情况随时调整。当水温高于30℃或低于12℃时少喂或不喂。

(2)三看:看水质、看天气、看长势:饲养期间,除了坚持每天巡田,清除敌害,特别要注意水质变化。要经常加注新水,每次10cm左右,如果田水呈现褐色应立即换水,每次换1/4~1/3为宜。藕田养泥鳅,由于荷叶遮盖,因此田内水温一般不会太高。但盛夏酷暑,藕田水确实较高而不利于泥鳅生长时,可采取注水提高水位和勤换水的方法加以调节。水质要求达到"肥、活、嫩、爽",透明度在15~20cm,定期施有机肥。培肥水质,施追肥应做到既要满足莲藕生长的需要和使用水有一定肥度,又不能伤害泥鳅。可施腐熟的有机肥或化肥。施追肥1次施量不要过大。以尿素、钾肥等做追肥时,可先放干藕田水,使泥鳅集中于沟、溜内,然后全田普施,使之迅速与田土结合,以便更好地为莲藕根部吸收。

(3)平时要勤巡田,勤观察:如果遇到特殊情况可及时处理,特别是要做好泥鳅的防逃工作,下大雨时特别注意不能让水漫过田埂,以免泥鳅随水逃逸,检查是否有河蟹、龙虾等钻洞导致田埂漏水。对藕田里的老鼠、蛇等敌害生物及时清除驱捕,每天检查吃食情况、水质状况,记好养殖日志。

(4)做好防病治疗:给莲藕施药,要做到对症用药,并尽可能地选用低毒、高效、低残留的农药。要严格掌握药物的用量并精确称量,不可随意提高其浓度。施药时要加深田水,最好分片施药。一般泥鳅病害少,主要是赤皮病、打印病、烂结病等,定期用生石灰水 $225\sim300kg/hm^2$ 或 $2mg/kg$ 漂白粉化水或 $0.5mg/kg$ 硫酸铜、硫酸亚铁合剂(5:2)泼洒预防。

4. 适时捕捞

可在泥鳅休眠前 11 月份水温 15℃左右,用地笼捞捕,然后用小网箱暂养,待市场价格高时出售,也可等到翌年开春,挖泥捕捞,但费人工。

5. 体会

泥鳅全身光滑无鳞,黏液丰富,体长形,特殊的形态,可使其在藕田里自由活动不受损伤,藕田中除正常产藕外,尚有丰富的水体、光照、溶氧等天然资源可利用。泥鳅可以吞食田间害虫,可以松土透气。泥鳅的粪便、残饵可以变废为宝,为藕田增肥,促进藕的生长。因此,藕田养殖泥鳅能获得双增收,提高单位土地的经济效益。

例 4 池塘生态养鳅

2004年,江苏盐都义丰镇王树林为了充分利用水体,提高池塘综合经济效益,根据生态循环立体开发原则,发挥池塘生产潜力,采取模拟自然环境,结合生产具体条件,讲究科学饲养方法,提高复养并种指数。近年来,义丰镇大力推广的无公害池塘"鳝鳅虾蟹螺蚌同池共生"新模式,取得了每 667m² 产成泥鳅 16kg,蟹 34kg,青虾 16kg,克氏螯虾 23kg,黄鳝 3.3kg,草鱼 40kg,鲫鱼 13kg 的效益。现将其技术经验介绍如下:

1. 池塘条件

池塘为近正方形,四周沟宽 8m,深 0.6~0.8m,滩面可提水至 1.2m,池底为沙质土壤,淤泥较少,水源水质良好,注排水设施齐全,塘内设 2t 水泥船 1 只,用于投饵、施肥和管理。池塘内侧用密眼聚乙烯网布埋入土中做护坡和防鳅、鳝、克氏螯虾、蟹等钻洞。一个养殖周期开始时,池塘要清淤修补,用生石灰、茶籽饼等药物严格消毒,经过滤注水后,施足基肥,培养天然饵料,并栽种苦草、伊乐藻等水生植物。

2. 苗种放养

(1)河蟹:5 月份前放养每千克 1 000 只左右早繁大眼幼体培育的"豆蟹",每 667m² 1 800 只。

(2)青虾:清塘后即可放养幼虾,3~5kg/667m²,或 4 月份前后放养 80 尾/kg 的抱卵亲虾,0.5kg/667m²。

(3)鱼种:清塘后放养 20 尾/kg 左右的异育银鲫鱼种,4.5kg/667m²;中、后期由于水生植物生长过于茂盛,放养草鱼 9kg 控制水草。

(4)螺蚌:"清明"节前后大量投放螺蛳、河蚌,让其自然繁殖。

(5)其他品种:常年养殖虾蟹的池塘,由于极少使用剧毒农药,保护了池塘中泥鳅、黄鳝和克氏螯虾天然资源。一般不需要另放苗种,让其在池塘中自然繁殖和生长。该养殖仅在 6 月份补放了每千克 30 尾左右的鳝种,0.4kg/667m²,补放 40 尾/kg 鳅种,0.6kg/667m²。

3. 施肥投饵

由于采取模拟自然生态养殖方式,以廉价的肥料(鸡粪)和螺蛳培养及繁殖天然饵料(浮游动物、底栖生物、螺蛳、河蚌、水生植物等),供养殖品种自由觅食。人工投饵仅作为补充,每 667m² 全期共投喂豆饼 33kg,麸皮 22kg,米糠 22kg,小杂鱼等荤饲料 43kg。投饵施肥根据天气、水质、天然饵料数量、养殖品种存塘量和生长季节灵活掌握。

4. 水质调节

每天早、晚巡塘 1 次,根据天气、水质、浮头情况随时加注新水增氧。正常情况下每周加水 1 次,每次加水量视池塘蚀水情况,一般注水 20~30cm,保持溶氧充足,水位相对稳定,透明度在 25cm 左右,水质达到"肥、活、嫩、爽"的要求。每 1 个月泼洒全池 1 次生石灰,以起到调节池水 pH 值等作用。

5. 病害防治

在整个养殖生产过程中,鱼种放养前用 3% 食盐水浸洗 10min,放养时用 50mg/L 高锰酸钾药浴 2~3min。在生长季节每半月加喂 1 次药饵(50kg 饵料加土霉素 25g,每日 2 次,连喂 3 日)。另外,饵料台、工具等经常用漂白粉消毒。

6. 产品捕捞

鳅、鳝、青虾、克氏螯虾常年用地笼张捕,采取捕大留小的方法,只要达到上市规格,都要捕出销售。成蟹在"重阳"节后,傍晚在塘边池埂上徒手捕捉,并结合地笼张捕,直至 11 月底全塘捕捞,腾塘做下一个周期使用。

例 5 黄鳝养殖中混养泥鳅

浙江卫华强在湖南采用的黄鳝生态养殖技术并混养泥鳅,取得了较好的效果,具体养殖过程做如下介绍。

1. 建池

选用鱼池面积 334m²,池深 1.5m,坡度 75°,用水泥浆抹光,鱼池四周高 1m 左右,池内浮泥深度 30cm,池底为黄色硬质池底,将浮泥每隔 1m 堆成高为 25cm,宽为 30cm 的成"川"字形小田塍,池塘内周围留 1.5m 左右的空地种草,供后期幼蛙生长的场所,用鱼网或薄膜圈围空地四周,因围栏较结实,幼蛙很少外逃。

2. 鳝种投放前的准备

鳝种放养前 1 个月,分两步准备工作。

(1)前期的准备工作为:在农历 2 月初,334m^2 水面投放生石灰 60kg 泼洒全池,并放水 70cm,然后施肥,其中过磷酸钙 40kg,碳酸氢铵 40kg,猪粪 500kg,池水 pH 值在 7 以上,培肥和调节水质的目的,有利于培育水质、摇蚊幼虫等浮游动物。

(2)后期的准备工作为:在鳝种放前 10 天左右,到野外采集抱卵青蛙 20kg,土蛙 20kg,投入鳝池孵化,并采集具有悬浮性的杂草投放鳝池,做好青蛙的接产工作。当 70% 的青蛙产卵并孵化后,浮游动物成堆、成团悬浮水体时,即可放入鳝种。

3. 鳝种和泥鳅种的投放

农历三月初十,在市场上挑选 70kg 无病、无伤、规格在 40 尾/kg 左右的黄鳝种苗投放池内,泥鳅 120 尾/kg 规格的种苗 10kg,此规格的鳝种在野外生长达 2 年左右,生长期进入高速状态,鳝种入池后 2 天钻入泥垛里穴居。

4. 鳝种入池后的管理

鳝种入池后,池内生长着高密度的浮游动物和青蛙孵化的小蝌蚪,生物饵料丰富,整个管理工作以调节水质为主,水质控制在 pH 值 7 以上的微碱性状态下,以利于浮游动物的繁殖和小蝌蚪的生长,因小蝌蚪摄食水体中如蓝藻类浮游植物,所以每隔 10 天投放猪粪 200kg,结合生石灰 10kg,在鳝种入池后 20 天左右,土蛙开始孵化,接产方法同青蛙一样。

5. 鳝鱼中期管理

端午节后,土蛙繁殖完毕,青蛙蝌蚪在池内存有大量基数,没有被鳝鱼吃完,转为幼蛙,爬上池岸草丛中生长。由于幼蛙生长的空间有限,傍晚时在鳝池草丛中安装白炽灯 2 盏,灯光诱蛾、诱蚊、使其群居草丛中供幼蛙取食。此时鳝鱼继续摄食土蛙蝌蚪和浮游生物,培管工作仍以调节水质和培肥水质为主要工作。

6. 后期管理

进入农历 6 月中旬,大量未食完的土蛙蝌蚪转入幼蛙,上岸生长,此时鳝鱼只剩下浮游动物取食,及时靠人工补充,每天用小抄网在草丛中抄起鳝鱼体重 3% 左右的幼蛙,于傍晚时用 70℃ 的温水闷死投入鳝池,并增高水位到 90cm 处,调节水质继续培育浮游动物喂养鳝鱼,直到 8 月份幼蛙被食完。鳝病的防治,主要防治梅花病,在前期、中期和后期,将 10 只蟾蜍用树枝打伤表皮,蟾酥白浆鼓出后投入鳝池,效果良好。

7. 收获

从农历三月初十,鳝种投放到 8 月中旬幼蛙食完,在没有投喂野生饵料时,历时 5 个月的生态养殖,直到元旦收获,放干池水,用手翻开土垛和池泥,共收鳝鱼 420kg,平均尾重 150g 左右,销售价 16 元/kg,高于鳝鱼旺季上市价格。收获成鳅 40kg,销售价 8 元/kg,扣除种苗费 560 元,电费 80 元,建池费 300 元,实际获利 6 200 元。

例 6 鳅、鳝、鱼混养

江苏省宝应县水产局方云东介绍该地连续 2 年在 6.667hm² 的滩荡养鳝情况。

1. 水体基本情况

面积 6.667hm²,平均水深 1.2m,浅水区占 1/3,池埂坚实不渗漏。

2. 种苗放养情况

放养的模式为鳝鳅加滤食性鱼类,以白鲢为主。

(1) 鳝种放养:1996 年 5~6 月份,放养鳝种,规格为 40~50 尾/kg,数量 110kg,密度为每 666.7m² 放鳝种 1.1kg,50~60 尾。1997 年,放养鳝种的情况是,放养时间 5~7 月份,规格与上年相同,放养量为 200kg,每 666.7m² 放 2kg。

(2)鱼种放养

①鲢鱼:1996 年 3 月份放养鲢鱼 1 000kg,规格 15 尾/kg,每 666.7m² 放 10kg。1997 年放养鲢鱼情况同上年一样。

②银鲫:1996 年 6 月份放银鲫火片 35 万尾,1997 年 6 月份放 40 万尾。

③泥鳅:1996 年 5~6 月份放泥鳅 150kg,1997 年 5~7 月份放 200kg。

3. 收获情况

(1)黄鳝:1996 年 8~11 月份捕捞黄鳝 930kg,每 666.7m² 产量为 9.3kg;1997 年 8~11 月份收获黄鳝 1 550kg,每 666.7m² 产量为 15.5kg。

(2)白鲢:1996 年 12 月份收获白鲢 11 800kg,每 666.7m² 产量为 118kg;1997 年 12 月份收获白鲢 12 600kg,每 666.7m² 产量为 126kg。

(3)银鲫:1996 年 12 月份收获 13 100kg,平均每 666.7m² 产量 131kg;1997 年收获 15 000kg,平均每 666.7m² 产量 150kg。

(4)泥鳅:1996 年 8~11 月份收获 900kg,平均每 666.7m² 产量 9kg;1997 年收获 2 000kg,平均每 666.7m² 产量 20kg。

4. 技术措施

(1)严把鳝种质量关:选择的鳝种体质健壮,无病、无伤,规格整齐。同时,注意鳝种捕起后立即投放,尽量减少鳝种的暂养时间。此外,黄斑鳝种占绝对比例。放种时将鳝种用 3%~4% 的食盐水浸泡 5min。

(2)控制好水质:大水面水体大,水质相对稳定性好,一旦发生恶化,很难急救,工作量和成本均很大。养殖期间,饵料均用颗粒饵料,根据存塘鱼体重每 10 天调整 1 次投饵量,做到饵料不剩余。高温季节勤换水,7~8 月份每 2 天加换水 1 次,每次换水 1/4~

1/3。

（3）重视水生植物种植：黄鳝喜阴凉环境，其繁殖又需水生植物。本试验塘口有一部分浅水区，移植了水花生，深水区栽种荷藕，水生植物覆盖面积占总面积的15%左右。

（4）加强防逃：混养黄鳝，放养的密度比较低，无需专门投喂，但防逃相当重要。一是进、出水口防逃；二是堤埂防逃。进、出水口均用细铁丝网做防逃栅，危险的堤埂用聚乙烯，网片深埋土中，防止黄鳝打洞穿过堤埂逃逸。

5. 经验体会

（1）大水面积鱼鳝混养，一般每666.7m^2鱼产量在250～300kg，鳝鱼产量在10～15kg。产量过高，水质不容易控制，容易造成泛塘死亡。黄鳝放养量过大，造成上市规格不大，且容易相互残杀。

（2）黄鳝喜生活在土中，不容易捕捞干净，第二年上市，规格也增大，价格更高。加之当年繁殖的幼鳝，规格小，上市价格低，需留塘次年上市。故大水面鱼鳝混养，养殖期要2年以上，经济效益更佳。

大水面混养黄鳝，一定要配套放养泥鳅。泥鳅繁殖快，小泥鳅又是黄鳝的活饵料，泥鳅的存在既可消除残饵，改善水质，又可增加经济收入。

例7 鳅、鳝网箱混养

福建省大田县林兴铃于2006年指导养殖户开展泥鳅、黄鳝网箱无土混养试验，取得较好成效。现将情况介绍如下：

1. 材料和方法

（1）水域选择：养殖地点选择我乡六角宫水库避风向阳、环境安静的库湾浅水处，底质平坦，水质良好，有机物沉积少，无工业污染，水流速度0.1～0.2m/s，水深2m左右，交通便捷。

（2）网箱设置：设置试验网箱1口，规格为6m×3m×1.2m，网箱沉水深度0.6m,网箱框架用去皮毛竹连接而成,浮子采用空油桶,网箱框架用聚乙烯粗绳拉缆绳方式固定。网箱选择40目的筛绢布制作,在底网上每隔1m装上沉子使网箱垂直自然张开;网箱内设置4个食台,食台高为10cm,长60cm的木方框,框底和四周用筛绢布围成,食台固定在距箱底20cm处。网箱在菌种放养前15天入水,使网箱壁附着藻类,避免鳅、鳝体表擦伤;网箱内移植水花生、水葫芦等水生植物,覆盖面积占网箱面积的85%左右,以供鳅、鳝隐蔽栖息。

(3)种苗放养:4月20日,对箱内水体及水生植物用20mg/kg的漂白粉进行消毒;4月25日,投放深黄大斑鳝苗种,规格为30g/尾左右,每平方米网箱放养1.5kg;5月15日,投放泥鳅苗种,规格为20g/尾左右,每平方米网箱放养0.5kg。鳅、鳝苗种均为收购群众笼捕的野生苗种,体质健壮无病、无伤、活动能力强,苗种放养前用5%食盐水浸泡8min。

(4)饵料投饲

①黄鳝驯食:鳝种入箱后3天内不喂食,让其呈饥饿状态,第4天黄昏开始向食台投喂由新鲜杂鱼、螺肉、蚯蚓等加工而成的鱼糜,投喂量占鳝种总重的1%,连续观察2天,鳝种摄食旺盛,从第7天开始每天投饵量增加1%,并逐步用人工配合饲料替代鱼糜新鲜饵料,投喂量达到5%时,驯食完成,这个过程用时10天。

②正常投饲:试验采用广东顺德旺海饲料实业有限公司生产的群丰牌609罗非鱼料,营养成分如下:粗蛋白质≥35.0%,粗灰分≤15.0%,粗纤维≤16.0%,赖氨酸≥0.8%,钙≤5.0%,总磷≥0.5%,水分≤12.9%。5、6、10月份3个月日投饵量控制在鳅、鳝种体重的5%,每天投喂1次,时间在下午17:00~18:00;7~9月份鳅、鳝生长旺盛期,日投饵量增加到6%,每天投喂2次,上午8:00~9:00 1次,下午17:00~18:00各1次,上午投饵量约占日投饵量的25%~30%。同时,为降低养殖成本,在投喂配合饲料

前 1h 先投喂麸皮、菜饼、玉米粉等植物性饲料,投喂量占日总投饵量的 20% 左右,主要供泥鳅摄食。

(5)日常管理:坚持早、晚检查箱体,防逃、防鼠、防汛,及时除去箱内生长过旺的水生植物,防止长出箱外致使鳅鳝逃逸。养殖期间,每半月清洗网箱 1 次,以免被水藻类堵塞网眼,影响箱内外水体交换。做好鱼病预防工作,每 7 天用 25mg/kg 的生石灰泼洒全箱 1 次,每 100kg 鱼体用土霉素 10g 拌饲投喂 1 次。

2. 试验结果

2006 年 10 月 25 日起捕,收获黄鳝 94.7kg,规格在 100～150g/尾;泥鳅 26.8kg,规格在 50～70g/尾。按黄鳝 30 元/kg,泥鳅 24 元/kg 售价计算,产值 3 484.2 元,扣除饲料成本 893 元,鱼种成本 936 元,鱼药成本 30 元,利润 1 625.2 元。

3. 小结与体会

(1)在试验过程中,没有发生黄鳝扎堆相互缠绕死亡现象,并且混养的泥鳅对网箱增氧、摄食黄鳝剩余饵料净化水质也起到了较好作用。试验表明,泥鳅和黄鳝网箱无土混养模式是可行的。

(2)野生黄鳝需经人工驯食方能摄食人工配合饲料,驯食成功与否是黄鳝人工养殖的关键所在。为不影响黄鳝驯食工作,泥鳅苗投放必须与黄鳝驯食时间错开,应在黄鳝完成驯食开始正常摄食后投放,一般可在黄鳝苗入箱后 10～15 天后投放泥鳅苗。

(3)泥鳅食量较大,抢食能力强,因此泥鳅、黄鳝无土混养模式应控制好鳅鳝混养比例,一般泥鳅混养比例控制在 20% 以内为宜。同时,为保证黄鳝充足摄食,可在投喂配合饲料前先投喂部分植物性饲料供泥鳅摄食,既可防止泥鳅与黄鳝过度抢食,又可降低养殖成本。

(4)泥鳅和黄鳝混养,使双方的病虫害相互感染可能性增大,在养殖过程中应十分注意做好鱼病预防工作。

①鳅、鳝苗种在捕捞、运输和放养过程中应尽量避免擦伤,放

养时要剔除伤病苗并严格消毒后方可入箱。

②每7天对箱内水体及水生植物进行1次消毒，100kg鱼体用土霉素10g或大蒜150g拌饲投喂1次，并可在箱中放养1～2只蟾蜍，以起生态防病作用。

例8 茭白田鳅、鳝混养

随着农村产业结构调整，低产稻田改成茭白田比较普通。为提高茭白田经济效益，帮助农民脱贫致富。2004年，安徽省寿县王永新等根据当地农村养殖特点，进行了茭白田鳅、鳝混养试验，取得了成功。现总结如下：

1. 材料与方法

(1)茭白田建设及准备

①田块选择：本次试验田是一普通农户的低产稻田，面积1 200.6m^2。土质疏松，水源充沛，排灌自如。

②工程建设：在田四周开挖环沟，宽2m，深0.8m；环沟周围均匀开挖8个鱼溜，每个10m^2，深1m；田中间加挖"井"字形宽0.8m，深0.5m的中沟，与环沟、鱼溜相通。在沟、溜放置毛竹筒做鱼巢。田对角设进、排水口，水口设防逃网栅。田四周用1m高聚乙烯网片围起，防止鳅、鳝逃跑和敌害进入。

③放苗前准备：放苗前用110kg生石灰对沟、溜进行彻底消毒，杀死病虫害。苗种下塘前10天，向沟、溜内施发酵过的粪肥400kg。注水深30cm，以繁殖浮游生物供鳅、鳝苗种摄食。

(2)苗种放养：鳅、鳝苗种放养时间应争取早放，以早春头批捕捉的鳅、鳝苗种为佳，电捕的苗种不能放养。放养的苗种应选择体壮无病、无伤，大小均匀，经过严格消毒后，选择晴天投放田中。具体放养情况：鳝种每667m^{2}放养200kg，规格为40尾/kg；泥鳅每667m^{2}放养50kg，规格为80尾/kg。同时，可适当搭配鲢鳙鱼种，控制藻类大量繁殖。调节水质，每667m^{2}放养量40～60尾，规格

10尾/kg,5月份投放抱卵青虾0.7～0.8kg,以繁殖幼虾做鳅、鳝的活体饵料。

(3)饲养管理

①饵料投喂:饵料投喂按照"四看"、"四定"原则。鱼溜内设食台,共8个,投喂在傍晚进行。当天晴、气温高时多投;气温低、气压低时少投。饵料来源主要靠自培的蚯蚓,蚯蚓短缺时,投喂蝇蛆、螺蛳肉、小杂鱼虾等,也可投喂麦麸、豆渣、米饭、菜叶等饵料。投喂量为存鳝体重的4%～6%,泥鳅能摄食黄鳝残饵、粪便及水中天然饵料。还可以根据水质情况和茭白的生长需要适时地向田中泼洒发酵过的粪水,培育增殖水生生物做鳅鳝的饵料。

②日常管理:每天早、晚巡塘各1次,观察鳅鳝和茭白的生长情况,根据水质、天气和茭白的生长的需要,随时加注新水,夏季高温季节每半个月换水1次,连续雨天及时排水,保持水位相对稳定。严防蛇、田鼠、家禽等进入田中,若发现异常情况及时处理。

③鱼病防治:在试验过程中,坚持以预防为主,无病先防,有病早治的方针。放养鳅鳝鲢鳙苗种前,用4%食盐水浸洗10min;抱卵青虾苗放养时,用50mg/L高锰酸钾药浴3min。工具、食场要进行定期消毒,每半个月用漂白粉对食场消毒,保证饵料清洁新鲜;定期在饵料中加大蒜,以增强鳅鳝抗病力。夏季高温天气,向沟、溜内移养水花生,移养时用100mg/L的高锰酸钾溶液浸泡20～30min。移养水花生使其起到隐蔽、降温、栖息作用。

2. 试验结果

从9月份开始陆续起捕上市,到11月底捕捞结束。1 200.6m²茭白田共收获茭白1 562.6kg,黄鳝1 178.2kg,泥鳅551.6kg,鲢鳙鱼128kg,青虾9.7kg。产值26 580元,纯利润15 621元,投入产出比1∶2.43。

3. 小结与体会

(1)茭白田鳅、鳝混养具有稻田养鱼相似的生态效应,在田中栽植茭白,既吸收了水中的养分,又净化了水质,为鳅、鳝在高温季节提供遮荫降温和栖息场所,营造一个良好的生态环境。不但有利于鳅、鳝的生长,而且减少发病率,提高苗种成活率;再加之水中丰富的天然饵料,大大降低了饲料成本。同时,还能收获一定量的茭白,经济效益比单一种养殖更加显著。

(2)本次试验鳅、鳝苗种放养密度较低,混养比例较合理。泥鳅放养量占黄鳝的40%,泥鳅能及时吃掉黄鳝的残饵和粪便,防止水质恶化;而且泥鳅好动,上、下窜游,可有效地防止黄鳝因相互缠绕所导致的伤亡。

例9 稻田养殖泥鳅

河南省濮阳实施稻田养鳅,2002年取得显著的经济效果。现就其生态养殖模式介绍如下:

稻田养殖泥鳅,应选择水源充足,进、排水方便,土壤较肥沃的稻田,田埂高40～50cm,底宽在50cm左右,田埂须夯实以防止外逃。在稻田中开挖鱼沟和鱼溜,设置进、排水口并安装好拦鱼设施。

1. 放养时间及密度

一般在早、中稻插秧后10天左右放养体长3.5cm左右的鳅种,粗放1.5万～2万尾/667m^2,精养每667m^2放养3万～4万尾。

2. 水稻田间管理

重点抓好两项技术:

(1)施肥技术:以施基肥为主,追肥为辅。施用基肥以农家肥为主,最好用腐熟的人粪尿,一般每667m^2用量350kg左右;追肥以化肥为主,应少量多次,用尿素做追肥时,一般每667m^2用量应控制在10kg以内。用复合肥如钙镁磷、钾肥等每次每667m^2用量应控制在5kg以内。施肥后,要及时加注新水,确保泥鳅安全。

(2)用药技术:养泥鳅的稻田,病虫害较少。在预防稻田病虫

害时,要选用高效、低毒、降解快、残留少的农药,绝对禁止使用有机剧毒农药。施药方法为:

一是先将稻田喷施一半,剩余的另一半稻田隔一天再喷施。如此轮流施药,让泥鳅在田间有回避的场所;

二是喷雾时,其喷嘴必须朝上,让药液尽量喷在稻叶上,千万不要泼洒和撒施。

施药后,要勤观察、勤巡田,发现泥鳅出现昏迷或迟钝的现象,要立即加注新水或将其及时捕捞上来,集中放入活水中,待其恢复正常后再放入稻田。

3. 泥鳅的日常管理技术

(1)注意天气变化,做好防洪排涝工作。

(2)在稻田搁田、施肥、施药前要事先检查,保证鱼沟、鱼溜畅通。

(3)可直接投喂水生昆虫、蚯蚓、蛆虫、畜禽下脚料等动物性饵料,投喂量以占稻田泥鳅体重的3%~5%为宜。

(4)对稻田中的老鼠、黄鼠狼、水蜈蚣、蛇等敌害生物要及时清除、驱捕。

4. 经济效果分析

以濮阳市范县杨集乡国胜泥鳅养殖基地为例,当年在 $1hm^2$ 稻田养殖泥鳅,投资苗种费 2 万元,饲料、肥料 900 元,共收获泥鳅 8 750kg,产值 7.5 万元,泥鳅总效益为 5.4 万元,每 $667m^2$ 中净效益达 3 600 多元。

例10 稻田养泥鳅,稻、鳅双丰收

河北丰南市陈晓明等柳树毕镇柳前村利用 $2.4hm^2$ 的稻田养殖泥鳅喜获丰收。总产泥鳅 72 000kg,稻谷 1.44 万 kg,平均每 $667m^2$ 产泥鳅 2 000kg,稻谷 400kg,纯收入共 37.7 万元,每 $667m^2$ 纯收入达 10 490 元。泥鳅主要销往韩国、日本等地。

1. 工程建设

防逃设施的建设主要利用高能塑纸布(韩国产),其高出地面0.8m,用粗竹竿垂直埋地下0.6m做支撑。池塘埝埂要夯实,进排水沟宽3m,深1.0m,用塑料布铺底,塑料布上有0.5m厚的底泥。

2. 施基肥

基肥是浮游生物繁殖和水稻生长的必要条件,采用有机肥料和无机肥料相配合的方式进行,667m^2施鸡粪1t,二胺15kg。以后视水质情况进行追肥,每667m^2追加尿素15kg。

3. 苗种的收购与放养

苗种收购中最重要的问题是规格要一致,以防止自残现象的发生,将4月13~26日收购的4~5cm的天然泥鳅苗种先放在暂养池暂养,并适当投喂。5月6日(稻田耙地后,插秧前)放苗,共放苗9 000kg,216万尾,每667m^2平均放苗250kg,共6万尾。

4. 饵料投喂

利用地处沿海的有利条件,将收购的海捕杂鱼切碎,并与米糠、麦麸、豆粕、次粉做成团状饵料。饵料配方见表2-1。为了保证饵料投喂的适量,在池中设定5个投喂点,做成食台投喂,便于观察残饵情况,以便调整投饵量。一般每天每667m^2投喂15~25kg。

表2-1 饵料配方

成分	海杂鱼粉碎物	米糠	麦麸	豆粕	次粉	生长素
含量(%)	50	10	20	10	9.5	0.5

5. 养殖方法

采用1次放足,捕大留小的方法,养殖中共捕获6次。规格不够13cm的继续留池喂养。养殖中排水口常开,每天进水2次,保证正常水位。

6. 稻田施药

稻田施药是养殖中应该特别注意的问题。在整个养殖过程中使用高效低毒的富士一号、敌虫净、绿风95，这些药物对泥鳅的生长没有影响，而且取得了鱼、稻双丰收。

例11 泥鳅稻田苗种培育及养成

2005年1月19日，江苏通州市进行泥鳅苗种繁育及稻田生态养殖技术研究，不但每667m^2收获无公害稻谷500kg以上，而且增产泥鳅100kg以上，增加收益1 000元以上，不但减少农药化肥用量，减轻环境污染，而且降低生产成本，经济、生态效益十分显著。

1. 材料与方法

(1)田间工程与建设：稻田生态养殖的田间工程通常由环沟、田间沟和暂养沟3部分组成。

①环沟：是养殖泥鳅等特种水产品的主要场所，一般沟宽为244m，深0.5m，沿田岸四周开挖，成环形，开挖的泥土用于加宽、加高、加固稻田堤岸。

②田间沟：是供泥鳅等特种水产品觅食活动场所，视田块大小而定，可按"井"、"十"字或"十十"字形设置，一般宽、深0.3～0.4m。

③暂养沟：主要用于暂养水产苗种和成品，通常在田的一端开挖，沟宽4m，深0.8～1.0m，长短视田块大小而定。

有条件的地方，也可将田头的蓄水沟、丰产沟、进排水渠利用起来，作为稻田养殖的暂养沟或环沟，以增加水产养殖的水域空间。环沟、田间沟和暂养沟面积一般可占稻田总面积的15%～25%。

(2)防护设施与配套：配套设施主要包括防逃墙、防偷网等防护设施，及进、排水系统。养殖泥鳅的防逃墙分为土上、土下两部分。土上部分可防泥鳅跳跃逃逸；土下部分可防泥鳅掘穴潜入和逃跑。防逃墙一般采用钙塑板、塑料薄膜、水泥板等材料设置，通常防逃墙高100cm，埋入土内40cm（土下部分也可采用高40cm的密眼网沿田块四周单独设置），高出地面60cm，用木柱或竹桩支撑固定，四角成圆弧形。防偷网一般采用聚乙烯网片设置，高1.5m以上，用木桩或竹桩支撑固定。稻田养殖进、排水系要分开设置，要求灌得进，排得出。进、排水口成对角安置，并用较密的铁丝、聚乙烯双层网封好，以防止泥鳅逃逸和敌害生物侵入。

（3）苗种放养：苗种放养是稻田生态养殖泥鳅重要的一环。主要从放养前的准备、鳅种消毒、放养密度3方面抓好实施。

①放养前的准备：主要是培肥水质，在鳅种放养前10天左右，施放基肥，品种有鸡粪、牛粪、猪粪及其他农家肥。一般每667m^2施放干鸡粪200kg左右，用以培养繁殖浮游生物，鳅种放养后即可摄食到丰富的天然饵料。

②搞好鳅种消毒：为预防疾病，在鳅种放养时用3％～4％食盐水进行鱼种消毒，以切断苗种本身病原体。

③合理放养密度：苗种放养密度与田间工程环境条件、饲养管理水平、苗种规格大小及预计产量紧密相关。

本试验每667m^2放养规格为3cm的鳅种1万尾。先将泥鳅苗种放养在暂养池内暂养，待秧苗抛栽15天即有效分蘖结束后放入稻田。

（4）秧苗移栽与培管：秧苗移栽与培管均围绕水稻的综合生态防病方面来进行。

第一，选择抗病、抗虫、抗倒伏的优质稻种，如优辐粳、通育粳1号、华粳3号。

第二，稻种落谷前，采用浸种灵搞好浸种，以消灭恶苗病和干尖类线虫病。

第三，切实抓好耕翻碎土、上水耙平、土溶无块、四周田埂做实防渗漏等整地工作。

第四，根据田块肥瘦着重搞好基肥施放，以有机肥为主；根据水稻长势情况，适当补施追肥，以无机肥为主。

第五，秧苗抛栽。移栽前秧苗要施1次送嫁农药，移栽时要求扩行稀植，一般行距30cm，株距14cm，每667m^2达1.7万穴，5叶秧龄共5万苗即可；如采用抛秧方法，同样要求稀植。这样有利于通风透光，可有效地防止病害的发生。

第六，适时烤田。一般秧苗移栽后25～30天，认真搞好放水烤田，为水稻的生长防病打好基础。

第七，查测施药。针对叶稻瘟、穗颈稻瘟、三化螟、稻飞虱等病虫害，根据田块查测情况，采用生物农药等采取喷雾、弥雾的方式进行及时防治，并随即注换新水。

(5) 泥鳅养殖与管理

① 泥鳅的养殖管理：主要抓好施放肥料、投喂饵料、调节水质、疾病防治和日常管理等关键技术。在泥鳅养殖阶段，采取施肥措施来培育天然饵料，除在放养前施放基肥外，根据水色，及时追肥。追肥常用鸡粪、牛粪、猪粪等农家肥，有时也施用尿素、硫酸铵、硝酸铵、过磷酸钙等无机肥。

② 投喂饵料：饵料选用螺肉、血粉、蚕蛹粉、动物内脏、小麦、菜饼等动植物饵料和泥鳅专用配合饵料。动植物饵料配比根据水温不同而调整动植物性饵料的比例。一般水温20℃以下时动物性饵料占30%～40%，水温20～23℃时占50%，水温23～28℃时占60%～70%。正常情况上、下午各投喂1次，日投饵量按摄食强度灵活掌握，生长旺季日投饵量按鱼体重的10%～15%投喂，一般季节按7%～8%投喂，水温高于30℃、低于10℃时可少投喂或不投喂。

③ 调节水质：水过瘦要适时追肥，鸡粪等有机肥均可，通常每月每667m^2追施鸡粪50kg左右，水色以黄绿色为好，透明度控制

在15～20cm。

④日常管理：主要抓好勤巡田、防逃逸、勤检查、防疾病、勤清除、防敌害，即"三勤三防"日常管理工作。

2. 试验结果

经过2年试验，累计面积201 434m²，共收获无公害稻谷154.02t，泥鳅32.01t，共创产值82.39万元，利润41.2万元。平均每667m²收获无公害稻谷510kg（按稻田和渔沟总面积计算），泥鳅106kg，平均每667m²创产值2 728元，利润达1 364元，比纯种水稻分别增加1 882元和1 011元。

2年来，稻田生态养殖泥鳅试验田块比常规种稻田块每667m²减少农药用量0.43kg，节省农药费用22.25元；平均每667m²减少化肥用量49.5kg，节省化肥费用57.50元。

例12 泥鳅人工繁育

济南市淡水养殖试验场济南市淡水养殖试验场进行泥鳅人工繁殖试验，获卵2万余粒，其中受精卵1.5万粒，孵化出泥鳅苗8 000多尾。具体做法如下。

1. 催产前的准备

亲鱼来源由济南郊区和东平湖、微山湖等处收购，并从中选出30组，每组雌、雄配比为1∶1。选出后即行催产注射。

催产剂为鲫鱼干燥垂体，该垂体取于4～6尾/500g活鲫鱼，经丙酮脱水保存，用时加0.6％生理盐水。

催产前将亲泥鳅用湿纱布包好，放在大型解剖盘中测体长，用天平称体重，雌、雄鳅分别做记录，其中雌泥鳅、雄泥鳅各30尾。雌泥鳅体长22～25cm，体重50～60g，大的70～80g；雄泥鳅体长18～23cm，体重45～50g，大的60～70g。

2. 催产剂注射

预先将干燥鲫鱼垂体放在研钵中，研成粉末，再用0.6％生理盐水配成悬浊液。每尾泥鳅均注射 0.5mL,其中雌鳅注入的含垂体 4 个,雄鳅注入的含垂体 3 个。注射方法是:用湿纱布将泥鳅包好露出腹部和腹鳍,腹部向上,用 5mL 玻璃注射器,配 5.5 号针头,吸取悬浊液在泥鳅腹鳍前方中线部位 1 次性注射。注射后的泥鳅,试验期间均成活,没有发生死亡。

3. 发情产卵

6 月 29 日下午 18:10,将上述 30 组亲泥鳅全部注射完毕,并在室内和室外做对照观察。室内用长圆形玻璃培养缸暂养,装盛清水 20cm 深,共 3 组,水温 25℃。室外用长方形网箱,用筛绢制成,网箱放置在环道孵化池中,具微流水,共 27 组,水温 26.5℃。

室内组于第二天上午 5:00 开始发情产卵,从注射到产卵历时 11h。室外组于第二天上午 3:00 发情产卵,从注射到产卵历时 9h,到上午 5:00~6:00 产卵活动更为激烈。

室内、室外观察到的发情产卵情况基本一致。未发情之前都静静地卧在底部,少数上、下游动。发情开始先有一组开始追逐,随后引发各组追逐,呼吸频急,头部和身体相互摩擦。到高潮时雄泥鳅卷在雌泥鳅身体上,雌泥鳅排卵,雄泥鳅排精,这类动作反复 10~12 次。

4. 孵化

孵化均未用人工鱼巢。

用培养皿和大型解剖盘孵化时由于水体浅、换水不及时而只有少量孵出。

室内用脸盆,增加水量,全部孵出;室外用家鱼集卵网箱放置环道孵化池微流水孵化,网箱内受精卵容易堆集,须改进。

孵化水温 25~26.5℃,自受精至鱼苗破膜约经 24h。孵出泥鳅苗体长 3mm 左右,比其他淡水鱼苗要小,但黑色素浓。显微镜观察,卵黄面积从生殖孔到头部,占面积比例为 59%~60%。泥鳅苗侧卧时间较长,一般要 >50h,如不注意观察,看来好像静止不游动。

例13 泥鳅繁育技术总结

山东省泗水县孔祥勇等报道,泥鳅是一种经济价值较高的鱼类,具有较高的营养价值和药用价值。1998年,泗水县水利局水产站进行了"泥鳅人工繁殖及苗种培育试验",共获受精卵43万粒,培育各种规格苗种28.6万尾。现将主要技术总结如下。

1. 基本设施

本试验在华村水库管理所内进行,水源来自管引库水。3月底即人工繁殖前1月多,在避风向阳、光照充分的地方,建造水泥池15个。其中,面积10m²培育池1个,池深1m。面积4.5m²孵化池4个,池深0.5m。面积20m²育苗池10个,池深0.8m。另外,管理所内有2 668m²池塘可用于泥鳅种的培育。水泥池底平整,呈长方形,池边设注排水管道,所有水泥池在使用前15天左右,用水浸泡,多次冲刷,除去池中碱性,暴晒待用。

2. 人工繁殖

(1)亲泥鳅的选择及培育:亲泥鳅来源于河沟捕捞。培育池使用前7~10天,池底铺20cm肥泥,每平方米用150~200g生石灰泼洒全池消毒,注水40~50cm,注水用40目筛绢过滤,防止有害生物入池,在注、排水口处用铁丝设置防逃网。5月初水温稳定18℃左右后,选择体长15~20cm,体重30~50g,体质健壮、无病、无伤、性腺发育良好的泥鳅作为亲鱼,雌鳅胸鳍比较短,鳍的前端较圆钝,呈扇形,静止时鳍条展开放在一个平面上。雄鳅胸鳍比较长,前缘尖端部分向上翘起。把捕获的亲泥鳅按雌雄比1∶2放入培育池中进行强化培育,放养密度8~10尾/m²。培育期间主要投喂动物碎肉、碎内脏、鱼粉等动物性饲料,日投喂量占亲鳅体重的5%~8%,并辅以少量米糠、麦麸及鲜嫩水草等植物性饲料。由于泥鳅喜欢夜间觅食,投喂应以傍晚为主。每2~3天冲换新水

1次,每次换池中水的1/4～1/3。

(2)人工催产:5月20日左右,晴天水温达到20℃以上后,从培育池中选择性腺发育成熟的亲泥鳅,雌鳅腹部圆大,轻压腹部有无色透明的卵粒流出,雄鳅精液充沛,挤压腹部有乳白色精液流出。人工催产全部采用肌肉注射,每尾雌鳅注射800～1 000U绒毛膜促性腺激素,雄鳅剂量减半,采用1mL注射器和四号针头进行注射,肌肉注射在背鳍前下方两侧,针头朝头部方向与亲泥鳅呈45°角,插针深度约0.4cm,雌鳅注射0.2mL,雄鳅减半。注射后的亲泥鳅为便于人工授精,雌、雄鳅分别放入培育池中两个网箱(1m×1m×0.5m,网目0.3～0.5cm)内,观察发情产卵,适时进行人工授精。

(3)人工授精:雌泥鳅产卵前在前面游,雄泥鳅在后面紧追,泥鳅发情多活动于水表面。注射催产剂的亲泥鳅在水温20℃左右,经20h即可发情产卵,发现雌鱼产卵,立刻将亲鱼捞出进行干法受精。用干净毛巾擦干体表水,将雌泥鳅卵挤入瓷碗、瓷盆或塑料盆中,并立刻进行雄鳅挤精,1尾雌鳅卵配2尾雄鳅精液,经羽毛搅拌约3min,使精液和卵粒混匀,充分受精后,撒在鱼巢上,放入孵化池中进行静水孵化。鱼巢用20mg/kg高锰酸钾溶液消毒,洗净的柳树根、小草扎成小束做成巢把,整个受精过程避开强光进行。

(4)人工孵化:孵化前10天,孵化池用生石灰彻底消毒,待药效消失后,注水30cm,把粘满卵粒的鱼巢扎在竹竿架上,用石头坠入水面下,每平方米2万～3万粒卵,池顶覆盖帆布,避免强光照射。在水温20℃左右,3～4天即可孵出鱼苗,刚孵出泥鳅苗体长2.5～3.6cm,不能自由活动,用头上的喷射器吸附在鱼巢及池壁上,3天后开始游动,取出鱼巢,开始投喂。

3. 苗种培育

开食后的泥鳅苗,可转入育苗池中培育。育苗池使用前7～10天,用生石灰消毒,池底铺10～12cm的腐熟粪肥做基肥,注入新水 20~30cm,待水色变绿色,透明度 15~20cm,放入泥鳅苗进行培育,静水放养密度 1 000~1 500 尾/m²,育苗前期应以肥水与投喂相结合。由于泥鳅对开口饵料有较强的选择性,主要沿边投喂用 50 目标准筛过滤的轮虫、水蚤等浮游动物,同时每周泼撒 2 次发酵粪肥 60~100g/m³ 或泼撒溶化的化肥 1~2g/m³,经 20 天左右培育苗体长可达 1cm。此时泥鳅可摄食水中昆虫、昆虫幼虫和有机物碎屑等食物,可投喂打碎动物内脏、血粉、鱼粉等动物性饲料及米糠、豆粉、玉米粉、豆饼屑之类的精饲料,每天上午、下午各投喂 1 次,开始日投喂占泥鳅苗体重 2%~5%,以后随着泥鳅苗的生长,日投量可增加到 10%。再经 1 个多月培育泥鳅苗体长可达 3~4cm,此时应分池转入池塘饲养。池塘投放泥鳅苗前 7~8 天用生石灰消毒,注入水 40~50cm,每 667m² 施发酵粪肥 150~200kg 培育水质,待池中培育出大量浮游生物时,投放泥鳅苗,密度 100~150 尾/m²,饲养基本同上,经 3 个月饲养可培育出体长 8~10cm、体重 5~8g 的大规格泥鳅种。

4. 注意的问题

(1)孵化期间为防止水质恶化,胚胎发育缺氧死亡,应定期向池中加入新水,保持水质清新,溶氧充足。同时,为防止卵子发生水霉病,定期用 0.5mg/kg 孔雀石绿溶液浸洗粘满卵粒的鱼巢,当仔鱼全部出膜后,迅速把死卵捞出,以免卵子腐败造成水质恶化。

(2)满足泥鳅苗开口饵料是提高其成活率的关键。刚孵化出来的泥鳅苗吸收卵黄的营养,在卵黄消失后的 2 个月内,主要以水中的轮虫和水蚤为食。最好专池培育轮虫、水蚤等浮游动物来投喂泥鳅苗。粪肥、化肥都是饲养泥鳅的良好肥料,要不断地向培育池中增施肥料,使泥鳅苗种有足够的天然生物饵料。

(3)泥鳅具有偏食和夜间觅食习性,如改变其特殊习性,要进行人工驯化,每天傍晚投喂 1 次,投饵量由少到多,投喂时间逐渐提前,直至能在上午 10:00、下午 17:00 左右摄食并能摄食人工饲料为止。

例14 泥鳅人工繁殖及苗种生产

戴海平(2001—2002年)选择2龄以上、体重在100g以上的雌鳅和体重在30g以上的雄鳅做亲本，进行强化培育、人工催产、人工授精、人工孵化。试验结果：平均催产率为81.3%，平均受精率为77.8%；共获泥鳅卵570万粒，平均孵化率为70.4%；下塘鱼苗为305万尾，经50天左右的精心培育，共获体长5～6cm的泥鳅种117万尾，平均成活率为38.4%。

1. 亲鳅来源

从人工养殖池塘中选择品种优良(背黑肚白)、体形端正、色泽正常、无病无伤、2龄以上的泥鳅做亲本。要求雌鳅体重在100g以上，雄鳅体重在30g以上。

2. 亲鳅强化培育

选择2口池塘(面积共250m^2)，用生石灰(22.5kg/100m^2)彻底清塘消毒；并搭建塑料大棚，配备增氧设施，每2m^{2}设置1个气头。雌、雄亲鳅分池饲养，在大棚内进行强化培育，雌鳅、雄鳅放养量分别为100尾/m^{2}和150尾/m^2。培育过程中以投喂高蛋白的人工配合饲料为主，适当配以浮萍、切碎的菜叶等植物饲料。日投饲量为亲鳅体重的4%～6%，每天分3次投喂：早上7:00、傍晚17:00、夜间21:00。白天的投饲量占日投饲量的25%～30%，夜间占70%～75%。投饲量根据水质、水温、容氧等具体情况适当增减。每隔3～5天加水5～10cm。连续晴天、大棚内水温超过28℃时，必须通风、注水，以防亲鳅钻泥"夏眠"。在催产前7～10天，每天注水10～15cm，刺激性腺加快发育。

3. 人工催产

采用背部肌肉注射法，用LRH-A$_2$＋HCG＋DOM混合注射，注射量为雌鳅每尾0.1mL，雄鳅计量减半。

4. 人工授精

因雄鳅精巢发育同步性差,往往很难挤出足量的精液,必须杀雄取精。注射催产剂一定时间后检查雌鳅,轻压腹部,如有卵粒呈线状流出,比例达到70%以上,即可进行人工授精。受精完毕后,用泥浆或滑石粉跟受精卵脱粘,放入孵化桶内进行流水孵化。见表2-2。

表2-2 泥鳅5次人工催产的结果

日期（月、日）	催产亲鱼(尾)		催产药物 LRH－A$_2$+HCG+DOM	催产水温(℃)	效应时间(h)	催产率(%)	受精率(%)
	雌	雄					
5、10	440	460	10μg+100U+5mg	21	14	89.8	687
5、11	580	500	10μg+100U+5mg	22	13	70	75
5、12	250	260	5mg+200U+4mg	23	12	75	72
7、21	420	260	5mg+200U+5mg	30	8	87	81
7、22	320	260	5mg+200U+5mg	30	8	88	95

5. 人工孵化

采用流水孵化法,孵化桶内卵的密度500～1 000粒/L,开始时将流速控制在0.1m/s;完全出膜后将流速控制在0.2m/s;开始出现腰点时减缓流速;鳅苗能平游时将流速减到最小。卵黄囊完全消失前下塘,转入鳅苗培育。

6. 苗种的培育

(1)放苗前的准备:彻底清塘消毒,在放苗前5～7天,每平方千米施发酵熟化有机肥300～450kg以培育天然饵料。选择塘内的轮虫繁殖处于高峰期时下塘,以保证鳅苗有适口、充足的天然饵料。

(2)放养密度:2 000～3 000尾/m^2。

(3)日常管理:鳅苗下塘时将水位控制在20～30cm,下塘后

3天内不加水,以后视鳅苗生长情况每隔1天加水3~5cm。若发现鳅苗浮上水面呼吸时,应及时加注新水。根据培育池中水色等具体情况适当追肥,以少量多次为原则。同时每天分3~4次全池均匀泼洒豆浆(干黄豆2~3kg/10万尾苗)。经25~30天培育,待鳅苗长至3cm时即可改投粉状人工配合饲料。再经半个月饲养,鳅苗长至5cm以上,此时可出售或转入成鳅饲养。具体结果见表2-3。

表2-3 泥鳅受精卵人工孵化的结果

日期(月、日)	产卵量(万粒)	孵化平均水温(℃)	孵化时间(h)	孵化率(%)	出苗率(%)	下塘量(万尾)
5、10	130	19	48	60	70	54.6
5、11	160	20	45	68	75.8	82.5
5、12	69	22	36	75	80.2	36
7、21	120	32	28	78	85	80
7、22	100	32	28	76	82	62

7. 人工催产孵化

经50天左右的精心培育,共获体长5~6cm的鳅种117万尾,平均成活率为38.4%。具体结果见表2-4。

表2-4 泥鳅苗种培育的结果

池塘号	面积(m²)	下塘数(万尾)	成活率(%)	出塘数(万尾)
1	214	54.6	36.6	20
2	300	82.5	14.5	12
3	202	36	33.3	12
4	283	80	50	40
5	262	62	56.5	35

8. 几点体会

(1)亲鳅的强化培育:人工繁殖用的亲鳅必须经强化培育,在培育过程中应提供营养丰富的优质饵料和适宜的环境条件,以满足亲鳅卵子发育所需要的营养。雄鳅的促熟培育工作也是泥鳅人工繁育的技术关键。

(2)人工催产:采用不用计量的催产剂,取得的结果相差不大。2001年,曾采用 PG 做催产剂,也取得较好的效果。由此可见,泥鳅人工繁殖在催产剂选择上要求不高。

(3)人工孵化:在 2001 年的人工孵化过程中,曾出现明显的溶膜或早出膜现象,导致大量畸形苗的出现,以后采用 5mg/L 高锰酸钾处理孵化水才得到控制,原因有待进一步探讨。

(4)亲鳅产后的强化培育:人工授精结束后,将体表无伤、活力正常的亲鳅放回培育池;后备亲鳅池中规格达到 50g 以上的,也同时放入培育池进行强化培育。第一批用的大部分雌亲鳅在第二批繁殖时仍可用。

(5)寄生虫病的防治:鳅苗长至 1~3cm 时极容易受车轮虫、舌杯虫及肠袋虫的侵害,尤其是鳃部寄生后严重影响呼吸。而目前用常规的硫酸铜和硫酸亚铁合剂、福尔马林、敌百虫、面碱合剂都没有明显防治效果。后改使用"优而净"效果较为明显,但对鳅苗生长不利,影响成活率。

(6)肠呼吸功能的出现:鳅苗长至 2cm 左右,肠呼吸功能开始发挥作用,此时若投饲量过多,会影响肠呼吸,加上此阶段寄生虫侵袭较多,大大影响成活率。2 号池塘成活率仅 14.5% 即属此例。怎样把握鳅苗呼吸系统功能调整的转换关,有待进一步探讨。

例 15　泥鳅苗种规模化生产

宋学宏等 2000 年对泥鳅进行了较大规模的人工繁殖试验。

1. 亲鱼来源

亲鱼购自苏州市游墅关镇农贸市场。

2. 亲鱼配组及催产

亲鱼按雌、雄比为1:(1~1.24)配组,催产药物为促排卵素2号(LRH-A_2)及绒毛膜促性腺激素(HCG),雌、雄鱼等量,注射部位为背鳍基部肌肉,0.5mL/尾。注射后亲鱼放入100cm×70cm×50cm的水族箱中,并设鱼巢(用棕榈皮制作,洗净灭菌),充气增氧,让其自然产卵,第2天对未产卵的亲鱼进行人工授精。杀雄取精巢,精液用0.7%的生理盐水稀释。

3. 鱼苗孵化

泥鳅的受精卵圆形半透明状,颗粒圆,金黄色有光泽,未受精的卵呈白色、混浊、体积膨大。待亲鱼自产结束后,及时将其捞出,以防亲鱼吞吃鱼卵。鱼卵留在箱中充气孵化。出膜后第2天开始投喂蛋黄,每2万尾苗投1只蛋黄,出膜后第3天下塘。

4. 苗种饲养

鱼苗出膜后第3天,分别在水族箱、土池、室内泥池中发塘,放养密度均为1 000尾/m^2。开口饵料分别为鸡蛋黄、天然浮游生物。在土池中放置风眼莲、浮萍等植物遮荫。定期观察其成活率及生长速度。

5. 怀卵量及成熟度鉴定

对30尾亲鱼解剖鉴定,发现泥鳅的怀卵量因个体大小而不同,体长10cm以下的雌鳅怀卵量为0.6万~0.8万粒,12~15cm者为1.0万~1.2万粒,15~20cm者为1.5万~2.0万粒。解剖过程中还发现泥鳅卵巢中存在着几种不同规格的卵,有的呈金黄色半透明,几乎游离在体腔中,有的是白色不透明,卵粒较小,紧包在卵巢腔中,还没成熟。雄鱼的精巢为长带形、白色,呈薄带状的不成熟个体居多,呈串状的成熟个体为少。

6. 催产

本次试验共催产5批,第1批作为催产前的试验,催产率很低,只有10%;从第2批开始调整激素剂量,催产率、受精率明显上升。影响催产率高低的因素较多,如激素的剂量、亲鱼的健康状况、雌雄配比、天气的变化及亲鱼产卵环境等均会直接或间接地影响泥鳅的产卵。

7. 受精率与孵化率

除了第1批以外,每批催产的受精率较稳定,达75%～85%,在成熟较好、有鱼巢、充气的良好条件下,影响受精率的因素主要是雌、雄比例,第2～3批的雌、雄比为1∶1,其受精率达75%～78%。第4～5批随着雌鱼比例的升高,其受精率有上升的趋势,最高达85%。泥鳅卵为沉性卵,静水孵化效果较好,在第2批鱼苗孵化过程中发现,凡是水族箱增氧气泡大者,出苗率反而低;而气泡较少的水族箱,出苗率较高。因而从第3批开始调整气头数量,提高了出苗率。总的催产情况见表2-5。

表2-5 泥鳅催产情况统计

批次	日期(月、日)	水温(℃)	组数	总重(kg)	雌、雄比	催产剂量(LRH-A$_2$+HCG)(尾)	效应时间(h)	催产率(%)	产卵量(万粒)	受精率(%)	出苗数(万尾)
1	6、19	26	10	0.3	1∶1	10mg+100U	25～27	10	0.05	30	0.02
2	6、20	26	10	0.3	1∶1	12.5mg+100U	17～19	75	3.0	75	0.38
3	7、4	28	50	1.6	1∶1	12.5mg+100U	15～18	78	3.0	80	1.00
4	7、7	28	85	3.3	1∶16	12.5mg+100U	15～16	92	5.5	80	3.50
5	7、17	29	144	5.2	1∶14	7.5mg+100U	14～15	85	11.0	85	9.00
合计			299	10.7					20.45		13.90

8. 苗种饲养

当泥鳅苗能平游,体色转黑后应及时发塘。本试验的5批苗中,只有在土池中发塘(第4批)成功。在土池中饲养到30天就长达3~4cm,至9月下旬测得泥鳅的平均体长为10~12cm,最大的为16cm,成活率为86%。在水族箱及水泥池中发塘,以蛋黄为开口饵料的泥鳅苗均在5~10天内全部死亡。

9. 几点体会

(1)泥鳅繁殖季节:在4月下旬开始解剖泥鳅,发现泥鳅性腺大多没有成熟,到5月中旬以后就有较多的泥鳅性成熟,本试验从6月中旬开始,取得较好的结果,尤其在天气变化较大、雷雨交加的天气,泥鳅的催产效果特别好;8月上旬再次检查亲鱼发现,此时的泥鳅绝大多数已产空,卵巢腔中只有少量的过熟卵。可见,在长江中下游地区泥鳅的繁殖季节为5~7月份,6月份为产卵盛期,并且外界天气变化对泥鳅的繁殖产生很大的影响。

(2)雌雄配比:从解剖亲鱼的结果看出,雄鱼个体较小,且成熟度较差,因而在雌、雄配比时,应加大雄鳅数量;从这5批催产结果同样也看出,随着亲鱼雌、雄比由1:1增加到1:1.34,受精率、出苗率也相应提高,因而进行规模生产时,亲鱼雌、雄比以1:(1.5~2)为好。

(3)催产剂剂量:据资料介绍,泥鳅的催产激素一般采用LRH-A_2、HCG、PG等,雌鳅剂量为HCG 100~150U/尾或LRH-A 5~10μg/尾或PG 0.5~1.0个/尾,雄鳅剂量减半。本实验开始采用剂量为:雌鳅 LRH-A_2 10μg/尾+HCG 100U/尾,雄鳅减半。但催产效果很差,催产率仅为10%,后经调整剂量,催产率明显提高,当剂量调整为雌鳅均为 LRH-A_2 7.5μg/尾+HCG 500U/尾时,催产率高达85%。表明当亲鱼成熟度较好时,催产剂量以 LRH-A_2 7.5μg/尾+HCG 500U/尾比较适宜,若亲鱼成熟度较差,则可适当增加剂量。

(4)受精方法:大规模泥鳅的生产不宜采用人工授精的方法,其原因之一是泥鳅亲本个体较小,人工授精必须杀死雄鱼取出精巢后再行受精,劳动强度特别大,在大规模生产中行不通;其次,人工授精的技术要求高,成功率较小,本试验中每批亲鱼自产结束后,再将未产的亲鱼进行人工授精,但受精率很低,在0~60%。因此,在大规模生产时,给予良好的环境,调整雌、雄比例,适时催产,让其自产,是切实可行的方法。

(5)苗种培育:泥鳅为杂食性鱼类,体长5cm以下时,食小型浮游甲壳类、轮虫、浮游植物;体长5~8cm时,除食小型甲壳类外,还食水蚯蚓、摇蚊幼虫;体长8~9cm时,摄食硅藻和植物的茎、根、叶等;10cm以上时食植物性饵料。本试验发现,刚孵化出的幼苗虽能吃蛋黄,但其最适口的食物为浮游植物、轮虫等天然饵料。5批鱼苗中,第1~3批水花就在水族箱中投喂蛋黄,鱼苗均从第5天开始死亡,7~8天全部死光;第5批苗,由于当时室外气温很高,达33~35℃,因而在室内水泥池中发塘,并投喂豆浆与奶粉,但到第19天早晨,9万苗只剩下几百尾。而第4批的3万~5万苗进行土池发塘,1/3的水面覆盖浮萍、凤眼莲,水呈绿色,并投喂少量豆浆,生长速度快、成活率高。因此,根据泥鳅的生态特点,作者认为泥鳅发塘以土池最为适合。

例16 泥鳅人工繁殖及苗种培育

1999年,程桂生开展泥鳅人工繁殖和苗种培育,共催产亲鳅4批(260kg)。以6月2日1批为例,该批催产60kg(1 000组),获鱼苗300万尾,育成寸片210万尾,成活率70%。

1. 准备

(1)催产、孵化池:长10m×宽5m×深1.2m=60m^3(水泥池)。

(2)苗种培育池:长50m×宽20m×深1m=1 000m^3,坡比为

1∶1.5(水泥池)。

(3)60目的敞口网箱:长10m×宽1m×深0.8m=8m³(4条),催产孵化用。

(4)泥鳅亲本:泥鳅亲鱼以集市引进为主,引进时都经过严格挑选。主要要求是,无伤病、无自产,体重达25～50g以上,成熟度好。

(5)水源:能保证设备供水量,水质条件符合鳅鱼苗种阶段所需指标。

2. 方法

(1)时间:催产时间6月2日,育种结束时间6月20日,历时18天。

(2)水温:泥鳅繁殖及育种时间水温变幅为22～28℃。

(3)选择:选择性成熟亲本1 000组为雌∶雄=1∶1.5=30∶30kg。

(4)催产药物剂量:雌鱼剂量为DOM 30μg + HCG 8U + LRH-A$_2$ 0.08μg/g,雄鱼剂量减半。

(5)注射方式:注射前先用1mL药/500g水,麻醉溶液麻醉后再注射,1次性背鳍肌肉注射。

3. 繁殖

6月2日上午3:00水温25℃注射催产剂,效应时间为10h,于3日上午1:00看到产卵,3日上午7:00产卵结束,时间为7h,收集卵350万粒,受精率86%,鱼苗于4日上午7:00开始脱膜,水温24℃,胚内发育时间为24h,6月6日上午8:00鱼苗卵黄已消失,开始投喂蛋浆,在网箱内饲养2天后鱼苗开始平游,7日下午19:00出箱过数获得鱼苗300万尾。即转入寸片阶段(培育池)饲养。

4. 苗种培育

寸片培育(3.3cm以上规格阶段):用1 000m³水泥池进行培育,放养密度为3 000尾/m³。鳅鱼苗种培育过程中其主要包括:

(1)水源,水质调控:注意调整水压和流速,保持水深50～

60cm,使水流速控制为微流水,保证池水清新,溶氧充足。

(2)饲料投喂:鱼苗开口后,根据鳅鱼生长、活动、摄食情况,投喂充足适口饲料。每天投喂4次,一般上午8:00进行。开始投喂蛋黄,几天后用豆浆投喂,确保鳅鱼吃饱长好。

(3)鱼病防治:对鳅鱼苗种培育阶段危害较大的鱼病,主要是车轮虫病,它破坏鳃组织和皮肤,并发感染,短期内引起暴发性死亡。防治方法:用0.7mg/kg硫酸铜和硫酸亚铁合剂(5∶2)泼洒。经过12天的培育(6月7～20日),鳅鱼规格达到3.3cm以上,共获数量为210万尾,成活率达70%。

例17 菱角田套养泥鳅增效益

据江苏省金湖县推广实施菱角套养泥鳅高产高效技术,可每667m^2产菱角1 100kg,每667m^2产泥鳅150kg,每667m^2产纯利可获1 020元。实施技术如下:

1. 菱塘的选择与清塘消毒

菱塘的选择要遵循3条原则:

一是选择的塘口靠近水源,至少5年未种过菱角,以鱼塘改菱塘效果尤佳。鱼塘塘底淤泥深、肥,有机质含量一般在5%以上;

二是有一定的排灌条件,枯水期水层保持在20～60cm,汛期水深不超过150cm,水位涨落平缓。每20.1万 m^2 建有一座排涝站,保证灌得进排得出;

三是水质清亮、无污染、无塘底杂草。

菱塘需消毒、翻土、施肥,平整塘底,夯实塘埂。利用冬季枯水季节,排干水,捞尽塘内杂草,割去塘埂四周枯草,冻晒底塘泥,有条件的可进行机械翻耕,达到消毒、灭菌、增温的作用。来年3月中旬,用1%的石灰水,泼浇塘底及塘埂四周,进行进一步消毒。

2. 品种与规格

菱角品种选用广州的"五月红菱"。该品种生育期短、成熟早。

4月中旬出苗,7月中旬开始采收。出苗至采收为100天左右,比原来的土种菱角上市提早1个月;产量高,经金湖县3年种植,平均每$667m^2$单产1 000kg以上,比当地土种高250~300kg;品质好,该品种菱角角钝、皮薄、肉嫩、甘甜、清香、水分多。种用菱角要求个头大、外壳硬而鲜亮,单果重18~20g,每$667m^2$备种40kg。泥鳅种,选择青鳅苗,以80~100尾/kg为宜。

3. 主要栽培、养殖技术

(1)适时早播、放养,及时密植:经清塘、消毒后的菱塘,于播种前1周进水,并夯实塘埂漏洞。每$667m^2$播种30kg,播种要匀。播量过大,菱盘拥挤,既影响菱角产量,又影响水温的提高,不利于泥鳅生长。5月上旬放养泥鳅,每$667m^2$放养2 000~3 000尾。放养的泥鳅苗尽可能大一些,确保当年上市。菱角出田后,及早移密补稀,确保平衡生长。

(2)合理肥水运筹:播种至菱角出苗期,要建立水层管理,出苗后渐加深,中后期保持水层在80~100cm,最高水位控制在150cm以内,若水位过高应及时排水,遇干旱水位偏低,要及时补水。在高温季节,要经常换水,保持泥鳅正常生长。

菱角用肥料应以有机肥为主,化学肥料为辅。以鱼塘改造的菱塘,淤泥深,塘底肥,一般不施基肥。菱盘形成期,一般在4月20日前后,每$667m^2$追施45%三元素复合肥25kg,促进开盘,7月上旬第一次采果后每$667m^2$追施尿素10kg,以后每采1次菱角,每$667m^2$追尿素4~6kg。值得注意的是,每次施肥数量不能太多,以免造成泥鳅浮头、死亡。菱角一生一般追肥4~5次,可保证菱角盘生长健壮,活熟到老。

(3)防治好病虫害:菱角的主要虫害有萤叶蝉和紫叶蝉,其中萤叶蝉是菱角的毁灭性害虫,其幼虫、成虫均以菱盘叶肉为食,防治不好每$667m^2$产量损失很大,重则失收。防治方法:当萤叶蝉危害发生率达10%时,每$667m^2$用90%晶体敌百虫100~150g,兑水

10kg防治。如继续发生再改用各类酯类农药防治。禁止使用高毒、高残留农药,以免对泥鳅造成伤害。

菱角的"白绢病"俗称"菱瘟",是一种常见的菱角病害,菱角封盘后极容易发生,遇大风、大雨、高温很容易蔓延。这一时期必须加强检查,一旦发生,立即扑灭。防治方法:一是迅速清除病株,减少2次传染;二是以病株为中心,直径扩大到10m,用1%石灰水泼浇,每隔1周再泼浇1次。据观察套养泥鳅的菱角,"菱瘟"发病率极轻,而未套养的菱塘菱角发病率在10%~15%。

(4)科学饲养,及时采收:泥鳅的饲养以小鱼、小螺为主。5月份放养泥鳅苗后,由于水温低,菱角生长慢、繁茂差,塘内饵料少,应进行人工投饵,每667m²菱塘每2天投放小鱼3~5kg。6月上旬,菱苗繁茂,即可停止投放。菱角初花后1个月左右,当菱角定形后即可采收。第1次采摘后,每隔7~10天采摘1次,采摘时做到轻提、轻放,防止拉伤菱盘及小果,采摘下的鲜果及时用清水冲洗干净。种用菱角宜用第2~3次交菱角果,此期果实大、成熟度好,要求果形端正,两边对称,无明显病虫伤斑,放在水中迅速下沉。采摘下的新鲜果必须立即组织销售,运输时注意保鲜、防高温、防变质。采摘结束后,在9月中、下旬,应及时清棵,菱角残株可用于堆肥或做饲料,残株远离菱塘,减少来年菱角病害,防止塘水变质,伤害泥鳅。

商品泥鳅在9月下旬开始捕捞。方法是:在菱塘四周,沉下虾笼,第2天上午收获,最后应在10月中旬捕完,捕大留小。大泥鳅可立即销售,也可暂养起来,待机销售。

例18 稻田网箱养殖泥鳅

2004年,永安县长江特种水产研究所在1块田中进行了网箱养殖泥鳅试验,在122m²的网箱中投放泥鳅苗81.46kg,经120天的饲养,共捕获泥鳅567.3kg,取得较好的经济效益。现总结介绍如下。

1. 试验稻田条件

面积 230m², 水源充足, 排灌方便, 田埂高 50cm, 宽 60cm, 进、出水口设拦鱼栅。

2. 网箱设置

网分别为 4m×5m、3m×4m、3m×3m 3 种规格, 网箱高为 1m, 网箱与田埂距离 50cm 以上; 网箱入水 40cm, 箱内底层铺 20cm 厚的粪肥、稻田泥等; 四周挂一直径 30cm、深 8cm 的塑料盆做饵料台; 箱上做盖, 防止鸟类啄食。

3. 苗种放养

泥鳅苗种从市场上收购, 要求体质健壮、有光泽、规格整齐。2004 年 7 月 7 日放苗, 共投放尾重 6～8g 的泥鳅苗 81.46kg。

4. 饲养管理

鳅苗入箱后, 第 2 天开始喂食驯化, 饲料为福州希望饲料有限公司的"希望"牌饲料, 蛋白质含量为 8%～33%, 以投喂后 2h 内吃完为宜。泥鳅是杂食性鱼类, 浮游生物、底栖生物、有机碎屑等是其极好的天然饵料, 还可以喂些蛋黄、鱼粉、蚯蚓、米糠、豆渣、麸皮等。平时可适当施些发酵的有机肥, 并注意加注新水、调节水质, 保持水质的肥、活、嫩、爽。特别要注意防逃, 在春、夏雨水较多的季节, 注意排水、清杂。在养殖期间发现烂鳍病, 主要是由于受伤感染的一种杆菌引起, 患病泥鳅背部肌肉发炎、腐烂, 从头到尾浮肿、有红斑, 可施 1g/m³ 漂白粉能有效治疗。

5. 试验结果

2004 年 11 月 7 日, 共收获泥鳅 567.3kg, 最大个体 35g, 平均尾重 29g, 总支出 4 015.68 元, 总收入 9 076.8 元, 纯收入 5 061.12 元。

例19 池塘泥鳅高密度养殖

2004年,江苏连云港尚元富在赣榆县选择了13 340 m^2池塘进行了泥鳅的高密度精养试验,取得了较好的经济效益。现将试验总结如下。

1. 材料与方法

(1)池塘条件:选择池塘10个,每个面积为1 334 m^2,东西向、朝阳,土质为黏土质,池底淤泥20～30cm,池深70～100cm,水深40～50cm,池塘底部平坦,进排水方便。出水处的深度低于进水处,便于水体交换和清塘。为了方便起捕,池中设与排水口相连的鱼溜,其面积约为池底的4%,比池底深30～35cm。为了防止泥鳅外逃,沿池四周用20目的聚乙烯网深埋30cm,上面高出水面30cm,进、排水口装拦网。

(2)清塘和肥水:放养前10～15天,对池塘进行清塘消毒,清塘消毒时,先将池水抽干,检查有无漏洞,然后用150kg/667m^2生石灰清塘,将生石灰化成浆后立即均匀泼洒全池。清塘后1个星期注入新水,注入的新水经滤网过滤,防止野杂鱼混入。进水后开始施基肥,每667m^2施鸡粪160kg,用以培养浮游生物,供泥鳅下塘后摄食。池水透明度控制在20cm左右,水色以黄绿色为好。

(3)放养:根据当地的养殖方式,对放苗时间、规格、密度进行比较,以筛选出较佳的养殖模式。苗种分别从湖北和河南购入的野生鳅,收购平均价格7.6元/kg。放苗时间4月20日～6月28日,泥鳅放养前用2%～3%的食盐水浸泡5～10min,进行消毒。

(4)日常管理

①投饵:以人工配合饲料为主,一般每天上、下午各喂1次,使用了泥鳅专用饲料,日投饲为泥鳅体重的1.5%～8%。泥鳅的摄食强度与水温有关,水温为20℃以下时,日投喂量为体重的1.5%～3%;水温为20～23℃时,日投喂量为体重的3%～5%;水

温 23~30℃时,日投喂量为体重的 5%~8%。当水温较低时,可投喂蛋白质 28%~30%的配合饲料。当水温适合,自泥鳅生长时可投喂蛋白质 32%~34%的配合饲料。一般每天投喂 2 次,早上 6:00~7:00 投喂 60%,下午 13:00 投喂 40%。水温高于 30℃或低于 10℃时少投或停喂。在泥鳅摄食旺季,不让泥鳅吃得太多,因为泥鳅贪食,吃得太多会引起肠道过度充塞,影响肠的呼吸。泥鳅饲料投喂做到"四定"。为了防止泥鳅过度呆在食场贪食,采取了多设一些食台,并将其均匀分布的办法。

②水质控制:泥鳅池的水质应保持"肥、活、嫩、爽",透明度要控制在 30cm,溶解氧的含量达到 3.5mg/L 以上,pH 值在 7.6~8.8。经常观察水色变化,发现水色发黑或过浓时及时加注新水或换水。养殖前期以加水为主,养殖中后期每 2~3 天换水 1 次,每次换水量在 20%~50%,每天检查、打扫食台 1 次,观察其摄食情况。每 20 天用 20g/m³ 生石灰泼洒全池 1 次,每半月用漂白粉 1g/m³ 消毒食场 1 次。

③疾病防治:定期用 1%的聚维酮碘泼洒全池,使池水达到 0.5g/m³。

④起捕:用须笼捕泥鳅效果较好,1 个池塘中多放几个须笼,起捕率可达 60%以上。当大部分泥鳅捕完后可外套张网放水捕捉。

2. 试验结果

泥鳅起捕的时间在 10 月上旬至 11 月初。

(1)产量:放苗量为 29 100kg,收获 36 324kg,平均增重率 24.9%,其中最高增重率 64.4%,最低增重率 0.3%。放苗时平均规格 109 尾/kg,收获时平均规格 69 尾/kg。

(2)效益:10 只池塘共 13 340m²,收获时泥鳅平均售价 18.45 元/kg,共创产值 671 273.9 元,产生利润 296 224.2 元。最高池塘利润 42 244.4 元,最低池塘利润 1 253.5 元。

3. 体会

(1) 此种养殖模式与其说是高密度养殖,不如说是高密度暂养,一般养殖周期为3个多月,其增重率仅为30%左右,远低于其他养殖品种的增重率,而饲料费用却占了相当大的比例,这主要是由于高密度、大规格的放养,使水环境得不到有效改善,泥鳅生长缓慢。养殖的效益主要来自泥鳅的差价,从放苗时收购价7.6元/kg到出售时18.45元/kg,价格增加了2.4倍。只要在养殖中保持较高成活率,都能获得较好的经济效益。

(2) 在上述养殖模式条件下,放养泥鳅的时间、规格、密度等直接影响到养殖的经济效益,发现4~5月上旬,正值泥鳅怀卵时期,这时候捕捞、放养较大规格的泥鳅,往往都已达到性成熟,经不住囤养和运输的倒腾而受伤,在放苗后的15天内形成性成熟泥鳅的大批量死亡,同时性成熟泥鳅不容易生长。放养泥鳅的规格最好在110~130尾/kg,太大了容易性成熟,死亡率高;太小了当年不容易达到商品鳅规格。放养密度不要超过2 000kg/667m²,控制在1 300~2 000kg/667m²。放养时间最好避开泥鳅繁殖季节,可选在2~3月份或6月中旬后放苗。

例20 莲藕泥鳅种养结合

涟水县徐集乡进行莲藕泥鳅种养,将其经验介绍如下。

1. 藕田的选择

应选择水源充足、水性较好、注水及排水方便、土质松软、淤泥层厚15~20cm,能保水、保肥的田块。田块面积大小以667~2 001m²为宜。

2. 种养前准备

(1) 田埂要加固、加高(高45cm),田埂内侧铺设塑料布、玻璃瓦(水泥板)等。进、出水口加设网栏,在田中开挖多个面积3m²,深60cm的坑。并开挖数条纵横沟与坑相通,沟宽、深均为40cm左右。

(2)在栽种田藕前要深翻细作整平,并施足基肥,每 667m² 施腐熟畜粪 1 500～2 000kg(或饼肥 250～300kg)。

(3)田坑和纵横沟按每立方米水体用生石灰 200g 的量,兑水泼洒消毒,10 天后放苗。

(4)选择种藕:种藕要粗壮、色泽鲜艳,有 3 个节以上。

3. 栽种田藕

田藕一般在清明节前后栽种。行距 1m 左右,穴距 50cm 左右。栽时将种藕平放埋入泥中,深度 12cm 左右,每 667m² 一般用种藕 200kg。

4. 泥鳅放养

田藕栽种完后即可放养鳅苗,鳅苗一般都是从天然或养殖水域捕捞收集,放养前 3～4 天在天坑、沟内施入腐熟的畜肥 40kg/100m²,以培肥水质,然后每 667m² 放体长 3～4cm 的鳅种 2 万～2.5 万尾。

5. 田藕管理

(1)追肥:田藕栽后 20 天需进行第 1 次追肥,每 667m² 施牲畜粪 1 000kg 和尿素 25kg;5 月底进行第 2 次追肥,每 667m² 施入牲畜粪肥 700kg 和尿素 25kg。

(2)保水:田藕在萌芽阶段,水深保持在 4cm 左右;生长旺盛阶段,保持在 13cm;结实阶段,水深保持在 5cm 左右。

(3)除草:要及时除去田中杂草,一般需进行 3 次。

6. 泥鳅饲养管理

鳅种放养后,投喂麸皮、饼类、蚯蚓、蚕蛹粉、动物内脏及下脚料等,前期日投饵量为泥鳅体重的 5%～8%,饵料投放在坑、沟中。同时,根据水质情况及时追施肥料;必须保持水质清新,并经常检查拦鱼设施,以防泥鳅逃跑。

7. 采收

田藕从 8 月中旬开始即可采挖上市。开采前,要留好来年的种藕田,并加强管理,及时增水越冬保种。种藕田面积约占栽植面积的15%。平均每667m²可挖取田藕2 100kg(留种的除外),捕获泥鳅185kg以上,纯收入3 000元左右。

例21 水田养泥鳅

生态养鳅包括稻田养鳅、茨菰田养鳅、荸荠田养鳅等。水田有丰富的天然饵料、农作物(水稻、茨菰、荸荠等),是很好的遮荫栖息物,水深适宜泥鳅生长需要。泥鳅在田中捕食害虫、钻洞松土、增加土壤养分,有利于农作物生长,从而形成共生互利关系。一般每667m²产鳅200kg左右、每667m²产水稻350~400kg、每667m²产茨菰200~300kg,每667m²产荸荠250~400kg,平均每667m²产值达4 000元,每667m²盈利2 000多元。现综合盐城地区生产实践,将生态养鳅主要技术介绍如下:

1. 整田改造

养鳅田要求水源充足、水质无污染、排水畅通,面积为333.5~2 668m²。通常在放鳅前,将四周田埂加宽60cm,高60cm的围墙防逃;有条件的可将田埂加宽并夯实,四周插土1m高的木板或塑料板(入泥30cm)或在埂壁与田底交接处铺垫油毛毡,上压泥土。此外,沿田埂开1条宽100cm、深50cm的围沟,田中挖宽0.3~0.5m,深30~40cm的条沟,呈"田"字或"十"字形,条沟面积占整个田块面积的10%~15%。围沟对角设直径30cm的2个进、出水口,并置40目的铁丝网或塑料网。

2. 施足基肥

泥鳅主要摄食水蚤、丝蚯蚓、摇蚊幼虫等。因此,田中施肥促使饵料生物生长,较之人工投饵更为经济有效。先将田水放干,暴晒3~4天,每667m²撒米糠130kg;次日,再施发酵畜肥200~300kg;再暴晒4~5天,使其腐烂分解,然后蓄水。

3. 苗种放养

泥鳅种苗主要靠市场收购和人工捕捉的野生泥鳅。水田栽植结束后,每 667m² 投放 3～5cm 长的鳅苗,适量搭配一些滤食性鲢、鳙鱼。苗种放养前,要用 3% 食盐水浸洗,消毒 2～3min,以免体表病菌带入田内。

4. 投喂饵料

除施肥外,应投喂蝇蛆、猪血、蚯蚓、蚕蛹、螺蚌及屠宰场下脚料等动物性饲料,以及豆渣、麦麸、米糠、豆饼等植物性饲料。要定时、定量、定质、定位投喂。水温 20℃ 以下,以植物性饲料为主(占 70%～80%);20～25℃,动、植物性饲料各半;25～30℃ 时,动物性饲料应占 60%～70%。当水温低于 5℃ 或高于 30℃ 时,应停喂或少喂。放种后第 1 个月应投喂蚕蛹和炒熟米糠各半的混合饵料,每天下午 1 次性投入,也可分早、晚 2 次投喂,每日投喂量为鳅体总重的 3%～5%。放养 1 个月后,如发现水质变淡,每隔 15 天每 667m² 可施鸡粪等有机肥 30～50kg,保持田水"肥、活、爽",透明度在 20cm 左右即可。

5. 日常管理

经常检查田埂进、排水处防逃设施。水田水位应兼顾农作物及泥鳅需要。从农作物栽植到分蘖前(茨菰、荸荠苗长至 20cm 以上时),要浅灌水以促其生根分蘖。随着水温逐渐升高,应适当加深水位。6～7 月份每隔 10 天换水 1 次,每次换水时加深 10cm,保持农作物生长水深 20cm 左右;至于水稻生长阶段,要轻微搁田 1 次,促使水稻高产。茨菰、荸荠生长期无需搁田。水稻搁田时,沟中水位 30～40cm。泥鳅生长旺季要经常换水,当发现泥鳅窜出水面"吞气"时,表明水体中缺氧,应停止施肥并更换新水,保持良好水质。随着天气转凉,农作物生长水深也逐渐下降,8 月中旬～9 月底,保持水深 7～10cm,10 月底开始收割水稻(茨菰、荸荠苗棵全部露出水位,但还没采收),此时沟中水深还有 30cm 左右,适宜泥鳅对水深要求。严禁鸭子进入水田。

6. 捕捞采收

当泥鳅长到 8~15cm 时,即可捕捞。在起捕时,将水田的水放干,泥鳅大部分集中于沟中,用网抄捕即可。茭茹、荸荠采收期从霜降开始到第 2 年春分为止。

例22 低洼田养泥鳅

低洼田种植常规水稻,因地势低洼,排渍费用高,产量低,得不偿失。2002 年,孙志明利用低洼田发展避灾种养模式——种田藕、养泥鳅,取得了较好的效果。现将其技术经验总结如下。

1. 低洼田的选择

应选择水源充足、水性较好、注水及排水方便、土质松软、淤泥层厚 15~20cm,能保水、保肥的田块。田块面积大小以 667~2 000m² 为宜。

2. 种养前准备

(1)田埂要加固、加高,高 45cm 左右,田埂内侧铺设塑料布、玻璃瓦等。进、出水口加设网栏,在田中开挖多个面积 3m² 左右,深 60cm 的坑。并开挖数条纵横沟与坑相通,沟宽、深均为 40cm 左右,坑和沟的面积之和占田总面积的 10% 左右。

(2)在栽种田藕前要深翻细作整平,并施足基肥,每 667m² 施腐熟畜粪 1 500~2 000kg。

(3)田坑和纵横沟按每立方米水体用生石灰 200g 的量,兑水泼洒消毒,10 天后放苗。

(4)选择种藕。种藕要粗壮、色泽鲜艳,有 3 个节以上。

3. 栽种田藕

田藕一般在清明节前后栽种。行距 1m 左右,穴距 50cm 左右。栽时将种藕平放埋入泥中,深度 12cm 左右,每 667m² 一般用种藕 200kg。

4. 泥鳅放养

田藕栽种完后即可放养鳅苗,鳅苗一般都是从天然或养殖水域捕捞收集,放养前 3～4 天在天坑、沟内施入腐熟的畜肥 40kg/100m²,以培肥水质,然后每 667m² 放体长 3～4cm 的鳅种 2 万～2.5 万尾。

5. 田藕管理

(1)追肥:田藕栽后 20 天需进行第 1 次追肥,每 667m² 施牲畜粪 1 000kg 和尿素 25kg;5 月底进行第 2 次追肥,每 667m² 施入牲畜粪肥 700kg 和尿素 25kg。

(2)保水:田藕在萌芽阶段,水深保持在 4cm 左右;生长旺盛阶段,保持在 13cm;结实阶段,水深保持在 5cm 左右。

(3)除草:要及时除去田中杂草,一般需进行 3 次。

6. 泥鳅饲养管理

鳅种放养后,投喂麸皮、饼类、蚯蚓、蚕蛹粉、动物内脏及下脚料等,前期日投饵量为泥鳅体重的 5%～8%,饵料投放在坑、沟中。同时,根据水质情况及时追施肥料,每 100m² 每次追肥 15kg;必须保持水质清新,并经常检查拦鱼设施,以防泥鳅逃跑。

7. 采收

田藕从 8 月中旬开始即可采挖上市。开采前,要留好来年的种藕田,并加强管理,及时增水越冬保种。种藕田面积约占栽培面积的 15%。平均每 667m² 可挖取田藕 2 100kg(留种的除外),捕获泥鳅 185kg,纯收入 2 300 元左右。

例 23 稻田繁殖泥鳅

江苏盐城市义丰镇花陇村专业户赵金忠利用稻田繁育泥鳅苗种,现将其技术介绍如下。

1. 稻田准备

选择土质较肥、水源可靠、水质良好、管理方便的稻田。田埂高出水面 0.5m 以上,在田埂内侧挖沟埋入密眼网防止泥鳅逃逸。在田块的一端设进水口和注水管。在稻田四周或田块一角挖 2～

4个宽3～5m,深0.8～1m的暂养池,开挖面积占全田面积的2%～5%。靠排水口一侧田埂上开设1～2个溢水口,并安设牢固的拦鱼栅。

2. 亲鳅选购

亲鳅要求体形端正,色泽正常,无病、无伤。雌鳅要求体长18cm,体重30g以上,雄鳅要求体长12cm,体重15g以上。成熟的雌鳅个体较大,胸鳍宽短,末端钝圆,呈舌状,腹部明显突出,身体呈圆柱形,生殖孔外翻,呈红色。雄鳅体形细小,胸鳍狭长,呈镰刀状,末端尖而上翘。水温18℃以上时,将鳅种放入暂养池中,放养密度为10～15尾/m^2。

3. 亲鳅培育

繁殖前1个月,将性腺发育良好的亲鳅按雌、雄性分开在暂养池中强化培育。池底铺20cm厚的腐殖土或软腐泥,池中投放水草,水深40～50cm。放亲鳅前1周用生石灰或漂白粉清塘消毒。培育所用饲料为鱼粉、豆粕、菜籽饼、米糠等,适当添加酵母粉及维生素。水温20℃以上时,日投饲量为亲鳅重量的5%～9%。适当追肥,每周换水1～2次,保持水质肥、活。

4. 人工催产

每尾雌鳅用绒毛膜促性腺激素(HCG)400～500U,另加促黄体生成素释放激素类似物($LRH-A_2$)$2\mu g$,雄鳅剂量减半。每尾注射量0.2mL。注射后亲鳅按雌、雄1∶1.2的比例放入网箱中让其产卵受精。网箱内放置30～50把用杨树根须、棕榈片扎成的鱼巢。水温21～25℃时,11～13h后雌鱼即产卵。

5. 鳅苗孵化

泥鳅卵的附着力很弱,孵化时应避免振荡。水温22～24℃时,经48h脱膜。采用流水刺激,可提高脱膜率。刚脱膜的仔鱼全长约2mm,4天后可游动,卵黄囊消失,开始摄食。鱼苗脱膜完毕,将卵巢清除。

6. 鳅种培育

鳅苗在暂养池中培育15～20天后，放入大田进行培育。所用饲料有畜禽内脏、猪血、螺蚌肉和米糠、麦麸、糟渣等。每日投喂1～2次，以傍晚投喂为主，投喂量占稻田鱼体总重的5%～7%。要在鱼沟和鱼溜中定期追施已发酵的畜禽粪。水稻治虫时禁用毒杀酚、吹喃丹等剧毒农药。平时要勤检查田埂有无洞、拦鱼栅是否完好。严禁鸭群下田。

7. 越冬与捕捞

稻谷收割后，灌深田水，让鳅种在田中越冬。也可选择避风向阳的池塘或在鱼沟中加深水位越冬。越冬前在池塘四角投放成堆的畜禽粪肥，既可肥水，又能发酵增温。泥鳅种苗的捕捞，可采取冲水法、食饵诱捕。

例24 野生泥鳅驯养试验

2008年，安徽蒋业林在大圩不倒翁农庄进行了野生泥鳅驯养试验。现将试验结果报告如下。

1. 材料与方法

(1) 池塘条件：试验池塘面积 0.13 hm^2，水深 0.5～0.7m；野生泥鳅放养前7天，用生石灰 2.25t/hm^2 清塘，4天后施鸡粪 3.75t/hm^2。野生泥鳅放养第2天，用草鱼五病净 2 700mL/hm^2 泼洒全池。

(2) 苗种投放与驯化：苗种来源于合肥周边市场筛选后的小规格鳅种，平均规格 166尾/kg，2008年6月23日共投放野生泥鳅苗种 1 240kg。第2～7天投喂少量颗粒饲料，观察摄食量逐日增加，25天后基本正常摄食。

(3) 饲料投喂：6月24日开始投喂粒径 2mm 的颗粒饲料，饲料粗蛋白含量达到30%。投喂做到"四定"：

一是定时，即每天投喂2次，每天上升9:00和下午17:00各投喂1次；

二是定速度,掌握"先慢、后快、再慢"的原则,均匀投撒全池;

三是定质,不投喂腐败变质的饲料,保持饲料新鲜成分相对稳定,营养均衡;

四是定量,即饲料的日投喂量为泥鳅总体重的4%~8%,投喂应以傍晚的1次为主,占总投喂量的65%左右,具体的日投喂量要视水温、天气、泥鳅摄食情况等灵活掌握。

泥鳅摄食量受水温的影响较大,水温在15℃时泥鳅食欲开始逐渐增强,日投喂量为泥鳅总体重2%~5%;水温在25~27℃时,泥鳅食欲特别旺盛,日投喂量为泥鳅总体重的5%~8%;水温高于30℃或低于12℃时,泥鳅食欲减退,此时应少投喂或不投喂。由于泥鳅具有贪食的特点,在养殖过程中应避免过量投喂,一般投喂量以40min内吃完为宜。

(4)日常管理:坚持每日早、晚巡塘,观察泥鳅的活动情况;根据水质状况、透明度及水位变化情况定期换水,每15天检查1次泥鳅的生长情况,每月定期化验水质。

①水质调控:养殖池水质的好坏对泥鳅的生长与发育极为重要,池水以黄绿色为好,透明度保持20~30cm为宜,酸碱度为中性或弱碱性。高温季节水位保持50~70cm,每天添加2~5h的微流井水,以调节水质;增加池水溶解氧含量,避免泥鳅产生应激反应。若水质过瘦、水体透明度过高,则必须适当追施肥料,以保持水体水色呈黄绿色。

②设置遮蔽物:泥鳅不喜强光,在池塘上方架设毛竹框架,在毛竹框架内放置水葫芦和浮萍等遮蔽物,以覆盖部分水面帮助泥鳅遮光。

③防敌害:由于池塘四周树木众多,是鹭群定居的场所,有数百只鹭频繁对池塘泥鳅进攻捕捉,危害很大。因此,在池塘上方覆盖1层尼龙网,以有效地防止鹭对泥鳅的侵害。

2. 结果与分析

饲养 3 个月后,采用地垄、水流刺激等方法捕捞泥鳅,泥鳅驯养投入收获情况见表 2-6。泥鳅平均规格为 20.10g/尾,体长 16.8cm,最大规格为 35.0g/尾,成活率达到 84%,共计收获商品泥鳅 3 379.49kg,产量 2.53kg/m²,饵料系数 3;总产值 101 384.7 元/m²,产值 75.9 元/m²;总成本(包括苗种费、饲料费、池底费、水电费、人工费、药费等)57 234.0 元;总利润 44 150.7 元,利润 33.0 元/m²,投入产出比为 1∶1.77。

表 2-6　2008 年大圩不倒翁农庄泥鳅驯养投入收获情况

投放情况					收获情况			
重量 (kg)	规格 (g/尾)	苗种费用(元)	饲料费用(元)	其他费用(元)	重量 (kg)	规格 (g/尾)	成活率 (%)	产值 (元)
1 240.00	6.25	18 352.0	24 530.0	14 352.0	3 379.49	20.10	84	101 384.7

3. 体会与总结

(1)野生泥鳅苗,经过人工训养、投喂配合饲料在池塘中当年养殖成商品鳅是切实可行的,而且生长速度较快,具有明显的经济效益,适合规模化养殖。

(2)泥鳅成鱼捕捞难度大,试验表明在低密度情况下拉网、网箱、排干水等捕捞措施效果不佳,用地笼、微流水刺激使泥鳅顶流后捕捞的方法效果较好。

(3)养殖泥鳅的池塘在投放苗种前应加以修整,挖设集鱼坑,面积为全池的 1/4 左右,位置在出水口端;池塘底泥不宜太厚,最深不超过 20cm,以利泥鳅捕捞。

(4)野生泥鳅驯养成活率高低主要取决于运输和敌害。因此,把握好收购和运输的每个环节,在正常管理中做好防敌害设施,可大大提高成活率。

例25 池塘小网箱养殖泥鳅

2008年,湖南怀化新民生态养殖有限公司进行养殖泥鳅池塘小网箱试验,现总结介绍如下。

1. 材料和方法

(1)池塘选择:池塘为砖窑场挖泥做砖形成的,由石头水泥砌成,面积5 202.6m^2,水质清新,水量充足,水质良好,水体溶解氧含量高;池深在2.0~2.5m,水深1.5~2.0m,养殖期间水位保持稳定;池底平坦且无杂物,淤泥厚15cm左右;池塘进排水方便。

(2)网箱设置:选用聚乙烯无结节网箱,网目0.1~0.5cm,并随着泥鳅个体长大增大网目,以鳅种不逃逸且有利于网箱内外水体交换为原则,网箱规格为3.0m×2.0m×1.5m,上端口加盖网,网箱四周用毛竹扎架固定,在池塘内设置为固定式,且网箱上部高出水面15cm,网箱底部离开泥20cm以上。网箱在池水中排列成平行"一"字形,箱距3m以上,以利于网箱内外水体交换,5 202.6m^2池塘共设8个网箱,网箱在鳅种进箱前2周放入池塘中,让网片充分附生藻类,以免泥鳅被网箱壁擦伤。

(3)鳅种放养:鳅种来源于人工繁殖苗种,挑选规格整齐,体质健壮,无病、无伤的鳅种,并剔除受伤、体弱的病鳅,放养密度为体长5~7cm,体重3.42g/尾左右的鳅种每箱12kg,3 509尾;网箱中套养规格为3~5cm的红鲫鱼,放养密度为5尾/m^2;鳅种进箱前,用10mg/L的高锰酸钾溶液浸浴10~30s,或用3%~5%的食盐水浸浴5~8min,以杀灭鳅种体表的病原菌及寄生虫。

(4)饲养管理

①饲料投喂:投喂人工配合饲料,饲料粗蛋白含量达到35%以上。

投喂做到"四定":

一是定时,即每天投喂2次,白天1次,上午10:00左右,晚间

投喂1次,开始驯化时在下午21:00左右,经过1周左右的驯化,逐渐提前到傍晚投喂;

二是定点,即在每个网箱中设面积为$1m^2$的饲料台1个,将饲料投撒在饲料台上,投撒的快慢随着泥鳅的抢食速度而定,掌握"先慢,后快,再慢"的投撒原则;

三是定质,即不投喂腐败变质的饲料,保持饲料新鲜且组成成分相对稳定,营养均衡;

四是定量,即饲料的日投喂量为泥鳅总体重的4%~8%,投喂应以傍晚的1次为主,占总投量的65%左右,具体的日投喂量要视水温、天气、泥鳅摄食情况等灵活掌握。

泥鳅摄食量受水温的影响较大,水温在15℃时泥鳅食欲开始逐渐增强,投喂量为2%~5%,水温在25~27℃泥鳅食欲特别旺盛,投喂量约为5%~8%,水温高于30℃或低于12℃时泥鳅食欲减退,此时应少投喂或不投喂,由于泥鳅具有贪食的特点,在养殖过程中应避免过量投喂,一般投喂量以40min内吃完为宜。

②水质调控:养殖池水质的好坏对泥鳅的生长与发育极为重要,池水以黄绿色为好,透明度保持20~30cm为宜,酸碱度为中性或弱碱性,高温季节及时注入新水,更换部分老水,以增加池水溶解氧含量,避免泥鳅产生应激反应,若水质过瘦,水体透明度过高,则必须适当追施肥料,根据水色的具体情况每次施用$1.5kg/667m^2$左右的尿素或$2.5kg/667m^2$的碳酸氢铵,以保持水体水色呈黄绿色。

③适时分箱:经过一段时间的养殖,当泥鳅个体大小有差异时,要及时进行分箱,分箱前1天停食,分箱后第2天开始投喂。

④设置遮蔽物:泥鳅不喜欢强光,在网箱上方应架设遮阳网,或在网箱内放置水花生等遮蔽物,覆盖水面不超过网箱面积的1/2~1/3,可防止强光照射,平时应注意清除网箱内多余的水花,并用毛竹架隔拦于一角。

⑤洗刷网箱:及时清除饲料台内的残饵,定期清除网箱底部污物,保持网箱内水质清新,每周洗刷网片1次,保持网箱内外水体流通,避免缺氧,并可使池水中的浮游生物进入网箱内,为泥鳅提供丰富的基础饵料生物。

⑥巡塘查箱:坚持早、晚巡塘查箱,检查网箱有无破损和漏洞,及时修补,以防泥鳅逃逸。注意池塘水位的变化,及时调整网箱入水的深度,收听当地的天气预报和大风警报,在大风来临前必须做好网箱抗风加固工作,防止箱体倾倒。

(5)病害防治:鳅种进箱前用盐水或高锰酸钾溶液浸浴消毒;养殖过程中采用漂白粉挂袋法预防鱼病,方法是:将漂白粉盛在纱布袋内,挂在网箱内一角,让漂白粉慢慢溶解扩散,注意掌握"多点,少量"的原则,每10~15天在网箱的四周用漂白粉挂袋消毒,每袋装漂白粉150g;每天用溴氯海因 $0.5g/m^3$ 泼洒全池进行池水消毒;每天清除饲料台上的残饵,并经常取出饲料台进行清洗,暴晒和更换;网箱加盖可以防止鸟类侵害,养殖过程中未发现疾病。

2. 结果

饲养7个月左右就可收获,泥鳅平均规格为57.3g/尾,成活率达到93.7%,共计收获商品泥鳅1 507kg,红鲫鱼26.04kg,总收入45 152元,饲料投入15 276元,加上人工、水电等费用,总支出26 560元,获纯利润18 592元,投入产出比为1∶1.7。

3. 体会

(1)设置网箱的池塘为面积较大的粗养池塘,设置的网箱占池塘总面积的1/100,基本不影响池塘养鱼,当然对于精养池塘,应考虑减少设置数量,具体设置网箱数量还要根据水源及养殖技术等来确定。

(2)每箱放养泥鳅种苗应规格整齐,个体应稍大为好,这样不仅可以减少逃逸现象,而且大规格的种苗生长速度快,抗病力强,养殖效益也好,但具体的放养量还应根据水体肥瘦,是否有流水条件,鳅种规格大小,鳅种体质状况,饲养技术条件等进行调整。同时,就根据鱼体生长情况进行实验分箱,以保证规格整齐,生长迅速。

(3)根据泥鳅在夜间摄食量较大的特点,投喂应以晚间为主,但考虑到晚间投饲不方便及夜间水体溶氧低等情况,应将夜间投饲调整到傍晚时分;同时,设置饲料台进行投喂,可使泥鳅形成集中摄食的习惯,便于观察泥鳅的摄食和生长情况,及时调整饲料投喂量;投喂的饲料粗蛋白含量达到35%以上。

(4)养殖中水质调节和保持水位非常重要,水质不好,泥鳅不能正常摄食,生长受到影响;设置网箱底部离开水底在20cm以上,水位变动过大不仅引起泥鳅钻泥,而且争食时搅浑水体,对养殖非常有害。

例26 池塘养泥鳅

四川科信养殖公司在内江市东兴区田家镇赵家坝进行泥鳅高密度精养,取得了较高的效益,现将其经验介绍如下。

1. 材料与方法

(1)池塘条件:选择池塘10个,每个面积为1 334m^2,东西向、朝阳,土质为黏土质,池底淤泥20~30cm,池深70~100cm,水深40~50cm,池塘底部平坦,进、排水方便。出水处的深度低于进水处,便于水体交换和清塘。为了方便起捕,池中设与排水口相连的鱼溜,其面积约为池底的4%,比池底深30~35cm。为了防止泥鳅外逃,沿池四周用20目的聚乙烯网深埋30cm,上面高出水面30cm,进、排水口装拦网。

(2)清塘和肥水:放养前10~15天,对池塘进行清塘消毒,清塘消毒时,先将池水抽干,检查有无漏洞,然后用150kg/667m^2生石灰清塘,将生石灰化成浆后立即均匀泼洒全池。清塘后1个星期注入新水,注入的新水经滤网过滤,防止野杂鱼混入。进水后开始施基肥,每667m^2施鸡粪160kg,用以培养浮游生物,供泥鳅下塘后摄食。池水透明度控制在20cm左右,水色以黄绿色为好。

(3)放养:根据当地的养殖方式,对放苗时间、规格、密度进行比较,以筛选出较佳的养殖模式。苗种分别从湖北和河南购入的野生鳅,收购平均价格7.6元/kg。放苗时间从4月20日～6月28日,泥鳅放养前用2%～3%的食盐水浸泡5～10min进行消毒。

(4)日常管理

①投饵:以人工配合饲料为主,一般每天上、下午各喂1次,使用了泥鳅专用饲料,日投饲为泥鳅体重的1.5%～8%。泥鳅的摄食强度与水温有关,水温为20℃以下时,日投喂量为体重的1.5%～3%;水温为20～23℃时,日投喂量为体重的3%～5%;水温23～30℃时,日投喂量为体重的5%～8%。当水温较低时可投喂蛋白质28%～30%的配合饲料,当水温适宜泥鳅生长时可投喂蛋白质32%～34%的配合饲料。一般每天投喂2次,早上6:00～7:00投喂60%,下午13:00投喂40%。水温高于30℃或低于10℃时少投或停喂。在泥鳅摄食旺季,不让泥鳅吃得太多,因为泥鳅贪食,吃得太多会引起肠道过度充塞,影响肠的呼吸。泥鳅饲料投喂做到"四定"。为了防止泥鳅过度呆在食场贪食,采取了多设一些食台,并将其均匀分布的办法。

②水质控制:泥鳅池的水质应保持"肥、活、嫩、爽",透明度要控制在30cm,溶解氧的含量达到3.5mg/L以上,pH值在7.6～8.8。经常观察水色变化,发现水色发黑或过浓时及时加注新水或换水。养殖前期以加水为主,养殖中后期每2～3天换水1次,每次换水量在20%～50%,每天检查、打扫食台1次,观察其摄食情况。每20天用20g/m³生石灰泼洒全池1次,每半个月用漂白粉1g/m³消毒食场1次。

③疾病防治:定期用1%的聚维酮碘以0.5g/m³泼洒全池。

④起捕:用须笼捕泥鳅效果较好,1个池塘中多放几个须笼,起捕率可达60%以上,当大部分泥鳅捕完后,可外套张网放水捕捉。

2. 试验结果

泥鳅起捕的时间在 10 月上旬～11 月初。

(1)产量：放苗量为 29 100kg，收获 36 324kg，平均增重率 24.9％，其中最高增重率 64.4％，最低增重率 0.3％。放苗时平均规格 109 尾/kg，收获时平均规格 69 尾/kg。

(2)效益：10 只池塘共 13 340m^2，收获时泥鳅平均售价 18.45 元/kg，共创产值 671 273.9 元，产生利润 296 224.2 元。最高池塘利润 42 244.4 元，最低池塘利润 1 253.5 元。

例 27　泥鳅、青虾池塘轮养

泥鳅、青虾轮养技术是根据它们生长期的不同，充分利用资源，上半年养殖青虾，下半年养殖泥鳅，周期短、投资小、见效快。近几年来，江苏盐城农村利用大面积低洼池稍加改造建成池塘，采用该模式，并实行粗放精养，取得了显著成效，一般 667m^2 产青虾 30～40kg，泥鳅 80～100kg。

1. 池塘建设

泥鳅、青虾轮养的池塘面积一般以 330～6 700m^2 为宜，东西走向，长宽比为 5∶1 或 5∶2，池深 1.2～1.5m，池塘顶宽 2m，底宽 6m，池与池不能相通。每池要有单独的进、排水系统，排水系统应设置比降较低，排水口离池底 50～60cm，以便控制水位。池的四壁要夯实，池底要有 20～25cm 厚的软泥，起保肥作用，池底平坦，略向排水口一侧倾斜，高差为 10～15cm。池塘四周及进、排水口要设置防逃设施。

2. 青虾养殖

(1)池塘清整：虾苗放养前 7～10 天，每 667m^2 用 75～100kg 生石灰泼洒全池消毒，杀灭病原体和敌害生物。生石灰消毒后 2～3 天，加注水 50～60cm，667m^2 施发酵好的有机肥 150～200kg 和 1～1.5kgEM 原露或其他养殖用微生物制剂，以培育天然饵料生物。虾池加水后要移植苦草、伊乐藻、轮叶黑藻等水草,水草面积占池塘总面积的30%～50%,同时每667m^2放养80～100kg螺蛳,供虾食用。

(2)苗虾投放:青虾性成熟的迟早与放养密度密切相关。放养密度越大,性成熟越早。泥鳅、青虾轮养模式,放养密度不宜过大,一般每667m^2放养1 200～1 600只/kg虾种8～10kg,以保证5～6月份养成上市。

(3)投喂饵料:饲料使用青虾专用配合饲料,根据不同生长阶段投喂不同系列产品,保证饲料营养与适口性,坚持"四定"、"四看"投喂原则,日投喂量为青虾体重的3%～5%,分2次投喂,上午8:00投饲量占30%,下午17:00投饲量占70%,具体应根据天气、水温、水质变化和摄食情况灵活掌握。

(4)调控水质:调控水质是青虾养殖成败与获得高产的关键,养虾水质必须达到"肥、活、嫩、爽"的要求。

①注灌新水:养殖期间(上半年)不换水,每7～10天注灌新水1次,每次10～20cm。缺少水源或注水不便的塘口,应采用光合细菌、EM原露等有益微生物制剂改良和调节水质。

②施肥调水:适时施追肥培育浮游生物,保持水色为黄绿色或褐色等理想水色,透明度控制在25～30cm。追肥一般宜使用腐熟的有机肥和尿素、过磷酸钙等化肥。

③生石灰泼洒:一般每隔15～20天每667m^2用10kg石灰水泼洒全池。

3. 泥鳅养殖

(1)放养前准备:6月底青虾全部上市即可清塘放养泥鳅。保留池水10～20cm,每平方米按0.2～0.3kg生石灰清塘消毒,隔2～3天加水30～40cm,1周后即可放苗。放苗前3～4天每立方水体按0.3～0.5kg施粪或干鸡粪,培育水中饵料生物,使鳅苗下塘后有充足、适口的天然饵料摄食。池内水草应占池塘面积的

10%,适量投放螺蛳,以补充动物性饵料。

(2)投放大规格鳅苗:由于养殖周期短,要选择大规格鳅苗放养,体长为6~8cm的即可,每平方米投放40~60尾。苗鳅要求规格整齐、体质健壮、无病无伤,放养时可用1%~2%食盐水消毒3~5min。

(3)投喂饵料:泥鳅属杂食性,但偏食动物性饵料,尤其喜食水蚤和水蚯蚓,在饲养管理阶段要根据水色及时追肥,一般7~10天追肥1次,追肥用量视池水肥度而定。除人工培育天然饵料外,还要投喂蛋白质含量在28%~30%的人工配合饲料,投喂的饲料要新鲜适口,不能腐烂变质,要定时、定点投喂,投喂量按泥鳅体重的2%~8%。水温在25~30℃时,每天可投喂2次,上午9:00~10:00、下午18:00。植物性饵料和动物性饵料要搭配得当,水温在20℃以下时,以植物性饵料为主,水温在20℃以上时,应以动物性饵料为主。

(4)日常管理:要坚持巡塘,高温季节水位应不低于0.8~1m,保持池水肥、活、爽,注意观察水色变化和泥鳅活动状态,池水过肥要及时冲水,要按时开动增氧机。观察泥鳅摄食情况及饥饱程度,查看饵料有无过剩。坚持"四定、四消",做好防病工作。泥鳅逃逸能力较强,暴雨或连日阴雨时应注意防逃。

例28 泥鳅池塘规模化养殖技术总结

池塘养殖泥鳅是目前采用较多的一种养殖方式,单产水平高,技术操作水平要求也高。一般产量可达22.5~37.5t/hm²。舒城县从2007年开始有养殖户进行池塘规模养殖,而且取得了较好的收益。现将泥鳅池塘高产养殖技术介绍如下。

1. 养殖条件

泥鳅虽然对环境的适应能力强,但在高密度养殖的情况下,对鳅池环境条件的选择仍很重要。要求水源充足、水质清新、无污染,进、排水方便,最好能做到自流自排,光照充足,土质以中性或微酸性的黏质土壤为佳;大小池塘都可,一般面积 200～500m² 的较多,池深 80～120cm 为多,水深 50～70cm,淤泥厚度 15～20cm。

2. 池塘清整

泥鳅苗下塘 10～15 天前,应进行清塘消毒,先将池水抽干,检查有无漏洞,然后用生石灰清塘。池水深 7～10cm 时,用生石灰 1 125～2 250kg/hm²。如果池水无法排干,用漂白粉 20mg/L 进行清塘。清塘后 7 天注入新水,注入的新水要过滤。注水后施基肥,培育水质。方法是:在池的四角堆上鸡粪、猪粪等有机肥,用量 2 250～3 000kg/hm²,施肥 5～7 天后即可以放养泥鳅。

3. 放养

泥鳅、大鳞泥鳅对环境适应能力强,生长快,肉质鲜美,营养价值高,是比较适宜的养殖对象,因而养殖户最好选择这 2 种品种进行养殖。放养时间一般在 9～10 月份或 3～4 月份,养殖时间为 8～9 个月,放养规格 3～6cm,放养密度为 150～500 尾/m²。鳅种放养前用 5mg/kg 硫酸铜或 4%～5% 食盐水消毒,水温 10～15℃ 时,浸洗 20～30min。

4. 饲养

泥鳅属于杂食性鱼类,在养殖过程中既需要利用肥水培育天然饵料,又需要进行人工投饵。泥鳅下塘后,要根据水质肥瘦及时追肥,一般每隔 30～40 天追肥 1 次,每次 900～1 125kg/hm²,池水透明度控制在 15～20cm,水色以黄绿色为好。及时投喂人工的动物性和植物性饲料,也可投喂人工配合颗粒饲料。投饵做到"四定",即定点、定时、定质、定量。鱼种阶段日投饲量为鱼体重的 5%～8%,成鱼阶段为 5% 左右,水温高于 30℃ 和低于 10℃ 时应减少投喂。开始时每天傍晚喂 1 次,以后驯化改为白天投饲,上、下午各投饲 1 次,高温季节应在食台上搭遮荫棚。

5. 日常管理

泥鳅池水质要求"肥、活、爽",溶解氧要求 3mg/L 以上,pH

值7.5左右,鳅苗培育期间,坚持每天早、中、晚巡塘3次。第1次巡塘应在凌晨,如发现鳅苗群集,这是池塘中缺氧的信号,应立即加注新水或开增氧机。午后的巡塘工作主要是查看鳅苗活动的情况,勤除池埂杂草;傍晚查水质,并做记录。日常要勤观察,发现水色发黑或过浓时要及时加注新水,一般情况下,7天加水1~2次,每次换水30~40cm,注意定期对食场进行漂白粉消毒,每次用药125g。此外,还应注意随时消灭池中的有害昆虫和蛙,经常检查有无鱼病。

6. 疾病防治

泥鳅适应能力很强,只要管理得当,避免鳅体的机械损伤,一般很少发病。平时应注意预防,要经常消毒,抓好"三消",即鱼体消毒、池塘消毒、饲料台消毒。若发现病死的泥鳅应及时捞出,以防止感染其他泥鳅,并及时治疗。

(1)水霉病:在泥鳅苗的孵化中,冬、秋两季水温较低时容易发病,特别是泥鳅受伤更容易发病。水霉病症状为体表有白色绒毛状的水霉丛生。防治方法:鳅卵防治用 $1m^3$ 水放食盐 400g 加小苏打 400g 的溶液洗浴 1h。病泥鳅可用 3% 的食盐水浸洗 5~10min。重者可用 0.5mg/kg 的水霉净浸洗 5~15min。

(2)赤鳍病:此病对泥鳅的危害很大,拉网损伤、长途运输、水质恶化等都可引起发病。症状为泥鳅的鳍、腹部皮肤与肛门周围充血,有时肠道也出血,在鳍条腐烂处容易感染水霉。常与烂鳃、肠炎并发。治疗方法:外用 1mg/kg 的漂白粉泼洒;苗种放养前应用 4% 的食盐水浴洗消毒;内服药饵,用达克菌、氟哌酸等制成药饵投喂。

(3)寄生虫病:泥鳅苗阶段的常见寄生虫主要是车轮虫、三代虫、舌杯虫等。症状为被寄生的泥鳅苗常浮于水面,急促不安,或在水面打转,镜检可发现寄生虫。防治上可用硫酸铜和硫酸亚铁合剂(5∶2)0.5~0.7mg/kg 泼洒;或用晶体敌百虫 0.5mg/kg 泼洒。

(4) 打印病:病灶一般呈椭圆形、圆形,浮肿有红斑。患处主要在尾柄基部。流行于 7~8 月份。治疗可用 $1g/m^3$ 的漂白粉或 $2~4g/m^3$ 的五倍子进行泼洒全池。

(5) 其他敌害防治:养殖泥鳅的池塘,要用生石灰彻底清塘。注、排水口应设密网拦滤,严防有害的鱼类、水生昆虫、蛇、蛙等进池塘危害鳅苗种或成鳅。若发现池中有水蜈蚣,应用 90% 的晶体敌百虫按 $5g/m^3$ 浓度泼洒全池杀灭。

例29 养殖泥鳅获致益

在 2000—2004 年期间,江苏盐城市盐都区义丰镇花陇村养鳅专业户赵金忠采取人工捕捞天然野生鳅苗与工人繁殖泥鳅苗种相结合,利用 $6670m^2$ 稻田育蚓(水丝蚓俗称"红虫"),养鳅取得显著成效。2005 年,该养鳅户又采用现有稻田养鳅技术及经验,扩大规模池塘养鳅,实施农村集约化养殖,6 月初,每 $667m^2$ 池塘投放人工孵化苗(夏花)3 万~4 万尾,规格 3~4cm,当年 11 月中旬起捕,可捕商品鳅 400~500kg。现将其经验总结介绍如下。

1. 池塘要求

池塘要求水源丰富、水质清新、注排水方便、腐壤土呈中性或弱酸性。一般池塘养殖鳅面积以 667~$2000m^2$ 为佳,现以 $667m^2$ 为例。首先将池水抽干,用生石灰 60~80kg 泼洒全池消毒,然后用 30 目的网片,高 1.2m,沿池边一圈将全池围在中央,再将网片埋在泥底 30cm 深,然后用竹竿将网片顶起,每根顶竿距离 3m;或在池塘四周用水泥板或硬塑料板等材料围造,池壁高出水面约 40cm,这样可避免鳅鱼沿池边打洞逃跑。为便于今后实施干池法捕鳅,可在池塘一边挖宽 1.5m,深 40cm,长为池一边长 70% 的鱼沟,在沟内铺设 16 目网片,同时在排水口附近挖面积 5~$10m^2$,深约 40~50cm 的集鱼坑,以便捕捞。然后,再向池塘灌入清水 35cm 深。待毒性消失后,施肥培育水质,在向阳池边施干鸡粪做基肥,10～15kg/667m²,若施猪、牛粪时可适当增加用量,如用堆肥则放 60～65kg,以培肥水质,培养浮游生物,使鳅鱼下塘后有丰富的天然饵料。有条件者,可全池泼洒"菌王"1kg,连续泼洒7天,待池边出现白色小虫等各种蚤类后,开始准备投放鳅苗。

2. 鳅苗投放

2005年6月初,投放人工孵化苗(该养鳅户自繁、自育泥鳅苗),放养规格为3～4cm的夏花,3万～4万尾/667m²;或5～6cm大规格鳅种放2万～3万尾。具体放养量要根据池塘和水质条件、饲养管理水平、计划出池规格等因素,灵活掌握。

3. 饲养技术

(1)水位调控:养殖泥鳅池塘水不宜过深,池水过深影响泥鳅呼吸,一般以35～50cm最佳,不能超过1m。泥鳅上、下窜动频率高,池水过深,上、下窜动耗能量大,不利于生长。池水过深还容易出现分层现象,上、下温差大,高温季节有时池面水温达到32～36℃,而池底水温只有26～30℃,泥鳅往返于温差4℃左右的水域中,容易患感冒。高温季节水温达到34℃时,为了避免泥鳅潜入水底成夏眠状态,可在池中投放水浮莲等,降低池塘水温,一般水草占池塘面积的40%。养殖池水质好坏,对泥鳅生长发育极为重要。池水以黄绿色为好,透明度以20～30cm为宜,酸碱度为中性或弱酸性。当水色变为茶褐色、黑褐色或水中溶氧量低于2mg/L时,要及时注新水,以增加池水溶氧。若水质太瘦,透明度过低,则须适当追施肥料。此外,可在池埂上种植藤蔓类瓜果,防暑降温。

(2)饲料投放:泥鳅苗下池后不宜过早投喂配合饲料,应以施肥和泼洒黄豆浆为主,因为鳅苗在1～7cm阶段主要摄食轮虫、枝角类、桡足类等浮游动物,以施无机肥为佳。施"菌王"肥(或其他光合细菌肥等)和泼洒黄豆浆相结合,培肥快、肥效长,浮游生物繁殖种类和数量多,为泥鳅提供大量的天然高蛋白饵料。黄豆浆全池泼洒每天3次,每次2kg黄豆;施肥每6天1次,每次施"肥水宝"2kg。待鳅苗生长到7cm后,食性开始转变为杂食性,可开始投喂配合饲料。在投喂配合饲料之前,首先在池塘四角处设置饲料台各1个,饲料40%投喂在饲料台上,60%在池边沿呈一条线进行泼洒投喂。每1天按早上8:00、中午11:00、下午15:00、傍晚18:00定时投喂,一般以早上和傍晚各占全天饲料的30%,中午和下午各占全天饲料的20%。投饲量多少,应根据季节变化不同和鳅鱼增长量灵活掌握。如6月份按照鱼体重的8%投饲,7月份按4%~6%,8~9月份按8%,10月份按3%~5%。

4. 日常管理

一是密切注意池水变化,防止浮头和泛塘;

二是细心观察泥鳅摄食、活动和疾病情况;

三是严防鸟类、水鸭等敌害生物的伤害;

四是定期泼洒药物。

6~10月份每隔2周用漂白粉消毒1次,每周用生石灰全池泼洒1次。有条件的,还可定期泼洒"水中宝"之类的水质解毒改良剂,以防止水质老化,净化和改善底质,"水中宝"用量为1kg/$667m^2$,6~10月份一般每隔20天泼洒1次。

例30 微孔管道增氧养泥鳅

微孔管道增氧,可发展高效规模化养殖特种水产品,如青虾、鳜鱼、泥鳅、黄鳝、河蟹等,在养殖过程中特种水产品耐低氧的能力很差,通过微孔管道增氧后,可人为调控池水溶氧,采用单养、混养及网箱养殖,均可收到多倍的经济效益。近年来,江苏兴化市水产养殖户张建楼利用微孔管道增氧新技术,在西郊镇利用1口$0.67hm^2$池塘,发展网箱集约化养殖泥鳅,箱外养殖青虾,2007年该塘生产泥鳅2 625kg,平均$667m^2$产量263kg;网箱外收获青虾270kg,平均$667m^2$产量27kg。实践证明,应用微孔管道增氧,改变传统的局部增氧为全池增氧,改动态增氧为静态增氧,改表面增氧为底层增氧,不仅可以大幅度提高底层水体溶氧,还能提高水体活性,修复水体生态环境,大大提高鱼池综合生产能力。现将该技术措施介绍如下。

1. 池塘条件

选择水源充足、水质清新,周围5km内无污染的精养鱼塘,面积以0.67～2.0hm²为宜;注、排水方便,淤泥较少,平均水深1.2m左右,池坡比1∶1.5,土质为硬质壤土的。冬季鱼塘捕捞结束后,抽干池水,让其充分冻晒;在放养苗种前半个月,每667m²用生石灰200kg化水后立即全池泼洒,清除野杂鱼类并杀灭病原微生物。

2. 微孔管道增氧设施安置

选择配置罗茨风机(涡轮风机、空气压缩机)的增氧机,配置200m硬质耐压塑料供气管道,以及600m微孔管道,管目为800目,一端接供气管,另一端则延伸至离池边1m处。总管道设置为"工"字形,微孔管道为20根,每间隔8m安装一根微孔管道,然后接通在总管道上,并用竹桩将管固定在离池底10～15cm处即可。启动后整个池塘均匀曝气为好。

3. 栽种水草

冬季清塘药物药性消失后,即可种植水草,以伊乐藻为主,按行株距3m×2m,切10cm长的株束,插入底泥中,并搭配少量水韭菜或黄丝草,长成后全池覆盖率达30%左右。

4. 培肥水质

清塘1星期至10天后,667m²施发酵鸡粪150～250kg或"速效肥水王"700g,使水体肥、活、嫩、爽,培育红虫、水蚯蚓、小螺蛳等,为泥鳅、青虾提供优质天然饵料,并促进水草生长。

5. 网箱设置和种苗放养

网箱规格一般为5m×2m×2m,网目为0.5mm,网箱设置面积不宜超过池塘总面积的40%,每0.67hm²精养塘可安置网箱120只,每只网箱投放鳅鱼种苗10～20kg;元旦前后667m²投放规格1 000～1 500只/kg幼虾2.5～3.75kg。端午节捕捞后,再投放虾苗2万～3万尾。

6. 饲养管理

(1)水质、水位调节:在水质调节方面,保持肥、活、嫩、爽,每10天至半个月施用"水博士"、"底必净"等,吸收分解水体中有害物质,培育有益的生物活菌,降低氨氮、亚硝酸盐含量,减少换水频率。4月份前水位保持60cm左右,提高池水温度,促进青虾生长,5～6月份保持水深70～80cm,夏、秋高温季节1.5m以上水位,高温结束后,水位保持在1.2m左右。

(2)微孔管道增氧机使用:一般在高温季节6～8月份夜间12:00左右,池水溶氧降至最低,要开启增氧机,到早晨太阳出来时,关闭增氧机,阴雨天要正常开机,投放生物制剂时要开增氧机。另外要在高温雷雨和连续阴雨天气及时灵活使用增氧机。

(3)饲料投喂:由于池塘水产品养殖密度高,如何科学投喂是关键,而饲料质量又是影响泥鳅、青虾规格与品质的关键因素之一。因此,宜采用粗蛋白含量较高的沉性膨化颗粒饲料投喂,前期蛋白质含量在36%以上,中期30%～33%,后期33%～35%,投喂量按泥鳅、青虾体重计算,前期投喂量占3%～5%,中期5%～6%,后期6%～8%,适当搭配蛋白质含量高的鲜活无菌蝇蛆投喂,可更好、更快地促进泥鳅生长发育。

(4)病害防治:每半个月施用1次"水博士"和"底必净",高温期禁用消毒剂,每个月喂1次药饵(中草药"克菌威"、免疫多糖),提高泥鳅、青虾机体抗病力。

例31 茨菰田养泥鳅增效益

茨菰田套养泥鳅(类似稻田养鳅)是利用生物学和生态学的共生互利原理,采用种植与养殖相结合的方法来获得绿色食品的高效生产模式。江苏盐都市郊大力发展茨菰田套养泥鳅生产,经3～

5个月的养殖,一般667m²可收获商品鳅80~150kg,茨菰1 500~2 000kg,经济效益十分显著。

1. 田块自然条件

选择水源充足、水质良好、无污染、排灌容易、管理方便的田块。面积以700~3 300m²为宜,底质以保水性能良好的沙壤土为佳。

2. 田间配套工程及设施

(1)田块修整:包括鳅沟、鳅窝和田埂的建设。鳅沟是泥鳅配套栖息主要场所,可开挖成"田"字或"井"字形,沟宽40cm,深50cm,鳅窝设在田块的四角或对角,鳅窝宽1~2m,深50~60cm,鳅窝与鳅沟相通,鳅沟、鳅窝的面积占田块总面积的6%~8%,在开挖鳅沟、鳅窝的同时,利用土方加高田块,使田埂高出田板60cm,以保证茨菰田蓄水时田板水深达20~30cm,鳅沟水深0.7~0.8m。田埂顶宽30cm,田埂内坡覆盖地膜,以防田埂裂漏滑坡。

(2)进排水设施:套养泥鳅时的茨菰田要有独立的进、排水系统。进、排水口要对角设置。这样,在加注新水时,有利于田水的充分交换。进水经注水管伸入田块悬空注水,水管出水处绑一个长50cm的40目筛绢过滤袋,以防野杂鱼、水蜈蚣、水蛇等敌害生物随着水进入田中。排水口安装拦鳅栅,拦鳅栅为密网眼铁丝网制成的高50cm,宽60cm的长方形栅框。拦鳅栅上端高出田埂10cm,为防止突降暴雨时因排水口不畅而发生田水漫埂逃鱼,可在靠排水口一边的田埂上开设1~2个溢水口,溢水口同样须安装牢固的拦鳅栅。

(3)块田围栏:围栏的目的一是预防泥鳅翻埂逃跑;二是防止蛇、蛙等敌害生物入侵。在田埂顶部每隔1.5~2m钉一直立的木桩,沿木桩围一道直立的塑料薄膜,薄膜上端绑扎固定在木桩上,栏下端用泥块压实盖牢,薄膜墙高度为60~80cm。

3. 放苗前准备工作

鳅苗放养前 10 天左右,每 667m^2 用生石灰 15～20kg 或漂白粉 1～2.5kg,兑水搅拌后均匀泼洒。在茨菰田灌水前,每 667m^2 施发酵后的猪、牛等畜禽粪 600kg 左右,其中 250kg 左右均匀施于鳅沟,其余的施在田块上并深翻入土。翻土时要注意保护好沟、窝不被破坏。

4. 鳅苗放养

茨菰田套养泥鳅有两种模式,一是放养亲鳅,让其自繁、自育;二是放养鳅苗。另外,还可适当套养鲢、鲫鱼夏花。

(1)放养亲鳅:用作繁殖的亲鳅,雌鳅最好选取体长 15cm,体重 30g 以上腹部膨大的个体,雄鳅可略小。个体大的雌鳅怀孵量大,个体大的雄鳅精液多,繁殖的鳅鱼质量好、生长快。亲鳅雌、雄比例为 1:2。

(2)苗鳅放养:可从市场选购笼捕的无病、无伤、体质健壮的鳅苗或购买池塘人工繁育的种苗,以放养全长 5～6cm 以上 2 龄苗为好。一般在茨菰移植后 8～10 天,可先放养 20～30 尾进行试水,在确定水质安全后再放苗,一般每 667m^2 放养 0.8 万～1 万尾。

(3)鳅苗消毒:不论是亲鳅还是鳅苗,放养前均须进行鱼体消毒。鳅种放养前用 3% 食盐水或 10～15mg/L 浓度高锰酸钾浸浴 8～10min,可有效预防体表疾病发生。另外,要剔除受伤和体弱的鳅苗。

5. 饲养管理

(1)施肥培饵:泥鳅属杂食性鱼类,常以有机碎屑、浮游生物和底栖动物为饵料。在养殖过程中应对鳅沟、鳅窝定期追施经发酵的畜、禽粪等,也可施用尿素、过磷酸钙等,忌用碳酸氢铵,以免刺激泥鳅,引起泥鳅死亡。田水透明度控制在 15～20cm,水色以黄绿色为好。

(2)投喂饵料:泥鳅食谱很广,喜食畜禽内脏、猪血、鱼粉、血粉和米糠麸皮、豆腐渣以及人工配合饲料等。当水温在 20～23℃时,动、植物性饲料应占 50%,水温 24～28℃时,动物性饲料应占 70%,日投喂量为鳅体重的 3%～5%,但在具体投喂饵料时还应根据水质、天气、摄食等情况灵活掌握,做到定时、定位、定质、定量。

6. 日常管理

(1)水质调节:茭菰移植和苗种放养初期,水位保持在 10～15cm,随着茭菰长高,鱼种长大,要逐步加高水位到 20cm 左右,使鳅苗始终能在茭菰丛中畅游索饵,茭菰田排水时,不宜过急、过快;夏季高温季节要适当提高水位或换水降温,以利泥鳅度夏生长。

(2)清污防逃:要坚持每天巡田,仔细检查田埂有否漏洞,拦鳅栅是否堵塞、松动,发现问题及时处理。

(3)清野除害:发现蛙卵、水蜈蚣等应及时用抄网捞除。如有水蛇,可将稻草扎成直径 30cm 左右的大草捆置于鳅窝中,不定期提起草捆将蛇抖出而除之。出现水鼠可用鼠药诱杀。

7. 病害防治

鳅病防治,应定期外用消毒杀菌和杀虫等药物,定期投喂药饵(如土霉素、大蒜素等)进行病害防治。在茭菰的病害防治上,以生物防治为主,可采取生物制剂防治,也可选用高效低毒的农药,早防早治,防重于治。在操作时以喷雾为主,用药后及时换水。

8. 捕捞与上市

在养殖过程中,可根据市场需求"捕大留小,分期分批上市"。具体的操作:

一是在 9 月下旬前后用笼具捕捞后直接上市或用网箱(水泥池)暂养囤存后上市;

二是在 11 月下旬天气转冷前再彻底干池集中捕捉上市。

例32 庭院式养泥鳅

江苏省于忠诚报道,滨海县部分农户利用房前屋后的废弃池塘、低洼地等进行修正、改建,发展庭院养鳅,实践证明,它具有方法简单、饲料来源广、养殖成本低、饲养管理方便等优点,是农民发展家庭副业、致富奔小康的一条好门路,具有广阔的发展前景。现将庭院养殖泥鳅技术要点总结如下。

1. 鳅池建设

鳅池宜选择在地势较为平坦、通风向阳、进水和排水都比较方便、便于管理的地方,形状可多种多样,一般来说以长方形、东西走向较好。鳅池面积因养殖方式及养殖水平不同而异,一般来说,庭院养殖使用的鳅池面积为 $50\sim80m^2$,池深 $1\sim1.5m$。鳅池可用砖、石等材料砌成,壁顶设压口,压口向池内延伸出 $5\sim6cm$。池底中央设有排水口,水管直径 $1.5cm$ 左右,同时在池边设有溢水口 1 个,以便控制水位。出水口与溢水口应用铁丝网罩住,以防逃苗。鳅池内可种植一些水草,如水花生、水葫芦、水浮莲等,以改善水环境,降低水温。另外,还可在鳅池周围种植一些葡萄或丝瓜等攀援植物,夏季可以为泥鳅提供遮阳纳凉的场所。

2. 苗种放养

鳅种放养前 $7\sim10$ 天,用生石灰 $0.2kg/m^2$ 彻底清塘;$5\sim7$ 天后,蓄水 $10\sim20cm$,施用 $10\sim15kg/667m^2$ 的有机肥与无机肥混合物培育水体中的基础饵料生物。放养的鳅种要求规格整齐、体质健壮、肌肉丰富、无病无伤、体色鲜亮,放养密度应根据池塘条件、饲料来源、管理水平而定,一般情况下,规格为体长 $5\sim7cm$ 的鳅种的放养密度为 $80\sim100$ 尾$/m^2$,同时可在鳅池中搭配放养 $5\sim8$ 尾$/m^2$ 的鲫鱼。

3. 饲料投喂

泥鳅为杂食性小型鱼类,饲料来源很广,水蚤、蚯蚓、蝇蛆等是泥鳅天然的饵料生物,在人工养殖条件下可投喂米糠、豆饼、豆渣、血粉、麦麸等。泥鳅的摄食量与水温密切相关,3月份的日投喂量为泥鳅总体重的1%,4～6月份的日投喂量为泥鳅总体重的4%,7～8月份的日投喂量为泥鳅总体重的1%,9～10月份的日投喂量为泥鳅总体重的4%。投喂方法:在鳅池中搭建饲料台,将饲料投放在饲料台上,饲料要求新鲜、无污染、无腐烂、无变质,投喂时间一般在上午9:00左右,投喂量以泥鳅在3～4h内吃完为准。成鳅期,饲料投喂量应根据天气情况和泥鳅生长、摄食情况等做出适当调整。残饵要及时清除。

4. 水质调控

鳅种刚入池时,池水水深保持在10～20cm;以后随着鳅种的生长,逐渐加深水位到应有的深度,平时浅一些,炎热高温时可加深一些,并经常注入新水,保持良好的水环境。天气闷热时,池水容易缺氧,如发现泥鳅游到水面吐食空气,应及时添注新水或采取增氧措施。

5. 日常管理

要做到"二防、二勤、三早、四看",即:防逃、防病;勤巡塘、勤做日记;早清塘、早开食、早放养(延长泥鳅生长期);看泥鳅活动和摄食情况、看天气变化情况、看水质变化情况、看季节变化情况等决定饲料投喂量。

6. 病害防治

力争做到无病早防、有病早治。定期用生石灰、漂白粉泼洒全池,可以改善水质和预防鱼病的发生。要及时清除鳅池中的水蛇、水老鼠等敌害生物。

7. 捕捞

秋末冬初,水温降至10～15℃,泥鳅摄食量降低,即可进行捕捞。一般多采用排干池水进行人工下池捕捉的方法。

例33 茭白田养泥鳅

茭白田套养泥鳅是利用泥鳅与茭白一生均只需浅水位这一共性,在田块中既种茭白,又养泥鳅。茭白行、株距较宽,可为泥鳅提供足够的生活空间,盛夏高温季节,茭白叶高挺且宽、丛生繁茂,成为天然的遮荫棚,十分有利于泥鳅避暑度夏;泥鳅喜食水中细菌、小型寄生虫等动物性饵料,从而大大减少茭白病虫害的发生,泥鳅的粪便又是茭白的优质肥料,从而可获得茭白、泥鳅双增产。因此,茭白田套养泥鳅,是充分利用水资源、积极调整农村产业结构、增加农民经济收入的好项目。福建省古田县凤都镇广大农民大力发展茭白田套养泥鳅生产,经过5个多月饲养,一般每667m^2可获成品鳅150~200kg,茭白800多kg,每667m^2产值3 000~4 000元,盈利2 000~2 500元,经济效益十分可观。现就主要养殖技术介绍如下。

1. 田块选择

选择水源充足、水质良好、无污染、排灌容易、管理方便的田块。面积以667~1 334m^2为宜,底质以保水性能较好的沙壤土为佳。

2. 田间工程建设

(1)田块修整:包括鳅沟、鳅窝和田埂的建设。

鳅沟是泥鳅活动的主要场所,可开挖成"田"字或"目"字形,沟宽40cm,深50cm;鳅窝设在田块的四角或对角,鳅窝宽1~2m,深50~60m,鳅窝与鳅沟相通。鳅沟、鳅窝的面积占田块总面积的3%~6%。在开挖鳅沟、鳅窝的同时,利用土方加高田埂,使田埂高出田板60cm,以保证茭白田蓄水时田板水深达20~30cm,鳅沟水深0.7~0.8m。田埂顶宽30cm。田埂内坡覆盖地膜,以防田埂龟裂、渗漏、滑坡。

(2)水道整改:套养泥鳅的茭白田要有独立的进排水系统。

进、排水口要对角设置,这样在加注新水时,有利于田水的充分交换。进水经注水管伸入田块行悬空注水,水管出水处绑一个长 50cm 的 40 目筛绢过滤袋,以阻止野杂鱼、蝌蚪、水蜈蚣、水蛇等敌害生物随水入田。排水口安装拦鳅栅,拦鳅栅为密网眼铁丝网制成的高 50cm,宽 60cm 的长方形栅框。拦鳅栅上端高出田埂 10cm,其余三边各嵌入田埂 10cm。为防止暴雨时因排水口不畅而发生田水漫埂逃鱼,可在靠排水口一边的田埂上开设溢水口,溢水口同样安装牢固的拦鳅栅。

(3)块田围栏:围栏的目的:

一是预防泥鳅翻埂逃逸;

二是防止蛇、蛙等敌害生物入侵。

具体方法:在田埂顶部每隔 1.5～2m 钉一直立的木桩,沿木桩围栏一道直立的塑料薄膜,薄膜上端绑扎固定在木桩上,下端用泥块压实盖牢。薄膜墙高度为 60～80cm。

3. 茭白移植

茭白忌连作,一般 3～4 年轮作 1 次。对轮作田块可在春季 4 月份茭白旧茬分蘖期进行移植,移植后一般当年就可获得一定的产量。移苗时新苗要略带老根,行、株距为 0.5m×0.5m,且要浅栽,水位保持在 10～15cm。

4. 放苗前的准备工作

(1)田块消毒:鳅苗放养前 10 天左右,每 667m² 用生石灰 15～20kg 或漂白粉 1～2.5kg,兑水搅拌后均匀泼洒。

(2)施足基肥:在茭白田灌水前,每 667m² 施发酵的猪、牛等畜、禽粪 600kg 左右,其中 250kg 均匀地施于鳅沟,其余的施在田块上并深翻入土,翻土时要注意保护好沟、窝不被破坏。

5. 鳅苗的放养

(1)茭白田套养泥鳅有两种模式

一是放养亲鳅,让其自繁、自育;

二是放养鳅苗。选体形好、个体大、无病、无伤的作为亲鳅,于茭白移植成活后放养,一般每667m²放养量10～15kg,雌、雄比例为1:1.5。

(2)放养鳅苗

1)鳅苗来源:可从市场选购笼捕的无病、无伤,体质健壮的鳅苗或购买池塘人工繁育的苗种。

2)苗种规格:以放养全长3cm以上的夏花为好。

3)放养时间:待追施的化肥全部沉淀后(一般在茭白移植后8～10天),可先放养20～30尾进行"试养",在确定水质安全后再放苗。

4)放养密度:一般每667m²放养0.8万～1万尾。

5)鳅苗的消毒:无论是亲鳅还是鳅苗,放养前均须进行鱼体消毒。消毒方法:

①用1.5mg/L浓度的漂白粉溶液进行浸洗,在水温10～15℃时浸洗时间约为15～20min,具体应视鳅鱼的体质而灵活掌握。

②用2.5%浓度的食盐水浸洗30min。

6. 饲养管理

(1)施肥:泥鳅属杂食性鱼类,常以有机碎屑、浮游生物和底栖动物为饵料。在养殖过程中应在鳅沟、鳅窝中定期追施经发酵的畜、禽粪等,也可施用氮、磷、钾等化肥。田水透明度控制在15～20cm,水色以黄绿色为好。

(2)投饵:泥鳅食谱很广,喜食畜禽内脏、猪血、鱼粉和米糠、麸皮、豆腐渣以及人工配合饲料等。当水温在20～23℃时,动、植物性饲料应各占50%,当水温24～28℃时,动物性饲料应占70%。日投喂2次,上午7:00～10:00和下午16:00～18:00各1次;日投喂量为鳅鱼体重的30%～5%,但在具体投饵时还应根据水质、天气、摄食等情况灵活掌握,做到定时、定位、定质、定量。

7. 日常管理

(1)水质调节：茭白移植和苗种放养初期，鱼幼苗矮可以浅灌，水位保持在10～15cm，随着茭白长高，鱼种长大，要逐步加高水位至20cm左右，使鳅鱼始终能在茭白丛中畅游索饵。茭田排水时，不宜过急、过快；夏季高温季节要适当提高水位或换水降温，以利鳅鱼度夏生长。

(2)清污防逃：要坚持每天巡田，仔细检查田埂有否漏洞，拦鳅栅有否堵塞、松动，发现问题及时处理。

(3)清野除害：发现蛙卵、水蜈蚣等应及时用抄网捞除；如有水蛇，可将稻草扎成直径30cm左右的大草捆置于鳅窝中，水蛇能将草捆作为蛇窝，不定期提起草捆将蛇抖出而除之；发现水鼠，可用毒鼠药诱杀。

(4)慎用农药：防治茭白病虫害时，应尽量采用高效低毒农药，并严格控制安全用量。茭白主要的病虫害有长绿飞虱和锈病。防治长绿飞虱可选用扑虱灵、阿克泰、吡虫啉等；防治锈病可用硫磺悬浮剂。施药前田块水位要加高10cm，施药时喷雾器的喷嘴应横向朝上，尽量把药剂喷在茭叶上。粉剂应在早晨有露水时喷施，液剂应在露水干后喷施。切忌雨前喷药，尽量减少农药对田水的污染。

8. 病害防治

(1)水霉病：体表病灶有生长成丛，似旧棉絮状的白毛。

病鳅独游水面，游动缓慢，食欲减退，最后鱼体消瘦、衰弱而死。此病主要是养殖初期，鱼体在拉网、点苗、搬运等操作过程中因机械损伤后被水霉菌感染所致。用3%食盐溶液浸洗5～10min。

(2)赤鳍病：背鳍附近部分表皮脱落，肌肉呈灰白色，严重的肌肉腐烂，甚至出现鳍条脱落。

病鳅丧失食欲，直至死亡。主要流行于夏季，发病率较高。用复方新诺明2~4g/kg饲料,拌饵投喂,每日2次,连续3天;或用环丙沙星0.5g/kg饲料,拌饵投喂,每日2次,连续3天。

(3)打印病:病灶呈圆形或椭圆形,边缘稍有浮肿,中间呈红斑,似盖红印章状,故名打印病。

病灶位置主要在尾柄基部。流行于7~8月份。用1mg/kg的漂白粉或2~4mg/kg的五倍子进行泼洒全池;或用漂白粉和苦参交替泼洒,第1天用1.5mg/kg漂白粉泼洒,第2天5mg/kg苦参煎汁泼洒全池,每天1次,连续6天。

(4)车轮虫病:寄生在鱼的鳃部和体表。

病鳅离群独游,食欲减退,影响鱼体生长,如不及时治疗会引起死亡。流行于5~8月份。用0.7mg/kg硫酸铜和硫酸亚铁(5∶2)合剂泼洒全池。

(5)三代虫病:寄生部位与车轮虫同。

病鳅呈急躁不安状,或在水中急游或往茭白基部、草丛冲撞摩擦,严重时可引起大批死亡。流行于5~6月份。用0.5~0.7mg/kg晶体敌百虫泼洒全池。

例34 池塘高效养泥鳅

江苏省孙斌在赣榆县墩尚镇推广池塘高效养殖泥鳅技术,该镇养殖户张华共计养殖泥鳅10 005m^2,获纯利润达11 000余元/667m^2,现将其主要养殖技术及管理措施介绍如下。

1. 养殖条件

泥鳅养殖应选择水源可靠、水质清新且无污染、进水与排水方便的池塘,土质应为中性、微酸性的黏质土壤,光照充足,交通便利,确保用电。养殖池多为长条形,单口面积667~1 334m^2,池深0.8~1m,水深可保持在0.4~0.5m,并夯实池壁泥土。沿池塘四周用网片围住,网片下埋至硬土中,上端高出水面20cm,可有效地防止泥鳅逃逸和防止敌害生物进入养殖池。池内铺放厚约15cm

的肥沃河泥或富含有机质的黏土。进水口高出水面20cm,出水管设置在池塘底部,平时封住,进水口和排水口均用密网布包裹。

2. 放养模式

(1)放养前的准备工作:鳅种放养前20~30天,清整鳅池,堵塞漏洞,疏通进、排水管道,翻耕池底淤泥,再用生石灰清塘,池塘水深10cm时用生石灰70~80kg/667m^2,兑水化浆后立即均匀泼洒全池。鳅种放养前10天,池塘加注新水20~30cm,施入干鸡粪30kg/667m^2,均匀撒在池内,或用60~65kg的猪、牛、羊等粪肥集中堆放在鱼溜内,让其充分发酵。以后,视水质肥瘦适当追肥,保持水体透明度在20cm左右,以看不见池底泥土为宜。

(2)苗种放养:鳅种放养前用3‰~5‰食盐水进行鱼种消毒,浸洗时间为5~10min。4月份当水温升高到15℃以上时,即可开始放养鳅种,规格为70~80尾/kg苗种的放养密度为1 000~1 500kg,规格为100~120尾/kg苗种的放养密度为800~1 000kg。同一养殖池中,放养的鳅种要求规格均匀整齐,并以放养大规格鳅种的养殖经济效益较好,且养殖周期较短,也可以根据市场需要及时捕捞或进行多茬养殖。鳅种的具体放养量要根据池塘和水质条件、饲养管理水平、计划出池规格等因素灵活掌握。

3. 养殖管理

(1)饲料投喂:主要投喂全价配合饲料,同时搭配投喂一些饵料生物(如鱼虫等),且投喂坚持定时、定点、定质、定量。养殖初期,日投喂量掌握在鱼体总重的2%左右,以后至泥鳅生长适温范围内再逐步增加日投喂量,当水温达25~28℃时,泥鳅摄食与生长均十分旺盛,此时日投喂量应提高到鱼体总重的10%,以促进泥鳅快速生长。若水温高于30℃或低于12℃时,投喂量应减少甚至不投喂。每天投喂3次,若苗种未经驯化则以傍晚投喂为主,每次投喂量以次日凌晨不见残饵或略见残饵为度。

(2)水质调控:养殖池水质的好坏对泥鳅的生长与发育极为重

要。池水以黄绿色为好,透明度以 20～30cm 为宜,酸碱度为中性或弱碱性。当水色变为茶褐色、黑褐色或水中溶解氧含量低于 2mg/L 时,要及时注入新水,更换部分老水,以增加池水溶解氧含量,避免泥鳅产生应激反应。通常每隔 15 天施肥 1 次,每次施用有机肥 15kg/667m^2 左右。另外,根据水色的具体情况,每次施用 1.5kg/667m^2 左右的尿素或 2.5kg/667m^2 的碳酸氢铵,以保持水体呈黄绿色。若水质过瘦,水体透明度过低,则必须适当追施肥料或加注新水。

4. 经济效益分析

一般饲养 4 个月左右时间即可收获,若市场行情好也可提前收获,随后放养下一茬泥鳅苗种。该养殖户平均放养规格为 80 尾/kg 的泥鳅苗种 1 400kg/667m^2,共计收获商品泥鳅 2 130kg。苗种均价 10 元/kg,每 667m^2 均饲料投入 12 600 元,加上人工、水电等费用,每 667m^2 均成本 27 200 元。所产泥鳅经连云港出口韩国,售价 19 元/kg,销售收入 38 340 元,每 667m^2 获纯利润 11 140 元。

5. 养殖管理关键点及注意事项

主要是加强巡塘,坚持每天早、中、晚各巡塘 1 次。

一是检查堤坝,堵塞漏洞,保持水位,防止浮头和泛塘;

二是观察泥鳅的摄食、活动和疾病发生情况,清扫食场,捞除残饵;

三是防止鸭、黄鳝、蛇等进入养殖池内伤害泥鳅;

四是经常使用有机肥,保持水质为活、爽的肥水;

五是夏季可在鱼溜上方搭棚遮阳,冬季保持浅水或排水过冬。

6～10 月份,每隔 2 周用漂白粉消毒水体 1 次,每个月用生石灰泼洒全池 1 次,有条件时还可以泼洒一些光合细菌。天气闷热时,若泥鳅浮头现象严重,应及时加注新水。另外,严禁含有甲胺磷、毒杀酚、呋喃丹等剧毒农药的水体流入养殖池,宁可不换水,也不要把受污染的水体引进养殖池内。

例35 稻田养鳅增效益

龙游县社阳乡洪光村村民童国平,1999年承包了湖镇镇洪畈村3 335多m^2良田发展为稻田养泥鳅,当年投资当年收益,3 335多m^2稻田收获商品鳅1 525kg,稻谷1 600kg,折合每667m^2产泥鳅273kg、稻谷268kg,每667m^2获净利1 240元,走出一条稻鱼共同发展效益农业之路。他的具体做法如下。

1. 在田间开挖框架式"田"字形鱼沟和鱼坑:鱼沟深30～50cm,鱼坑深50～80cm,鱼沟和鱼坑面积占田块20%左右。开挖鱼沟时可将泥土用于加宽、加高田埂,使田埂高出水面30～50cm。

2. 做好放养前准备:鳅种放养前15天,每667m^2用生石灰50～100kg兑水泼洒,以杀灭病毒、野杂鱼、水蛇等敌害。7天后灌新鲜水20～30cm,并在向阳处投施牛、鸡粪200～400kg/667m^2,做到肥水放养鳅种。

3. 放好鱼种:鳅种放养时间选择在4～5月份,规格为每千克200～240尾,每667m^2放养量2万尾左右。鳅种放养后7天不投饲,之后投喂豆饼、鱼粉、菜粉、菜饼、谷粉等粉状料。每日投喂2次,分别在上午8:00～9:00和下午16:00～17:00各投喂1次,日投饲量占鳅体重的1%～3%。在投饲的同时,每隔10～15天要追施牛、鸡粪肥,200～300kg/667m^2,或堆放稻秆腐烂,以培养浮游生物,保持水质有一定肥度。

4. 平时加强水质管理,注意更换池水,换水时间1周1次,高温季节每周1次。水稻防治病虫害时,要先给稻田灌新鲜水,用药后再排出表面水到正常水位。喷洒农药要直接喷洒在稻叶上,避免喷洒到水中。要选择对鱼类毒性低、消解快的农药。同时,每天早、晚要巡塘2次,检查进、排水口是否完好,以防止泥鳅逃跑,确保稻鱼丰收。

例36 泥鳅在多品种放养中综合养殖

江苏省盐都县水产技术推广站工程师戴春明,根据水产生物学、生态学原理,采取模拟自然生态环境条件,进行鱼、虾、蟹、鳝、鳅等多品种混养试验,达到池塘养殖低投入、中产出、高效益的目的。

本试验利用低洼地四周开沟筑堆圩的提水池塘1只。面积30 815.4m²。共捕获成蟹1 550kg,青虾739.2kg,克氏虾1 039.5kg,黄鳝150kg,泥鳅750kg,鲫鱼577.5kg,草鱼1 848kg,销售总收入103 790元,扣除成本60 890元(其中苗种23 000元,占37.77%,饲料8 890元,占14.6%,其他29 000元,占47.63%),纯利润42 900元,平均928.57元/667m²,现将其技术经验介绍如下。

1. 池塘条件

池塘为近正方形,四周沟宽8m,深0.6~0.8m,滩面可提水至1.2m,池底为沙质土壤,淤泥较少,水源水质良好,注、排水设施齐全,塘内配置2t水泥船1条,用于投饵、施肥和管理。池塘内侧用密眼聚乙烯网布埋入土中做护坡和防鳝、鳅、克氏螯虾、蟹等钻洞,池埂牢固,不漏、不渗,用石棉瓦做防逃墙。1个养殖周期开始时池塘要清淤修补,用生石灰、茶籽饼等药物严格消毒,经过滤注水后,施足基肥,培养天然饵料,并栽种蒿草、苦草等水生植物,"清明"前后大量投放活螺蛳,让其自然繁殖。

2. 苗种放养

(1)河蟹:5月份放养1 000只左右/kg早繁大眼幼体培育的"豆蟹"8.6万只,折合1 870只/667m²。

青虾:清塘后即可放养幼虾,3~5kg/667m²,或4月份前后放养80尾左右/kg的抱卵亲虾25kg,平均0.5kg/667m²。

(2)鱼种:清塘后放养20尾左右/kg的异育银鲫鱼种200kg,折合4.3kg/667m²;中后期由于水生植物生长过于茂盛,放养草鱼控制水草,共放草鱼400kg,平均8.6kg/667m^2。

(3) 其他品种:常年养殖虾蟹的池塘,由于极少使用剧毒农药,保护了池塘中的黄鳝、泥鳅和克氏螯虾天然资源,一般不需另放苗种,让其在池塘中自然繁殖和生长,本试验仅在6月份补放了30尾左右/kg的鳝种20kg,折合0.4kg/667m^2,补放40尾左右/kg的鳅种30kg,折合0.6kg/667m^2。

3. 施肥投饵

由于采取模拟自然生态养殖方式,以廉价的肥料(鸡粪)和螺蛳培养及繁殖天然饵料(浮游动物、底栖生物、螺蛳、水生植物等)供养殖品种自由觅食,人工投饵仅作为补充,全期共投喂豆饼1 500kg,麸皮1 000kg,米糠1 000kg,小杂鱼等荤饵料2 000kg。投饵施肥根据天气、水质、天然饵料数量、养殖品种存塘量和生长季节灵活掌握。

4. 日常管理

水质调节:每天早、晚巡塘1次,根据水质、天气、浮头情况随时加注水来增氧。正常情况每周加水1次,每次加水量视池塘蚀水情况,一般注水20~30cm,保持溶氧充足,水位相对稳定,透明度在35cm左右,水质达到"肥、活、嫩、爽"的要求。每1个月全池泼洒1次生石灰,以起到调节池水pH值的作用。

5. 病毒防治

在整个养殖试验过程中没有发生暴发性鱼病。鱼种放养前用3%食盐水浸洗10min,虾蟹种放养时用50mg/L高猛酸钾药浴2~3min。生长季节每半个月加喂1次药饵(50kg饲料加土霉素25g,每日2次,连喂3日)。另外,对于肥料、活螺和饵料台、工具等经常用漂白粉消毒。

6. 产品捕捞

黄鳝、泥鳅、青虾、克氏螯虾常年用地笼张铺,采取捕大留小的方法,只要达到上市规格,都要捕出销售,成蟹在"重阳"节后,傍晚在塘边池埂上徒手捕捉,并结合地笼张捕直至11月底干塘捕鱼,以便腾塘做下1个周期使用。

例37 泥鳅大棚养殖

为探索泥鳅温室养殖技术,2003—2004年,天津市李思田在北辰区荣亿水产养殖公司的8个温室内进行了泥鳅养殖试验。2004年,每667m^2获利润4.2万元,取得了良好的经济效益。现将试验情况报告如下。

1. 材料与方法

(1)材料

①试验地点与规模:试验地点位于北辰区西堤头镇芦新河村荣亿水产养殖公司内。温室大棚8个。每个大棚内池塘面积600m^2,总试验面积4 800m^2。温室东侧配备1个1 334m^2的净化池。

②池塘设施:温室进、排水设施齐全,水源充足,东西走向,长方形,背风向阳,平均水深为1.8m,池壁光滑,无粗面,池底为土质。温室四周铺设增氧设施。

③苗种:苗种由周围的稻田收购,平均规格为360尾/kg。放养密度12.6万尾/667m^2,即210尾/m^2。

④饵料:人工配合的浮性饵料为主,饲料的主要成分有:鱼粉、豆粕、麦麸、玉米、黏合剂、饲料添加剂等,蛋白质含量为32%。天然水生浮游动物饵料为辅,主要种类有轮虫、甲壳虫、枝角类、桡足类。

(2)方法

①苗种放养:苗种放养前15天用60kg/667m^2生石灰对温室进行消毒,消毒后进水。放苗前进行筛选,同规格的泥鳅放在同一池塘中,要求鱼种无病、无伤、游动活泼、体质健壮,且用10mg/L的漂白粉消毒后下塘,2003年10月份投苗,密度为210尾/m^2。

②饵料与投喂:整个养殖过程以浮性饵料为主,养殖初期投喂

部分干鱼虫子(浮游动物),春、秋季每天投喂 3 次,夏季每天投喂 4 次,每日投喂占鱼体重的 5%,饵料投喂要求驯化投喂,阴雨天少投或不投,每天要根据天气、水温、水质和泥鳅的活动情况决定投喂量,饵料粗蛋白为 32%。

③水质管理:鱼种投放要求肥水下塘,分期注水,5 月底前水位在 1m 左右,6 月底前达 1.5m,7 月底水位达 1.8m,达到池塘最高水位。池塘定时充氧,溶解氧保持在 5mg/L 以上,定期监测水质,透明度保持在 25cm 以上,高温季节每隔 15 天使用生物制剂"益久"(由酵母菌、光合细菌等 8 种有益微生物组成)泼洒 1 次,浓度为 10mg/L。

④鱼病防治:坚持"以防为主"的原则,采取池塘消毒,水质消毒,投喂药饵等措施防治鱼病。

⑤日常管理:坚持巡塘,做好记录,每隔 20 天对泥鳅的生长情况检查 1 次,根据检查结果,调节水质及饲料投喂量。

2. 结果

2004 年 12 月底泥鳅全部出池,养殖周期为 14 个月,成活率为 95%。平均每池出泥鳅 3 000kg,规格 40 尾/kg,市场售价 18~20 元/kg,每 667m^2 产值 5.99 万元,每 667m^2 利润 3.5 万元。

3. 小结与体会

(1)养殖泥鳅要求技术较高,如调水技术、防病技术。但是其产量效益也是相当可观的,是生产技术变为生产力的体现,是养殖生产发展的方向。

(2)温室池壁要求光滑,不能有尖硬的突起,鱼体一旦刮伤很难治愈。

(3)放养密度可适当减少,减少到 180 尾/m^2,增加出池规格,可提高出售价格,间接提高经济效益。

(4)使用浮性饵料,泥鳅吃多少料一目了然,这样可大大提高饵料的利用率,降低饵料系数,降低生产成本,提高经济效益。

例38 泥鳅水泥池养殖

山东省临沂市润兴特种水产养殖场在兰山区渔业技术推广站的指导下,开展水泥池养殖泥鳅试验,成鱼全部出口日本、韩国,取得了显著的经济效益。具体做法如下:

1. 水泥池条件

水泥池面积为 667~2 001m², 东西方向排列,池深 1.1m,池壁用空心砖垒砌,水泥抹面,由于池底为黏质土,土质较硬且池底平坦,故未做其他处理。水泥池的进水口和排水口均用铁丝网拦住,池底向排水口一端倾斜,在排水口端设有溢水孔,溢水孔距离池底 0.6m,常年保持池水水深在 0.5m 左右。如果池水水位过深,会造成养殖池内水温偏低,影响泥鳅摄食,尤其在春季和秋季表现更为明显。养殖场备有大口水井 1 口,配备有面积为 25m² 的暂养池 2 口,暂养池用于井水曝气和暂养鱼种,以及在进行放养、捕捞、销售等操作时作为药浴池使用。

2. 放养前的准备工作

新的水泥池建成后,不能直接放养鱼种,必须先进行处理,处理方法是将池水灌满,观察有无漏水情况,浸泡 2~3 天后再将池水排干,然后暴晒 3~4 天,用生石灰 200kg/667m² 兑水化浆泼洒全池,进行带水清塘,7 天后待毒性消失后即可放养鱼种。

3. 鱼种放养

5 月上旬开始,从当地收购泥鳅苗种,到 6 月底共收获泥鳅鱼种 6 500kg, 分别放养于 4 口水泥池中。所放养的鱼种要求规格整齐、体质健壮、体表光滑、活动力强、无病、无伤,放养前用鱼筛过数,并用聚维酮碘浸洗消毒,以防鱼病的发生。规格为 100~120 尾/kg 的泥鳅鱼种,放养密度为 800~850kg/667m²。

4. 养殖管理

(1)饲料投喂:投喂应遵循"定时、定量、定质、全池遍洒"的原则。5月上旬以后,当水温达到18℃时开始正常投喂,饲料投喂量在泥鳅正常生长水温范围内依水温的高低而不同,每次投喂前先敲击桶或盆,并将投喂时间适当延长,使泥鳅形成条件反射,养殖早期每天投喂2次,日投喂量占鱼体总重的2%,饲料中膨化饲料与沉性饲料各占50%,均为泥鳅专用全价配合饲料,粒径2mm,且投喂时先投喂沉性饲料,后投喂膨化饲料。7~9月份,水温较高,泥鳅摄食旺盛,日投喂量为鱼体总重的3%~5%,每天投喂3次。10月份以后,水温降到20℃以下时,每天投喂2次,日投喂量为鱼体总重的2%~3%。投喂持续到11月上旬结束。

(2)水质调控:养殖泥鳅的过程中,理想的水色是由绿藻形成的黄绿色或黄褐色。为保持水质清新,在养殖过程中应定期向水泥池内充注新水,并使用一定量的生石灰来控制水质和pH值。一般每隔7~10天加水1次,每次加水8~10cm;每隔20天使用生石灰1次,用量为10~15kg/667m^2,使池水透明度始终保持在20~40cm。若池水透明度小于20cm时,应及时充注新水或使用生石灰加以调节。

(3)日常管理:坚持早、晚巡塘,做好养殖记录。注意观察泥鳅生长、摄食、活动情况及水质变化情况,定期检查进、排水口,防止泥鳅逃逸。当水质恶化时,泥鳅会不断地窜出水面吞气或浮头不止,应立即停止投喂,加注新水,以增加池水中溶解氧的含量。因泥鳅在集约化养殖条件下的投喂量较大,残饵和粪便容易污染水质,故发现异常情况应及时查找原因,采取相应措施。加强安全管理,一方面经常检查池堤是否安全牢固,防止塌塘;另一方面注意用电安全,尤其要经常检查用电设备及线路。严防鼠、鸟等敌害生物捕食泥鳅。

5. 鱼病防治

贯彻"以防为主,防治结合"的方针,做到无病先防、有病早治。除做好鱼种消毒、水体消毒外,还应定期投喂药饵,以防止鱼病的发生。一般每隔15~20天泼洒全池0.3mg/kg溴氯海因1次,每隔15~20天投喂药饵1次且连喂3天为1个疗程。经过注册的养殖场,所产泥鳅全部出口,养殖中所用药物必须符合相关规定,特别是在养殖后期应严格控制药物的使用。

6. 捕捞

采用拉网进行捕捞,同时将捕捞的泥鳅进行过筛,达到商品规格的成鱼即可进行销售,达不到商品规格的泥鳅放原池继续喂养。

7. 收获

(1)养殖产量从11月中旬开始到翌年2月12日共捕捞7次,收获泥鳅11 360kg,平均规格达到72尾/kg,平均每667m^2产量为1 420kg。

(2)经济效益分析:所产泥鳅全部出口日本和韩国,平均售价为24元/kg,总收入272 000元。扣除鱼种支出81 000元,饲料支出45 000元,人员工资支出18 000元,其他支出6 000元,实现纯收入122 000元,平均每667m^2纯收入15 200元。

8. 体会

(1)利用水泥池养殖泥鳅,与传统的泥鳅暂养相比成本较高,由于采用了膨化饲料与沉性饲料配合投喂,解决了养殖后期泥鳅抢食减弱时的饲料浪费问题,可显著降低养殖成本。同时,由于养殖出的泥鳅全部出口,销售价格较国内高出3~5元/kg,故养殖的经济效益显著提高。

(2)由于养殖用水泥池的底质较硬,用拉网即可进行捕捞,简单易行,可显著降低劳动强度。

(3)养殖过程中,不同泥鳅个体之间生长速度表现出明显差异,雌性个体生长速度较快,而雄性个体生长速度稍慢。在有条件情况下,可通过采取人工授精方法,提高泥鳅群体中雌性个体的比例,以提高养殖的经济效益。

例39 泥鳅、龙虾轮养

近几年来,养殖龙虾、泥鳅备受农民的关注,已成为广大农村养殖户致富的门路。2006—2007年,怀远县水产技术推广站深入基层,在认真调查的基础上,引导孔津湖区及芡河湖区农民合理利用低湖田,成功地探索了一套龙虾、泥鳅轮养的水产养殖模式,取得了较高的经济效益。具体操作如下。

1. 龙虾、泥鳅轮养的池塘建设

龙虾、泥鳅都喜栖息在浅水、静水水域里,水草旺盛处尤甚,对环境的适应能力较强。养殖龙虾、泥鳅的池塘面积不宜过大,333.5~6 670m² 即可,东西走向,长宽比为 5∶1 或 5∶2,池深 1.2~1.5m,池塘顶宽 2m,底宽 6m,池与池不能相通。每池要有单独的进排水系统,排水系统应设置在比较低的一边,排水口离池底 50~60cm,以便控制水位。池的四壁要夯实,池底要有 20~25cm 厚的软泥,起保肥作用,池底平坦,略向排水口一侧倾斜,高差 10~15cm。池塘四周及进、排水口要设置防逃设施。

2. 龙虾养殖

(1)池塘清整:每667m² 施发酵的猪粪和大粪 200~300kg,加水 30~40cm 浸泡,使底泥软化,做到泥烂水肥,用 75~100g/m³ 生石灰调节水质,7~10天即可使用。池内要移植苦草、轮叶黑藻、水鳖草等水草,水草面积占池塘总面积的 30%~50%,同时每 667m² 放 150~200kg 的螺蛳,供虾食用。

(2)苗种采购与投放:3~4月份均可投放龙虾苗种。可采用人工繁殖或从天然水域捕获的苗种,离水时间尽可能短。选择体质健壮、个体较均匀的虾苗。如发现活动迟缓、脱水较严重或受伤较多的虾苗不可采购,尤其是市场上收购的虾苗,要格外小心检查。一般放养达 2~4cm 长的幼虾,投放量为 15~20 只/m²。苗种购回后,要用 1%~3% 的盐水洗浴 5~10min,然后放入浅水区,任其自由爬行。放龙虾苗时动作要轻快,切不可直接倒入深水区。

(3)日常管理

①投饵:根据水温、水质、天气等情况,按虾体重的3%～8%投喂。小龙虾的食性杂,麸皮、豆粕类、新鲜的鱼虾、人工全价饲料均可投喂。在养殖的全过程中,要搭配新鲜的动物性饵料(可占日投饵量的30%～70%),以防营养失调虾体消瘦。可1日投喂2次,上午8:00～9:00,占日投饵量的30%;下午18:00～19:00投喂70%。沿池边的浅水区,呈带状或每隔0.5m点状投喂。

②调节水质、水位、水温:投放龙虾苗后,要适时、适量地追施发酵的有机粪肥,供水草生长和培养饵料生物,15～20天用生石灰泼洒1次,用量为10～15g/m³。水深要保持50～60cm,水位不稳定时,少数早熟虾掘洞较深,破坏池埂;水温超过30℃时小龙虾即可能长成僵化虾,形成早熟,个体较小,影响上市规格。所以,养殖季节要经常补充新水,保持一定的水位、水温。控制水位、水温主要是通过加水、排水来解决。

③巡塘:每天巡塘2～3次,观察小龙虾的活动、摄食及生长情况;注意水质的变化和清除田鼠等敌害生物;要保持环境安静,否则影响其吃食及脱壳生长;检查防逃设施有无破损。

④虾病防治:定期用强氯精等杀菌药物消毒,同时要预防纤毛虫病。投喂的饵料要新鲜,在配合饲料中可添加光合细菌及免疫剂,以增加虾体免疫力。小龙虾属甲壳动物,对有些农药特别敏感,如有机磷、敌杀死、除虫菊脂等类药物,因此,加水时一定要查明水源情况,以防万一。

(4)捕捞方法:淡水小龙虾生长速度快,3～4月份放养的幼虾,5月底即可捕捞上市。捕捉可用虾笼、地笼网等工具,一般30～40min就要把小龙虾倒出来,以防密度过大缺氧闷死。不可采用药物捕捉,否则影响商品质量。

3. 泥鳅养殖

(1)放养前的工作准备:6月底龙虾全部上市后即可清塘放养泥鳅。保留池水 10～20cm，按 0.2～0.3kg/m² 生石灰清塘消毒，隔 2～3 天加水 30～40cm，1 周后即可放苗。放苗前 3～4 天按 0.3～0.5kg/m³ 施猪粪或干鸡粪；如用堆肥法肥水可适量加大至 0.6～1.0kg/m³；如施尿素可按 5g/m³，磷肥 1～1.5g/m³。施肥的目的主要是培育饵料生物，从而使鳅苗下塘后即可有充足、可口的天然饵料摄食。池内的水草应占池塘面积的 10%，可投放适量的螺蛳，以补充动物性饵料。

(2)苗种的选择与放养:由于养殖周期短，要选择大规格的鳅苗放养，体长为 6～8cm 的即可(此规格苗种 400～500 尾/kg)，投放量 40～60 尾/m²。苗种可从市场收购或从繁殖场采购，要求规格整齐、体质健壮、无病无伤的才可做苗种。苗种放养时可用 1‰～2‰的食盐消毒 3～5min 或高锰酸钾 10mg/kg 消毒 10min。

(3)饲养投喂:泥鳅属杂食性，但偏食动物性饵料，尤其喜食水蚤和水蚯蚓，在饲养管理阶段要根据水色及时追肥，一般 7～10 天追肥 1 次，追肥的用量视池水的肥度而定。除人工培育天然饵料外，还要投喂人工配合饲料(蛋白质含量应在 28%～30%)，投喂的饲料要新鲜适口不能腐烂变质，要定时定点投喂，投饵量按泥鳅体重的 2%～8%。水温在 25～30℃时，每天可投喂 2 次，上午 9:00～10:00、下午 18:00。植物性饵料和动物性饵料要搭配得当，水温在 20℃以下时，以植物性饵料为主，水温在 20℃以上时，应以动物性饵料为主。

(4)日常管理:要坚持巡塘，高温季节水位应不低于 0.8～1.0m，保持池水"肥、活、爽"，注意观察水色的变化和泥鳅的活动状态，池水过肥要及时冲水，要按时开动增氧机。观察泥鳅的摄食情况及饥饱程度，查看饵料有无过剩。坚持"四定、四消"，做好防病工作。泥鳅逃逸能力较强，暴雨或连日阴雨时应注意防逃。

(5)捕捞方法:一般用地笼网捕捞,地笼网的长度应视池塘的宽度而定,一般超过池塘宽度1~1.5m。沉入水中,两端吊起离水面30~40cm高,如发现两端下沉,则需要及时把泥鳅倒出,一般在10月上旬水温在15~18℃开始起捕。

4. 经济效益分析与小结

(1)此模式主要是利用产量较低的低湖田改造成精养池塘,根据龙虾、泥鳅生长期的不同,充分利用资源,上半年养殖龙虾,下半年养殖泥鳅,周期短、投资小、见效快。

(2)根据两湖区实际养殖情况及市场行情,龙虾的成活率90%,个体规格为30尾/kg,每667m^2可产龙虾200kg左右;泥鳅成活率85%,个体规格80尾/kg,每667m^2可产泥鳅370kg,每667m^2获纯利3 500元。

(3)龙虾、泥鳅轮养,其苗种放养规格要大,密度要小,使其尽快达到上市规格,提高了经济效益。

(4)养殖龙虾、泥鳅均需种好水草、放好螺。种好草既可以为小龙虾创造良好的栖息、脱壳环境,又可以满足龙虾、泥鳅摄食水草的需要。投放螺蛳一方面可以净化底质;另一方面可以补充动物性饵料,这两点至关重要。

例40 泥鳅苗种池塘培育生产试验

大鳞副泥鳅(*Paramisgurnusdabryanus sauvage*)属鲤形目、鳅科、副泥鳅属,俗称大板鳅、黄板鳅,属温水性鱼类,主要集中分布在我国中部地区,尤以湖北、江西一带居多,体征与普通泥鳅具有明显不同之处:

一是大鳞副泥鳅体色呈暗红、暗黄色,又称红泥鳅;
二是大鳞副泥鳅背部鳍条只有7条,比普通泥鳅少2条;
三是大鳞副泥鳅的黑色斑更细小,散布比普通泥鳅密集;
四是大鳞副泥鳅口部须条比普通泥鳅长,鳞片大;

五是大鳞副泥鳅尾端与普通泥鳅相比隆起较为明显。其个体大、生长快、耐低氧、食性杂,其肉味鲜美,极具食用及药用价值,有"水中人参"之称。是一种食用价值和生产潜力很大的养殖品种。

据国内外泥鳅市场调查显示,从1995年至今,泥鳅连续10年走俏市场。国内市场年需求量为10万～15万t,但市场只能供应5万～6万t,缺口很大,拉动价格连年攀升,1995年其价格为5元/kg,2002年上涨至15～18元/kg,近年又上升至20～30元/kg。国际市场对我国大鳞副泥鳅需求量逐年升温,订单连年增加,尤其是日本、韩国需求量较大,年需2万t以上。港澳台市场也频频向内地要货,且数量较大。

大鳞副泥鳅有很强的适应能力,在池塘、沟边、湖泊、河流、水库、稻田等各种淡水水域中均能养殖繁衍,喜中性及微酸的黏性土壤,养殖效益很高。我国大鳞副泥鳅分布很广,凡有淡水的地方几乎都有泥鳅存在。目前,我国淡水资源遭到严重污染,导致天然泥鳅产量逐年下降,而国内外市场需求又逐年上升,这就为稻田和池塘大鳞副泥鳅养殖创造了商机。开展稻田与池塘大鳞副泥鳅养殖是农民脱贫致富奔小康的一条重要途径。安徽支立标等实施了大鳞副泥鳅池塘苗种培育试验,试验着重解决大鳞副泥鳅的池塘苗种培育技术和苗种培育成活率低的难题,为鳅苗的培育找到适口的饵料。大鳞副泥鳅幼苗放养量在60万尾/667m^2,经过30天的培育,体长可达4～6cm,成活率达40%左右,然后进入成鳅养殖阶段。具体试验介绍如下。

1. 材料与方法

(1)试验鱼苗来源:试验鱼苗来自安徽鳅科鱼类良种场人工繁殖基地。

(2)试验用池塘选择了4口池塘,形状为长方形,面积分别为:$1^\#$ 1 600m^2,$2^\#$ 1 267m^2,$3^\#$ 1 668m^2,$4^\#$ 1 334m^2,总面积为5 869m^2,塘深1.5m,水深0.5m,底质为黏性土,放苗前池塘四周

用7目聚乙烯网片设置防逃网,网幅宽1.5m,下埋0.5m,地上部分用木桩铁丝等固定。

(3)消毒与施肥:放苗8天前用强氯精7kg/667m^{2}清塘,放苗4天前施发酵的粪便培育水质50kg/667m^2,使水体透明度达25cm以内,水质保持肥、活、嫩、爽。

(4)培育方法:鳅苗长到黄苗期为最佳投放时间。在水温25℃左右,从孵化结束到黄苗期需50~56h。试验采用肥水与投饵相结合的方法,培育期的水温保持在22~28℃为宜。饵料投喂前期以泼洒豆浆为主,由于鳅苗游动能力弱,泼洒要均匀。1$^\#$与2$^\#$池塘投喂豆浆,每100万尾鳅苗每日需黄豆3kg,磨浆后每日分4次泼洒,投喂时间:8:30、11:30、15:00、18:00。15天后每日可投喂豆浆2次,外加1次粉料(鳅苗专用饲料加河虫混合粉碎)。随着体长的增加,可逐渐减少豆浆的用量,增加粉料的用量,到20天以后可全部投喂粉料,1个月后可进行分池饲养。3$^\#$与4$^\#$池塘投喂泥鳅专用料,饲料可用水先浸泡0.5h,然后加水泼洒全池,每天分4次投喂,时间同1$^\#$、2$^\#$池塘。本次试验具体投苗日期见表2-7。

表2-7 大鳞副泥鳅苗种培育情况

池号	放养时间(年、月)	面积(667m^2)	放养量(万尾)	放养密度(万尾/667m^2)	放养规格(cm)	收获时间(年、月)	收获规格(cm)	收获量(万尾)	成活率(%)
1$^\#$	2006、2	1 600	140	60	0.35	2007、3	5.2	57.4	41
2$^\#$	2006、5	1 267	110	60	0.35	2007、5	5.4	44.0	40
3$^\#$	2006、6	1 668	150	60	0.35	2007、6	4.5	42.0	28
4$^\#$	2006、12	1 334	120	60	0.35	2007、12	4.7	37.2	31

(5)日常管理

①水质管理:在整个培育期间,池塘水深保持在0.4~0.7m。采取肥水下塘,放养前4天施足基肥,主要以有机肥为主,水色以

黄绿色为佳。这种水色的水中轮虫、水蚤、单胞藻等浮游生物较多,此时鱼苗下塘,即可获得充足的天然饵料。以后根据水色的变化来决定是否追肥。

②巡塘:投饵后要观察鱼苗的摄食情况,每日早、中、晚坚持巡塘,巡塘时要仔细观察鳅苗的活动情况、水色的变化,发现问题及时采取有效措施。水质较肥而天气又比较闷热时,注意鳅苗有无浮头,尤其在清晨容易出现泛池现象。如果发现鳅苗个别有离群独游、体色发黑,或打转等现象,可初步判断鳅苗发病,进一步通过镜检确诊,方可施药治疗。

③病害防治:鱼苗刚下塘时,若水质较肥,天气晴好炎热,要注意防治气泡病的发生,发现后应及时充水。待鱼苗体长达1cm后,每2天在显微镜下进行检查1次,用0.7mg/L硫酸铜、硫酸亚铁合剂防治车轮虫病、杯体虫等寄生虫病。

④敌害清除:鳅苗天敌很多,如蝌蚪、野杂鱼、蜻蜓幼虫、水蛇等,防治方法主要依靠清塘消毒、拉网清理、人工驱赶等,及时捞出残饵、漂浮物及蛙卵等杂物。池塘用水经过过滤处理,防止野杂鱼等进入,过滤网可用40目尼龙筛绢。

2. 结果

经过1个月饲养,1#、2#池塘鳅苗生长相对较快,成活率高,体格健壮,规格整齐,其中体长在5cm以上的个体占85%左右。3#、4#池塘鳅苗生长速度较慢,成活率低,其中5cm以上的个体仅占35%左右。

3. 体会

大鳞副泥鳅是一种小型鱼类,作为经济鱼类进行饲养,还是最近几年的事情。目前,人工繁殖泥鳅技术已臻成熟,但人工苗种培育成活率较低,从而限制了大鳞副泥鳅的大规模养殖。通过试验,寻找在池塘中培育大鳞副泥鳅苗种的最佳方法和合适的开口饵料,并加以总结并不断完善,用于指导今后的大鳞副泥鳅的苗种培育,加快泥鳅养殖的产业化发展。

池塘培育一般水深保持在30~50cm,最好不要超过60cm,原因是鳅苗过小,还不能用肠道呼吸。当水质过肥,天气突变时容易造成缺氧而死亡。培育的最适温度是22~28℃,当温度超过33℃以上时,鱼苗的成活率明显降低。无论是豆浆还是饲料,泼洒都要均匀,原因是鳅苗游动能力较弱、主动觅食能力不强。为了提高成活率还应注意隔离网的设置,以免青蛙进入池塘繁殖蝌蚪,蝌蚪不仅与鳅苗争食,还吞食鳅苗,降低鳅苗成活率。同一池内,要放养同一批次的苗种,即相同规格的鳅苗。

从试验可以看出,水质培育与豆浆泼洒相结合的培育方法较理想,成活率高、规格大。在培育后期除投喂泥鳅专用饲料外,还应在饲料内加入河虫、鱼粉,提高饵料的动物蛋白含量。饲料粉碎度要细,这样才能从根本上保证了鳅苗下塘后,能够及时得到营养丰富而又适口的饵料,加快鳅苗的生长,提高成活率。大鳞副泥鳅属杂食性鱼类,苗期偏重于动物性饵料,所以在后期应提高饲料动物蛋白含量。

根据大鳞副泥鳅鱼苗的生活习性、摄食特性、营养需求以及对生态环境的要求设计本次试验,取得了较理想的试验效果,攻克了大鳞副泥鳅苗种培育成活率偏低的难题,规模化培育后可以解决目前鳅苗的供求矛盾,使大鳞副泥鳅的规模化生产成为可能。

通过此次培育试验可以看出,此种培育方法是切实可行的,鳅苗的生长速度快,规格整齐,体格健壮,成活率高。

例41 大鳞副泥鳅苗种繁育技术总结

2001年以来,江苏泗洪张刚经过3年的试验研究,摸索出一套成熟的大鳞副泥鳅苗种繁育技术,现总结介绍如下。

1. 亲鱼培育

(1)池塘选择:池塘场所选择要求交通便利,水源充足,水质良好,排灌方便,电力设施配套,且池塘面积一般要求在 2 000m² 左右较为合适。

(2)网箱设置:共设置聚乙烯网箱 24 个,每个网箱面积大小不等,最大网箱面积约 18m²,最小网箱面积只有 6m²,总面积为 298m²,且较为均匀地分布在池塘中。每 667m² 池塘设置网箱总面积在 220m² 为宜。

(3)池塘消毒:采用带水消毒,投放生石灰 150kg/667m²,以彻底杀灭水中病原体。消毒时间在亲鱼放养前近 1 个月左右,目的是让网箱附着部分藻类,避免网衣擦伤鱼体。

(4)肥水:将猪粪经过堆放发酵后,于亲鱼放养前 5 天按 300kg/667m² 用量投入池塘肥水。

(5)亲鱼选择:一般选用 2 冬龄以上的大鳞副泥鳅,要求亲鱼体质健壮、无病、无伤,体表黏液多,体色鲜艳。雌性亲鱼体长 10cm 左右,体重在 15~25g,腹部膨大、松软且富有弹性,卵巢轮廓较为明显;雄性亲鱼体长 8cm 左右,体重 10g 以上,游动灵活,轻挤压腹部则生殖孔有精液流出。

(6)亲鱼消毒:亲鱼在放入网箱前,将亲鱼投入一个大木桶中,用 15mg/kg 高锰酸钾溶液消毒鱼体 5~8min。

(7)亲鱼放养:将消毒后的泥鳅投入网箱中,放养密度约 8kg/m²。

(8)水质管理:亲鱼入箱后,要加强对池塘水质的管理,这是提高亲鱼培育成活率的关键。正常水色为黄绿、褐绿色,水体透明度保持在 20cm 左右。一旦发现水质变清,就应及时加大饲料投喂量,同时向池塘内投入经过发酵的粪肥,正常情况下应每隔 3~5 天施入 1 次粪肥,每次投放量为 80kg/667m²。

(9)饲料投喂:放养后的第二天开始投喂饲料,投喂量分两种情况:

①水体透明度保持在 16~25cm 时,投喂量为鱼体体重

的3%。

②水体透明度大于25cm时,投喂要加大,按鱼体体重的5%～8%投喂。饲料投喂方法为全箱遍撒,上午8:00投喂日饲料量的1/3,下午19:00投喂日饲料量的2/3。

(10)日常管理

①坚持堆放猪粪肥。

②坚持早、中、晚巡塘,防止泥鳅发生浮头现象,做好防鼠害、防盗工作。

③要将游动缓慢、死亡的亲鱼及时捕捞上来。

④密切关注亲鱼性腺发育情况。

⑤做好亲鱼摄食、活动、水温及水色变化情况的观察与记录工作,发现问题及时采取措施。

(11)病害防治:在亲鱼培育过程中,坚持以防治为主,并定期在池塘中泼洒生石灰,一般用量在9kg/667m²左右,不仅可以调节水体的肥瘦程度,还可以有效地杀灭水中病菌和抑制病菌的生长。

亲鱼培育过程中的主要病害有:寄生虫病,采用0.5mg/kg的硫酸铜杀灭;水霉病,采用3%的食盐水浸洗5～10min治愈。

2. 人工繁殖

(1)产前准备工作:准备好6个网箱,采用20mg/kg漂白粉浸洗消毒,设置在水质清新的池塘中,以备将催产后的亲鱼放入网箱中。根据亲鱼体重,备足促性腺绒毛膜激素,注射器准备充足,且带有精确刻度,针头备用5号针头和4号半针头,并且在催产前用高温消毒。用高温法将毛巾和纱布处理,然后晾干备用。所有孵化设施和用水于产前2周全部消毒,孵化巢在1周前用15mg/kg的高锰酸钾溶液消毒。

(2)人工催产:6月8日开始第一批人工催产。在催产前,利用小水泵从外塘打水进入亲鱼培育池,形成水流,刺激亲鱼性腺成熟。流水刺激后,将一些围绕在网箱边游走,甚至在水里上、下翻动的亲鱼用网兜捞出。雌性亲鱼应腹部圆大,生殖孔处有卵粒突出,轻压腹部有微黄色甚至无色卵粒流出;雄性亲鱼生殖孔孔径变大,轻轻挤压有乳白色精液流出,这样的亲鱼可以用于催产。

人工催产时,用手掌心压住泥鳅头部,四指合拢抓住泥鳅颈部以下部位,使泥鳅见不到光亮,将带有激素的注射器呈45°角轻轻插入泥鳅背部肌肉,将激素注入泥鳅体内。雌性亲鱼注射剂量为绒毛膜促性腺激素850～1 000U,雄性亲鱼剂量减半,然后将雌性亲鱼和雄性亲鱼分别放入已设置好的网箱内,观察发情情况。雌性亲鱼出现少量排卵或轻轻挤压亲鱼有卵粒流出,即可以进行人工授精,效应时间在9.5～12h。

人工授精时,将亲鱼捕捉上来后用毛巾或纱布将亲鱼体表水轻轻拭去,然后从上腹部向下用适当的力度挤压亲鱼腹部,将卵粒挤入碗中,再用同样方法挤入精液,用手或羽毛搅拌,使卵粒充分受精,然后将受精卵撒入水花生、四季草做成的鱼巢上,放入孵化设施中。

人工孵化过程中,将粘满受精卵的鱼巢用砖系住后沉入孵化缸、孵化池内,距水面20～30cm,受精卵密度在1.0万～1.8万粒/m^2,水温23～24.5℃时,72～75h即可孵化出鱼苗。

3. 自然繁殖

产前只需将网箱设置好和进行孵化设施消毒,具体操作如下:

(1)将成熟的亲鱼移入设置好的网箱内,放进已准备好的鱼巢,然后用流水方式刺激亲鱼交配。雌雄比例为2∶1,亲鱼放养密度为2kg/m^2。

(2)加强巡视:由于是自然繁殖,亲鱼产卵时间长,且断断续续,这就要求加强巡视,并及时将粘上卵粒的鱼巢取走,重新放入新鱼巢。

(3)大雨或雷雨后的第2天清晨为泥鳅多产卵时期,一定要加强管理。

(4)在自然繁殖过程中,同一网箱内泥鳅发生交配的时间会持续3～5天,异性亲鱼间相互追逐,并不时用身体缠绕在一起,完成受精过程。

(5)选取40组泥鳅放入瓷钵、白色瓷盆中,经过仔细观察,整个受精过程约为30min。

(6)孵化方法与人工孵化相同。

4. 苗种培育

(1)夏花培育:刚孵化出的鳅苗紧紧叮附在草把和池壁、缸壁上,此时其依靠卵黄营养,不需要投喂,至鳅苗不再叮附在附着物上时开始投喂。开食后的鳅苗培育应将肥水与投喂方式相结合,即将培育池的水体培育成绿色以后,水体透明度在20cm左右时,将鳅苗移入培育池中,用煮熟的蛋黄投喂;待鳅苗生长至体长1cm时,经常不断地投喂轮虫、水蚤等浮游生物,再辅以鱼糜等自制饵料。投喂方式为1日多餐,上午投喂2次,下午投喂3次,晚间投喂3次,投喂量以1h内鳅苗吃完为宜。10～15天以后,鱼苗体长至1.0～1.5cm时要及时分池,培育密度应控制在8万～10万尾/667m^2以内。

(2)鱼种培育:夏花分池前10天,鱼种池应进行消毒。鱼种放养密度为2万～3万尾/667m^2,条件好的鱼种池还可多放养一些。在鱼种放养前,鱼种池水质要求达到黄绿色,并经常注意水质变化,投放经过发酵的家畜肥,投入量为60～100kg/667m^2,若发现水体透明度低于16cm时,可用生石灰调节,其用量为5kg/667m^2。饲料投喂量以鱼种在2h内吃完为宜,投喂方式为上午10:00,投喂日投喂量的1/3,下午18:00左右,投喂日投喂量的2/3,全池遍撒成鱼配合饲料,至鱼种体长至5cm以后,投喂量可按鱼体体重的8%～10%进行投喂,鱼种体长10cm以后进入成鱼养殖阶段。日常管理中要注意的是:

一是要加强巡塘,防止水质变化;

二是防鼠害、敌害;

三是勤注水,但水深宜保持在1.2~1.3m左右。

(3)病害防治:在鱼种培育过程中,特别是在夏花时,由于洪泽湖周边地区降雨量较大,水温一直在23℃左右,所以鱼体有一定程度的水霉病发生,可用2%食盐水浸浴鱼苗5min进行治疗。

5. 小结与体会

(1)在亲鱼培育过程中,水泥池培育亲鱼的方法不适用:

一是亲鱼在池壁游走,对亲鱼吻端摩擦过大,导致亲鱼受伤,容易感染水霉病;

二是水泥池投喂培育违反了泥鳅生长在肥水环境的习性,使亲鱼性腺发育迟滞,难产比例较高。

(2)亲鱼培育不宜仿效四大家鱼亲鱼培育模式,不适用"秋培春壮",只宜春季培育。原因是泥鳅的亲鱼多从市场上收购,体内寄生虫疾病多发,一经越冬,亲鱼死亡率较高。

(3)亲鱼培育应适应泥鳅的生活习性,坚持肥水培育为主,人工饲料投喂为辅。

(4)孵化期间,要经常向孵化池、缸添加新水,防止受精卵缺氧,造成胚胎死亡。

(5)提高鱼苗成活率的关键是培育浮游生物作为鱼苗的开口饵料、适口饵料。

(6)鱼种培育密度不宜过大,在规模化繁育过程中一定要重视这个问题。

例42 泥鳅集约化养殖

2005年,江苏兴化市张建楼在承包的14 007m^2池塘里,设置水泥池60m^2,网箱4只,形成微流水,进行泥鳅循环集约化养殖,获得较好的经济效益,产商品泥鳅500kg,收入近万元。主要养殖技术如下:

第二章 泥鳅人工养殖实例

1. 水泥池精养泥鳅

水泥池精养泥鳅具有管理方便、不受外界干扰、用药费用小、排污方便、效益高、捕捞方便等优点，养殖产量稳定，是一项高产高效、养殖潜力大的新兴高密度集约化养殖方式，具有广阔的发展前景。

(1) 水泥养殖池的建造：水泥池以 17m×4m×1m(长×宽×高)为最好，池土挖好后，再将池底挖深 15cm 冻酥，经过一段时间风化后，用 20kg/m² 左右石灰粉拌匀，洒水平整后，用力夯夯实，一头高一头低呈倾斜式，捕鱼处留(3m×4m=12m²)比其他地方低 20cm 做集鱼坑，并设排污管，进水管放在另一头中间，排污管外围要设圆形防逃网。

水泥池脱碱，新水泥池建好后，每平方米用黑色粉状磷肥 2kg 左右浸泡 1 周左右。在放苗前 3～5 天，把磷肥水排净，换上清新水，消毒调好水后放苗。

(2) 苗种投放：选择 100～400 尾/kg 的，无病、无伤泥鳅苗。泥鳅苗入池后，晚上必须保持微流水，每天早晨捞去受伤的鳅苗。

(3) 杀菌、消毒：苗种下塘前用 4% 的盐水浸泡 15min 左右。泥鳅常见病主要有打印病和烂尾病，每 15 天用生石灰泼洒全池 1 次，间隔半个月用二溴海因泼洒 1 次，进行预防，平时还应防止蛇鼠等敌害侵袭。

(4) 日常管理：每天定期排污、换水，每晚至早晨日出保持微流水，定期用复合微生物调节好水质。

(5) 饲料：最好自己培养无菌蝇蛆喂食，生长快，营养好，或购买用干蝇蛆加工的颗粒饲料，投喂量按泥鳅体重的 3%～8%，上午 8:00～9:00 喂 70%，下午 16:00 左右喂 30%，水温超过 30℃时少喂，饲料要投喂在食台上，每个池配置 2 个食台(面积 1m×1m/个食台)，便于检查不浪费，外框用 φ8 钢筋焊接好，缝上 40～60 目网布，周围加 3cm 包边。

2. 网箱养泥鳅

网箱养殖泥鳅与池塘、水泥池、土地等饲养方法相比,有固定投资少,劳动强度轻,安装方便,泥鳅生长快,疾病少,捕捞方便等优点,虾池、鱼池都可插网箱套养增加经济效益。

(1)网箱以 2m×5m×1.3m(宽×长×高)为最好。有利于水体对流。最好专用网箱,网目视泥鳅大小而定。

(2)放苗前在网箱底部放些秸秆(如麦草、稻草等)或肥泥大约 10~16cm,供泥鳅休息。总之,要保持网箱里的水肥、活爽。

(3)放种:最好选择无病、无伤、体质健壮,每千克 100~400 尾的泥鳅苗,每个网箱放 10~15kg 苗,下箱后再杀虫消毒。

(4)饲料:最好喂鲜活蝇蛆或蝇蛆干加工成配合饲料。

例43 水泥池、网箱微流水集约化泥鳅养殖

江苏兴化市徐星明等利用水泥池、网箱微流水集约化养殖泥鳅,获得较好的养殖效益。现将这两种养殖模式的主要技术介绍如下。

1. 水泥池精养泥鳅

(1)水泥池建造:水泥池以长 17m,宽 4m,高 1m 为好。池底要有一定的倾斜度,在低端留 12m^2 比其他地方低 20cm 的地方做集鱼坑,以利于捕鱼,并设置排污管,排污管外围设防逃网。进水管放在另一头中间。每个池配置 2 个 1m^2 的食台,外框用钢筋焊接好,缝上 40~60 目的网布。新水泥池建好后,每平方米用黑色粉状磷肥 2kg 放水浸泡 1 周进行脱碱。

(2)苗种投放:放苗前 3~5 天,把磷肥水排净,换上新水,消毒调水后放苗。选择 100~400 尾/kg 无病、无伤的泥鳅苗,每 667m^2 放 700kg。泥鳅苗入池后,晚上保持微流水,每天早晨捞去受伤的鳅苗。

(3)杀菌消毒:苗种下塘前用 4% 食盐水浸泡 15min 左右。泥

鳅常见病主要有打印病和烂尾病等,每 15 天用生石灰和二溴海因各加水泼洒全池 1 次。平时防止蛇、鼠等敌害侵袭。

(4)日常管理:每天定期排污、换水,每晚至早晨日出时保持微流水,定期用复合微生物制剂调节水质。

(5)饲料投喂:最好选用泥鳅专用配合饲料或投喂无菌蝇蛆。每天投喂量为在池泥鳅体重的 3‰~8‰,上午 8:00~9:00 喂 70%,下午 16:00 左右喂 30%。水温超过 30℃时减少投喂量。饲料投放在食台上。

(6)效益分析:水泥池建设费每 667m² 每年折 500 元,每 667m² 用种苗 700kg,12 元/kg,计 8 400 元,饲料费 2 400 元,防病费 400 元,水电费 200 元,渔具费 1 000 元,每 667m² 投入总成本约 12 900 元。每 667m² 产泥鳅 1 000kg,价格 20 元/kg,产值 20 000 元。减去成本,每 667m² 获利 7 100 元。

2. 网箱养泥鳅

(1)网箱要求:网箱以长 5m,宽 2m,高 1.3m 为好。最好选用专用网箱,网目视泥鳅大小而定。放苗前在网箱底部放些秸秆(如麦秸、稻草等)或肥泥 10~17cm 厚,供泥鳅休息。保持网箱里的水肥、活、爽。

(2)苗种投放:选择无病、无伤、体质健壮、100~400 尾/kg 的泥鳅苗,每口网箱放 25kg 苗,下箱后再杀虫消毒。

(3)饲料投喂:最好选用泥鳅专用配合饲料或投喂无菌蝇蛆。

(4)效益分析:每 667m² 池塘设置 10 口网箱,费用约 900 元(使用 3 年,每年折 300 元),每 667m² 用种苗 250kg,12 元/kg,计 3 000 元,饲料费 2 000 元,水电、药品费 200 元,塘租 300 元,每 667m² 投入总成本约 5 800 元。每 667m² 产泥鳅 500kg,价格 20 元/kg,计 10 000 元,加上网箱外花白鲢及青虾收入约 1 000 元,共 11 000 元。减去成本,每 667m² 获利 5 200 元。

例44 鳅、龟、鱼、螺混养

龟大多喜欢潜居在水底,钻入泥中,或者上岸晒甲、活动,使养龟池的大量空间处于闲置状态。根据这种情况,河北省灵寿县在近年搞了个试验,即8个水池,按常规养龟量,2个专养龟类,6个水池龟、鱼、螺、鳅混养,进行对照养殖。结果混养池的龟体重平均比单养龟重100g以上,且在养殖过程中,龟、鱼类基本不发病害,龟饵料减少30%以上,大大降低了养龟成本,经济效益提高了2倍以上。具体做法如下。

1. 清塘消毒

在龟、鱼、螺、鳅入养前,饲养池要进行1次彻底的消毒。方法是:每667m^2用生石灰500kg撒入池中,约1周后再行放养。

2. 池塘建设

养殖池应严格按照养龟池要求设计建设,养龟为主,鱼、螺、鳅为辅。稚龟池不宜养鱼,但可养螺、鳅,其他龟池,只要水位可灌至1m以上者均可混养鱼类。一般的鱼塘也可改造成龟、鱼混养池,但因龟有爬墙凿洞逃逸的习性,因此应在池塘四周筑起防逃墙,方可养殖龟类,还要根据需要,修建饵料台、休息场及亲龟产卵场。

3. 品种选择

龟类以七彩龟、黄喉水龟、草龟为好,鳄龟、鹰嘴龟不宜群居,有互相残杀的习性,金钱龟、金头龟、云南闭壳鱼价格昂贵,且不容易分辨,初养者容易上当。一般的温水性非肉食性鱼类均可作为混养鱼类,如鲢、鳙鱼等,可充分利用水中的浮游生物。螺类以福寿螺为好,此螺繁殖快,喜食龟、鱼粪及有机碎屑,泥鳅以稻田水沟野外捕捉的即可,它喜食池中杂草及寄生虫,均是水底清洁工,同时,仔螺、幼鳅又是龟类最好的饵料。

4. 混养密度

幼龟池可放养5cm左右的小规格鱼种,用以培育大规格鱼种。成龟池和亲龟池则放养长到 15cm 左右的大规格鱼种，以养成商品鱼。密度为鱼类每 667m² 水面按常规量或减少一些，田螺为 25kg/100m²，泥鳅 5kg/100m² 左右，任其自行繁殖，幼龟 4～6 只/m²，成龟 2～4 只。

5. 常规管理

龟、鱼、螺、鳅混养管理，原则上是分而治之。其中，鱼类的饲养管理与池塘养鱼方法一样，龟、鱼类混养的池塘，应在满足龟饲料的情况下，适当投喂一些鱼类饲料，如瓜果菜叶等，在水中也可养些水浮莲等植物，既可净化水质，又可供螺、鳅食之，还可遮光，为鱼类创造良好环境。龟、鱼、螺、鳅混养对龟、鱼生长起到了生态平衡的作用，同时，螺、鳅类繁殖的仔螺、幼鳅又是龟最好的食物，使龟生长加快，亲龟产卵增多，而且，混养池的水质好，换水量少，几乎常年无病害，又省换水人工。但在气候异常时（尤其在闷热天气），由于水体上下对流，底层浊水上翻，使水溶氧量下降，导致龟类不适而减少活动量，鱼类会出现浮头现象，严重时可造成泛塘死亡。为防止事故发生，养殖者在气候异常时，应及时加注新水，平时少量多次追肥，维持水体适宜肥度，注意宁少勿多，保持水体的清洁度。还要加强巡塘，防敌害、防逃、防盗，观察龟、鱼、螺、鳅活动情况，发现问题，及时处理。此外，在亲龟产卵季节，应尽量减少拉网次数，以免影响交配产卵，减少产卵量，给养龟造成经济损失。

例 45　大刺鳅的繁殖和养殖介绍

大刺鳅（*Mastacembelue armatus*）在分类上隶属于鲈形目，刺鳅科，刺鳅属，俗称辣锥、猪姆锯、石锥等。主要分布在广东、广西、福建等地。20 世纪 80 年代以后，由于酷渔滥捕和江河环境污染，野生资源枯竭。大刺鳅被列入重点保护野生动物。2000 年以来，广西水产研究所承担了"大刺鳅池塘驯化养殖技术"的基础研究项目，取得了可喜进展。现介绍其人工繁殖和养殖技术。

1. 人工繁殖

(1) 亲鱼的选择：在每年 4～8 月份的生殖季节，选择成熟的亲鱼进行催产。其中，雌鱼腹部膨大且柔软，生殖孔大而凸出；雄鱼则身体较雌鱼略长，生殖孔微呈粉色，人工挤压有乳白色的精液流出。雌、雄亲鱼按 1∶1 的配比进行催产。

(2) 催产：催产药物采用绒毛膜促性腺激素（HCG）或促黄体激素释放激素类似物（LHRH）。药物使用前用生理盐水稀释溶解，注射剂量按亲鱼体重 0.5mL/kg 计算，注射部位为背部肌肉。注射使用两针法，第一针注射剂量为总量的 1/5，第二针注射剩余部分的剂量，间距 24h。雄鱼用药剂量减半。水温 20～25℃时，效应时间为 36～48h。

(3) 产卵池和鱼巢的准备：药物催产后的亲鱼放入产卵池中交配。产卵池一般使用面积在 50～100m^2 左右的水泥池，水深 1.2～1.5m，池水使用 80 目的网片过滤。催产前，在水泥池中设置以质地柔软、新鲜无毒的水葫芦、水花生等做成的人工鱼巢，以供亲鱼发情产卵，鱼巢放置数量为 1～2 个/m^2。亲鱼发情产卵时，产卵池周围一定要保持安静。人工催产后，大刺鳅亲鱼会自动发情配对，在鱼巢中进行产卵，产卵后卵粒遇水即具有黏性，可黏附在鱼巢上面。亲鱼产后取出鱼巢进行孵化。如果进行人工授精，则采用干法受精。

(4) 受精卵的孵化：亲鱼产卵后，要及时将受精卵收集而放入孵化池中进行孵化。孵化池以面积为 4～6m^2 的水泥池为宜，受精卵的孵化密度为 1.0 万～1.5 万粒/m^2。孵化过程中，注意防止水霉；孵化期间，尽量保持水温 18～31℃，最宜水温 20～28℃，变幅范围应控制在 2℃左右，并且每天更换新水 3 次，保证水质清新，溶解氧丰富（溶解氧含量不低于 4mg/L）。

2. 苗种培育

(1) 鱼苗培育：采用水泥池培育，也可直接用孵化池培育，放养密度 3 000~5 000 尾/m²。刚孵化的鱼苗,全长 3~4mm,腹部有一膨大的卵黄囊,体质较弱,活动能力差,侧卧池底,在 3~4 天内以自身卵黄囊为营养来源,不必投喂。5 天以后,鱼苗的卵黄囊完全消失,开始主动摄食。鱼苗初期,主要投喂丰年虫幼体或小型枝角类,每天投喂 4 次;鱼苗经过 8~10 天的培育,体长可达 1.5~2.0cm,体色转黄,此时可投喂切碎并经消毒的水蚯蚓;经过 30 天的驯养,鱼苗体长达 2.5~3.0cm,开始成群觅食,体色变黑。培育期间,每天适当换水充气,且用胶管虹吸池底的排泄物,保证水质清新。随着个体增大,对饵料生物、溶解氧等需求量也随之增加,此时应及时分池转入鱼种培育阶段。

(2)鱼种培育:根据实际情况,鱼种培育可使用土池或水泥池。其中,使用水泥池培育时,培育池面积一般在 20~40m² 为宜,池深 60~80cm,且排灌水方便。鱼苗放养前,用高锰酸钾或福尔马林等消毒清洗培育池,然后贮水即可投放鱼苗。投放的鱼苗必须同一批次、规格一致,一般放养密度为 1 000~1 500 尾/m²。因为在水泥池中培育,池水中天然饵料生物严重不足,所以必须投喂人工饲料,小规格鱼种时投喂切碎消毒的水蚯蚓,个体增大后可直接投喂水蚯蚓。当规格达全长 8cm 以上时,则开始驯化摄食鱼糜,经过 5~7 天的驯化可完全摄食鱼糜(冰鲜鱼浆)。如果由于冰鲜鱼来源困难,还可驯化摄食鳗鱼饲料。培育过程中,要注意少量多餐,并提供充足的饲料供其摄食,同时注意定时、定位、定量投喂。日常管理中,由于投喂大量的鱼糜会败坏水质,所以要经常巡塘,观察水质,如发现水质变坏则要及时换水,一般采用先排后灌,换水量为池水的 1/2 左右。另外,可在池中放入占水面 1/2 左右的水葫芦等水生植物,可以净化水质,同时可供大刺鳅鱼种隐蔽。

(3)适时分级分养:经过一段时间的培育,大刺鳅鱼种在规格上会出现一定的差异,当差异较大时,要特别注意及时过筛、分级、分养。

3. 成鱼养殖

成鱼养殖一般采用精养方式。

(1)池塘要求:一般以土池为好,池塘面积一般为 667~1 334m², 池水水深 1.5m 以上,塘基高出水面 50cm 以上,池底淤泥少,池塘排灌方便且四周环境安静。池塘内种植 1/5 左右水面的水葫芦,可以调节水质和为大刺鳅隐蔽遮阳。鱼种下池前,以生石灰彻底清塘消毒,然后贮水,待药物毒性完全消失后才可以放入鱼种。

(2)鱼种放养:一般在每年 5~6 月份投放全长 5cm 以上的鱼种,要求投放的鱼种同一规格,一次投放足量,鱼种体质健壮。放养密度一般为 2 000~3 000 尾/667m²。经过 8~10 个月的养殖,成鱼平均个体达 200g 以上,即可收获上市,每 667m² 产量一般达 250~300kg。

(3)饲料:大刺鳅为杂食性鱼类,目前人工养殖大刺鳅主要投喂冰鲜鱼,经过人工驯化后也投喂人工配合饲料。但要注意的是:要求冰鲜鱼的质量应比较好,不要腐烂变臭,否则容易引发细菌性疾病。

(4)日常管理:因为养殖密度较高,所以要求经常加注新水,防止因大量投喂饲料而导致水质恶化;在雷雨天气,要及时巡塘,检查进、排水口及防逃设施是否完好无损,防止大刺鳅跳逃和池水漫池;做好饲料的保鲜工作,确保饲料新鲜,不腐烂变质,同时投喂要做到"四定";做好鱼病防治工作,每隔 15~20 天全池泼洒生石灰水 1 次,以调节水质,如发现鱼病要及时治疗。

例 46 稻田增殖水丝蚓养泥鳅

近几年来,江苏盐都县义丰镇花陀村赵金忠利用 6670m² 稻田培育水丝蚓养泥鳅,一般经 4 个多月饲养,每 667m² 均生产成品鳅 150~200kg,稻谷每 667m² 产 500kg 以上,产值 1 500~2 000 元,是单一种植水稻的3～4倍,主要技术措施如下。

1. 田块选择与准备

选择土质较肥,水源充足,水质良好,管理方便的田块。要求田埂高出水面30cm以上,并在田埂上沿加设向池中的密眼盖网,以防泥鳅翻埂逃窜。在田块的对角设进、排水口,进水经注入管注入田块,注水管进口处绑一个长50cm的尼龙网袋,防止污物及杂鱼等敌害生物随着水入田。一般每块稻田面积以2 001～3 335m^{2}为宜,在离稻田埂1m处四周或对角挖宽1.5～2m,深1～1.5m的集鱼沟和鱼溜,且在沟中铺垫聚乙烯网等,以防鳅钻泥逃逸,还可在水量不足或水温过高时使泥鳅有躲藏之处,又能方便捕捞。在田块中间隔1.5～2m开挖1条排水沟,沟宽40～50cm(用于排水和操作),畦面用于培育水丝蚓和栽植水稻,其中培育水丝蚓面积占全田面积的30%～50%。土方工程最好在冬、春季进行。

在育蚓植稻前,要重施腐熟的畜禽粪肥,每667m^{2}可施800～1 000kg,其中300～500kg左右均匀撒入沟底,以保证泥鳅投放时有足够的下塘饵料。

2. 蚓种放养

通常除施足基肥外,还应在稻田底土中加入稻草或麦秸(或在池底铺垫一层甘蔗渣、玉米秸秆做疏松剂,然后铺上一层污泥,加水浸泡2～3天后再施鸡粪、猪粪等),让其腐烂发酵为基料。培养基料铺好制成,就可以进行放苗养殖。养殖稻田由于施足基肥及培养基料铺好制成,田中会自然生有"红虫",无须进行水丝蚓培种;如田中没有"红虫",可到含有有机质、腐殖质较多的污水沟收集水丝蚓种,一般每667m^{2}稻田可放水丝蚓种50～60kg(含蚓上等杂物),阴雨天进行。要求放养的水丝蚓种体质健壮,活动较强,体呈红色或红褐色。放养时,让其均匀分布在田中培养基上,以充分利用培养基料,加快繁殖和生长。

3. 鳅苗投放

可从天然水体捕获物中挑选体形好、个体大的亲鳅放入稻田，让其自繁、自育、自养。一般每 $667m^2$ 放 $15\sim20kg$，雌、雄比例为 $1:1.5$。也可利用集鱼沟或小型池塘专门繁殖和培育鳅种，只要水质良好，饵料充足，饲养精细，约经 40 天即可培育出 3cm 左右的鱼种，一般在水稻移植活兜后放入水体，泥鳅套养每 $667m^2$ 放苗 0.8 万～1 万尾。

4. 日常管理

在生产过程中，除按稻田养鳅常规管理操作外，重点抓好水丝蚓培育管理。

(1)水位管理：水丝蚓种放养后，培育池或培育床的水深保持在 $3\sim5cm$ 即可。水温偏低时，水位可浅一些，以提高水温（水丝蚓最适生长水温为 $15\sim20℃$，pH 值 $6.8\sim8.5$），促进水丝蚓生长；水温偏高时，可将水加深 10cm 左右，以减少阳光直射。同时，在整个培育期，最好保持培育池处于微流水状态，有利于水丝蚓生长繁殖和泥鳅培育。

(2)添加饵料：在水丝蚓培育过程中，除施足基础饵料，还要及时补充投喂饵料。水丝蚓饵料既有青糠、麸皮、玉米粉组成的精料，又有畜禽粪肥经发酵形成的粗料（也可用于培育泥鳅）。水丝蚓每次取食后，要适当追施混合料，$100\sim150kg/667m^2$，确保水丝蚓生长、繁殖对营养的需求。

(3)敌害清除：水丝蚓养殖期间，培养基质表面经常会生长一层青泥苔，对水丝蚓生长极为不利，加之又不能用硫酸铜杀灭，故只能坚持定期用工具刮除，同时，还要防止青蛙、老鼠、水蛇等敌害生物进入。

(4)育蚓喂鳅：水丝蚓寿命一般为 80 天左右，从蚓种放养到长成约需 $45\sim60$ 天，此时即可喂鳅，采取第 1 天晚上给稻田断水，减少流量造成缺氧方法，使水丝蚓在池面形成蚓团，这样泥鳅便可自行取食。

例47 稻田养泥鳅生产技术总结

2006年,安徽省怀远县孔津湖稻田生态养殖示范区养殖泥鳅平均每667m^2产量达210kg,渔业产值3 800多元,水稻种植成本每667m^2平均减少50元,稻谷增产10%,每667m^2均获利2 200元。现将其主要技术要领总结如下。

1. 稻田的选择

养泥鳅的稻田一般要求保水性能好、无渗漏,水源充足,无污染,排灌方便,稻田的积雨面宜小不宜大,选择低洼田、塘田、岔沟田为宜。土质以黏性土壤、高度熟化、柔软、腐殖质丰富、水体pH值呈中性或弱酸性的黏性土田块为好,有条件的地方可以集中连片,以便于管理。

2. 水稻品种的选择

种植的水稻品种应是矮秆、抗倒伏、耐肥力强、抗病力强的晚稻品种。

3. 田间工程的设计和要求

(1)防逃设施

①加固加高田埂:养殖泥鳅的稻田,田埂应高出田面60cm左右,捶紧夯实,可用农膜插入泥中10cm围护田埂,以防漏洞、裂缝、漏水、塌陷而使泥鳅逃走。

②进、排水口要设拦鱼设备:防止泥鳅钻逃和野杂鱼污物进入,可用规格为宽90cm,高45cm的竹篾类纺织成的孔隙为2mm的拱形栅栏,既不会使鱼外逃,又增加了进水面积,有利于控制养鱼稻田的水位,以免大雨漫埂,这项设备特别重要。整块稻田要保证在汛期不被大水淹没。

(2)开挖暂养沟在稻田的一边开挖宽3~4m,深1~1.2m的暂养沟,沟面积占稻田面积的5%左右,沟底可以铺一层塑料,然后在塑料上平压一层 10～15cm 的淤泥,便于以后起捕。

(3)开挖环沟和田间沟沿四周田埂内侧,距埂 05～1m 挖环形沟,沟宽 1m 左右,深 0.5m。2 001m² 左右的田要加挖"十"字或"井"字形田间沟(宽 05m,深 0.3m),沟沟相通,方便以后起捕。沟的总面积占稻田面积的 15% 左右。

4. 泥鳅苗种投放

放养前对田间沟进行消毒,每 667m² 用生石灰 50kg 化浆全田遍洒消毒;然后施足底肥,每 667m² 施有机肥 1 000kg 左右。泥鳅苗种主要来源是就近收购野生苗种,每 667m² 投放 5～8cm 泥鳅苗种 1 万尾,投放时间可在插秧前投放到鱼沟或插秧后直接投放到稻田。鳅苗投放时用 3% 的食盐水浸洗 5～10min 后入田。

5. 投饵及田间管理

稻田养殖泥鳅要想取得高产,除施足底肥和追肥外,还应每天进行投饵。泥鳅是杂食性鱼类,稻田中的昆虫、幼虫、小型甲壳类动物、底栖动植物、水萍、植物碎屑、有机物质等都是泥鳅的上等饵料。稻田养殖中,泥鳅除摄食稻田中的天然饵料外,辅以人工投喂,其投喂品种以鱼虾用料要求没有大的区别,日投量为在田泥鳅总量的 3%～4%,投喂在傍晚 1 次投足,阴天和气压低的天气适当减少饵量。

水稻施用农药时尽量施用高效低毒农药,喷洒在水稻茎叶上,避免药物直接落入水中,施用农药后,及时注入新水,改善水质条件,确保对泥鳅没有危害。养殖泥鳅的稻田施农药选择阴天,坚持经常巡查各项设施是否有损坏,特别是雨天要对进出水口及堤坝进行严格检查。保持田中的水质清新,适时地加注新水,当泥鳅苗种投放稻田后,稻田中水的深度应保持在 5cm 以上,高温季节田水深度应保持在 10cm 以上。

6. 泥鳅的回捕

在稻田养殖的泥鳅容易提早回捕,捕大留小,9 月中旬开始下篓收捕大规格泥鳅。泥鳅长到一定时期,其增重速度变缓,适时起捕上市,经济效益会更高。捕大留小,使泥鳅的养殖密度变小,有利于提高小规格泥鳅的生长速度。后期不断改变诱饵的质量,在诱饵中加入红蚯蚓,或用炒香的麦麸、米糠等方法,起捕泥鳅效果更佳,回捕率可达90%以上。

例48 庭院建大棚暂养泥鳅增效

山东省沾化县农民在塑料大棚水泥池中,实行反季节养殖泥鳅,选择销售价格高时上市,差价在3~5元以上,效益相当可观。现将该养殖技术介绍如下。

1. 建池条件

根据各自庭院而定,水泥池面积以20~50m^2为宜。养鳅池应建在地上式、地下式、半地下式亦可,并有进、排水口,池深1~1.2m,距池底30cm处设排水口,并安装防逃设施,池水深30~40cm。放鳅前,事先放入20cm厚的肥泥,在放养前10~15天对鳅池进行清整消毒。7天后,加水20~30cm,每平方米放入畜禽粪肥0.3~0.5kg,然后加水至10~15cm。数天后当水色为黄绿色,透明度为15~25cm时放养。

2. 温室安装

按照蔬菜大棚搭设方法搭建,有单层或双层结构,材料可选用竹竿,有条件者可用钢筋结构。另外,需备适当稻草席或帘,冬季覆盖在塑料大棚保温。

3. 鳅苗放养

泥鳅放养前通常采用3%~5%的食盐水浸浴3~5min,防止水霉病,消除体表寄生虫。密度为每立方米水体放养25kg左右,随着放养量增加,鱼体增重,池水可加深至0.8~1m(有条件者可保持池内有微流水,效果更佳)。泥鳅入池时,还要防止温差过大,以免造成泥鳅感冒而引起死亡。

4. 饲养管理

泥鳅为杂食性，天然饵料有小型甲壳类、水生昆虫、螺蛳、蚯蚓、动物内脏、藻类、米糠、豆渣等。投喂时注意动、植物饵料合理搭配，投饲应做到四定。水温高于30℃或低于10℃时可不投。在饲养中，应注意施肥，每隔4～5天以50～100g/m²向鳅池泼洒粪肥1次，保持水体透明度15～25cm，并及时换水，鳅池每周换水2次，每次换水30cm（若池内有微流水条件者，无须常换水，但要防止水质恶化）。晒水池要经常蓄满自来水，以便水源充足。

5. 大棚管理

按照农技要求，参照蔬菜大棚管理要点进行。

例49 野生泥鳅分级暂养增效益

2008年，江苏盐城市王树林报道夏、秋季节野生泥鳅捕获量大，市场供应充足，价格较低；冬、春季节野生泥鳅捕获量锐减，价格较高。近年来，江苏省盐城、连云港等地悄然兴起泥鳅分级养殖新模式。该模式推广后泥鳅群体增重成效显著：大鳅增重30%～40%、中鳅增重可达50%～60%、小鳅增重100%～150%，特别是大鳅，规格适合市场要求（40尾/kg以内），初冬售价可达26元/kg。

1. 鳅池建设

泥鳅养殖池的水深要求保持在55～60cm，池塘规格25m×100m，建池时筑高1～1.2m，顶宽1.5m左右池埂，筑埂时层层压实，以防渗漏。进水管道设一个由阀门控制的直径80mm的PVC进水管入池。另一端排水系统水管部分埋在池底边，通过套接弯头竖立直径为160mm的PVC管排水，排水管地上部分为100cm，其上半部分钻有直径为3mm的小孔100个左右，以保证水位高出50～60cm时自动排水控制水位；并防止泥鳅随着水外逃。为防止泥鳅逃跑，在池四周靠边埋设防逃网布。防逃网布地下深埋

60cm,露出地面100cm,上有网纲,用毛竹支撑。每4个池塘配1口机井,装有5.5kW水泵供水,每小时供水8m³以上,既保证了高温季节降温需求,又保证池中及时换水补氧。

2. 鳅种放养

以捕捞野生苗种为主要来源,按规格分级后放入暂养池中暂养,然后进行消毒、抽样检疫,确定无病害后,放入养殖池中进行饲养。鳅种要求体质健壮无外伤,体表有光泽、柔软、润滑。具体放养密度如下:大鳅(60尾/kg以内)每667m²放600kg,中鳅(不超过90尾/kg)每667m²放500kg,小鳅(300尾/kg以内)每667m²放400kg,如饲养管理水平相当高,加之野生资源鳅种丰富的地区,每667m²放养量可以在以上基础上增加1倍。放养从5月下旬开始,到7月初结束。

3. 投饵及水质调节

投放鳅种苗5天后开始少量投饵。饲料以专用颗粒饲料为主,逐步诱食,经驯化,泥鳅能够对投饵形成条件反射时加大投饵量,投饵量逐步增加到泥鳅体重的3%~4%。泥鳅性贪食,喜欢夜间觅食,在人工养殖时,经过驯化也可改为白天摄食。根据此习性和水温,每天投饵4次,上午6:00、11:00,下午14:00、18:00,投饵量分别各占日投饵量的30%、20%、15%、35%。泥鳅在水温超过30℃时,摄食量锐减,所以高温季节要及时注水,调节水温,以利于摄食。但水温超过30℃时,应减少投饵量。最有效的方法是:每天数次观察泥鳅摄食情况,用网布做成1m²左右的食台放适量饵料,放在池底,过半小时取出,观察摄食速度,再放回到原地,1h后再取出,看有没有剩余,如有剩余适当减少,无剩余适当增加投饵量。通过这样的方式,及时调整摄食量。晴天水质清爽时正常投喂;下雨天、阴天,泥鳅在池中上、下翻滚吞食空气行肠呼吸时少投喂。泥鳅耐低氧能力极强,一般不会因缺氧而死亡。虽然如此,由于投饵过多,水交换量不足,也会发生水质强烈变化,水色发黑,逸出难闻气味。此时,泥鳅虽能摄食,但消化吸收都差,故应及时换水。否则继续发展下去,泥鳅集群成团,出现应激反应,到了发病死亡的临界点。泥鳅生长水温范围为 15～30℃,最适水温 22～27℃。当水温降至 15～10℃时,逐步减少投饵,低于 10℃时可停食。当水温下降到 6℃以下或上升 34℃以上时,泥鳅潜入泥中呈不动不食休眠状态。日常管理以调节水温和水交换为主。每天注入新水交换量达 20%以上,遇水质恶化,要及时大量换水。特别在高温季节阴雨天,在缺氧的条件下浮头现象更加突出,必须经常加注新水,防止浮头。每天投饵时,观察有无泥鳅逃到网外的现象,检查有无田鼠啮咬、操作不慎造成防逃网损坏。同时,管理人员应经常用地笼在网外捕捞。可根据捕捞量的多少,大体判断漏洞所在位置,以便人工检查、修复。

4. 预防病害

只要水质清新,泥鳅一般没有病害。为预防疾病的发生,生产季节用 0.3mg/kg 的高锰酸钾溶液泼洒全池。用药一定要谨慎,严禁使用违禁药品。

例 50 田凼养泥鳅

向云经过实践总结,认为田凼养泥鳅,本小利大,经济效益显著。一般 1 个 20m² 的水凼,不仅有利于稻谷增产,而且还可年产商品泥鳅 20kg。其技术要点如下。

1. 建好水凼

在稻田的一角或适当位置挖一个 20m² 的水凼,凼深 1m,凼底填入 30～33cm 厚、无污染的肥泥,肥泥中掺入 20～30kg 经发酵腐熟的鸡、鸭粪,或 50～100kg 腐熟猪、牛粪。埂四周夯实防漏,向田的方向开 1～2 个宽 40cm 的口子与稻田相通,便于泥鳅出入和田中泥鳅迁入凼内繁育。凼面养殖青萍或水葫芦,用以遮荫避暑防热。田的进、出水口设置好防逃密网,为泥鳅繁育创造一个良好的环境。

2. 投放鳅种

水函建好后,用生石灰等进行消毒处理后10天左右,每函投入10~13cm长、健壮无病、无损伤的雌、雄泥鳅种20~30条。泥鳅种可以从市场选购,也可野外捕捉。

3. 施肥投饵

放有泥鳅的稻田比一般的稻田要适当增施入畜禽粪便,少施对泥鳅有害的化肥,忌施碳铵或氨水。放入鳅种后,每隔10~15天,每个函施入腐熟的鸡、鸭粪10~15kg,或猪牛粪30~40kg,或人粪尿5~10kg,还可常喂些细糠或蒸煮过的菜籽饼粉。

4. 防治病害

在对水稻防治病虫害时,宜用低毒高效并对泥鳅无害的农药,以免伤害泥鳅。

例51 稻田养鳅增效益

江苏省响水县黄圩镇周元春自2000—2001年在2块面积为13 340m^2的稻田进行无公害鳅鱼饲养,1个池每667m^2放鳅鱼种50~75kg,1个池每667m^2放150~200kg,秋、冬季出售,每667m^2增长倍数达0.5~1.5倍,每667m^2效益达1 000~1 500元,水稻每667m^2产都在450~500kg。现将其主要措施介绍如下。

1. 茬口设计

饲养鳅鱼的稻田选择大麦茬或油菜茬,还要靠近水源,排灌方便,无污染的位置。鱼沟、鱼窝建成"田"字或"目"字形,占稻田面积的12%~20%。沟窝深度分别为0.7~1m,1.5m左右,坡度1:(2.5~3),沙土坡度更要大些,以不被雨水冲塌为宜。

2. 施足基肥

肥料要以饼肥和发酵的粪肥为主,化磷肥为辅,各占比例80%,20%,施肥要以基肥为主,追肥为辅,各占65%,35%。在水稻栽插前10~15天所带有机肥、化磷肥1次性深翻入土,并保护好沟窝不被破坏,秧苗移栽后5~7天,将所施追肥料全部施入田间。一般每667m²地,全年需要饼肥75kg,干粪300kg,尿素25kg,磷肥20kg即可。

3. 水稻品种选择与栽插

饲养鳅鱼的稻田水稻品种要选择秸秆较硬、抗病、抗灾能力较强的汕优63、特优559、武运粳8号、镇稻99等品种,5月30日~6月10日移栽结束。水稻移栽后1星期再追施水稻分蘖肥,每667m² 20kg尿素或40~50kg碳铵。以后一般不需再施肥料。水稻移栽后在沟、窝里种植水草占沟、窝水面40%~50%。

4. 鳅鱼种苗放养

待水稻移栽后,追施的化肥全部沉淀(一般7~10天),用几尾杂鱼放塘试养1天,观察池水水质是否安全,并保持沟窝水质透明度25~30cm,田间3~5cm水深。这时开始从市场选购网捕、笼捕的无病、无伤、体质健壮的鳅鱼种放养(切不可投放电触的鳅鱼饲养),每667m²还可投放大规格夏花草鱼、白鲢300~500尾。如是沌塘饲养的鳅鱼每667m²放不超过250kg,不能搭配其他鱼混养。

5. 饲养管理

(1)鳅鱼放养初期:秧苗移栽后到7月20日约25~30天,池内天然饵料比较丰富,加之刚从野地捕来的鳅鱼对新环境不习惯,吃食少,不需要人工投饵。此时,主要是调节好秧苗分蘖与鱼需水层之间的矛盾,保持稻田水深3~5cm,秧苗分蘖后约7月20~30日,这10天时间搁田,沟窝水要加到60cm左右,2~3天换1次。鳅鱼放养到7月中、下旬以后,视鱼、稻生长的情况逐渐增加水量和投饵,到高温季节每667m²估计泥鳅总量超150kg的,要适时开机增氧。

(2)水稻生长中期:7月20日~8月1日,鳅鱼对田间环境基本适应,要逐渐增加鳅鱼投饵量。每天投饵量为鳅鱼总量的6%~10%,晚上投喂量占全天70%,所投饵料要新鲜适口(特别是动物性饵性要注意新鲜)。总之,要让鱼吃得均、匀、饱,田间水深3~5cm。大暑季节要注意换水,以防残饵碎屑腐烂,败坏水质,一般每星期换水1次,每次换水5cm。

(3)水稻生长后期:8月10日以后,田间管水要干干湿湿,鳅鱼投饵要提高质量,促肥提膘。便于水稻收割以后及时并塘饲养或出售。起捕可用网捕或笼捕,还要以沿鱼沟底部挖几个50cm左右深的小坑。放满稻草,聚集鳅鱼,翻草捕捉。

(4)稻鱼病虫害防治:由于稻田养鱼具有除草保肥,灭虫增肥的作用,水稻病虫害发生率也较低,减用除草剂。水稻生长期内确需防治病虫害,要在当地农技员的指导下,使用高效低毒性农药,还要将鱼全部赶到沟窝,次日再将沟窝水换掉1/3~1/2。秧苗移栽前3天使用杀虫双、多菌灵等药物喷雾1次,增强水稻免疫力。鳅鱼、夏花鱼种在放养时用2.5%的食盐水浸洗30min或1.5mg/kg漂白粉浸洗15~20min,消毒1次,防止将病原体、寄生虫带到新环境。只要保持池水新鲜,就不须经常用药物泼洒全池,渗透鱼体,减少或避免公害,提高稻鱼品质。6月30日以后每隔20天左右将饵料里加1次抗生素类药物,增强鱼体抵抗力。

例52 莲藕—荸荠—泥鳅—油菜种养结合增效益

湖北远安县杨玉凤利用水田春种莲藕,秋植荸荠套养泥鳅,冬栽油菜的一年四熟栽培模式,一般年均每667m^2可收获鲜藕600~700kg,荸荠1 000~1 200kg,商品泥鳅150kg左右,油菜籽150~200kg,累计每667m^2产值超过4 000元,每667m^2增效2 000元以上。现将技术要点介绍如下。

1. 田块条件

选择阳光充足、保水性强、管理方便、有排灌条件的田块,沿田埂四周挖好养泥鳅沟,沟宽、深各1m左右。田埂加高至0.8m并夯实,在田块两端的适当位置分别用直径为30cm的混凝土管安装好进、出水口,混凝土管靠近田块的一端要用40目纱网设置好栅栏,用于滤水和防止泥鳅逃跑。要求水源无工业污染。

2. 茬口安排

3月中旬利用冬闲田培育莲藕种苗,每667m^2大田用种量180kg左右,4月中旬移栽。8月上旬收藕让茬,粗整田即移栽荸荠,株距50cm,行距80cm,每667m^2植1 800株左右。同时套养体长为3~5cm的泥鳅苗约40kg。11月份底翻泥收获荸荠,泥鳅诱入沟内囤养至元旦、春节上市。随后整地做畦移栽油菜,畦宽不超过3m,行距40cm,株距20cm。4月上旬收获。油菜移栽前,必须提前30天育苗。

3. 施肥标准

莲藕要求施足基肥和视苗情长势适时、适量追肥。收藕后结合粗整田,每667m^2施腐熟猪、牛粪等农家肥1 500kg、尿素20kg、复合肥30kg作为荸荠基肥。立秋后每667m^2施草木灰150kg,以利荸荠形成球茎。白露前追施球茎膨大肥,每667m^2施尿素10kg。油菜一般不需要施基肥。

4. 田水管理

莲藕生长期田水管理先由浅到深,再由深到浅。荸荠田套养泥鳅后,从8月中、下旬开始每隔10天左右换水1次,每次换水10cm,保持田面水深15cm左右。天气转凉后逐渐降低水位,9月中旬至10月底,保持水深7~10cm。11月上旬开始,逐渐排水保持湿润即可。

5. 泥鳅投喂

泥鳅苗投放后,投喂以米糠、麦麸、大麦粉、玉米粉等植物性为主的饲料和经过发酵腐熟的猪、牛、鸡、人粪等农家肥料,在水温25~27℃时泥鳅食欲旺盛时,日投饵量为全田泥鳅体重的10%,

水温 15~24℃时为 4%~8%。水温下降后,饲料应以蚕蛹粉、猪血粉等动物性饲料为主,要求当天投喂当天吃完。水温低于 5℃或高于 30℃时,应少投甚至停喂饲料。

6. 防治病虫

田间杂草人工拔除,不要使用除草剂。从 8 月底开始至 10 月份,做好泥鳅病害防治工作。一般每隔 15 天每 667m^2 用食盐 4kg 化水后泼洒全田 1 次,以改良水质。每隔 10 天左右,每 667m^2 用漂白粉 100g,或生石灰 15kg,或晶体敌百虫 50g,化水泼洒全田消毒 1 次,也可交替使用,效果更佳。同时用土霉素捣碎成粉拌匀于饲料中投喂,以防止危害泥鳅的病害。莲藕、荸荠的病虫害防治,一定要使用对泥鳅无害的高效低毒农药。

例 53 楼顶建池养泥鳅

山东省昌乐县养鳅大王冯子祥,利用居住楼房顶部,加以改造,建成鳅池,通过科学喂养管理,获得良好的经济效益。现将其科学养殖技术总结如下。

1. 鳅池建造

建造鳅池的房顶,是加强型钢筋混凝楼板,顶部做防渗水处理。池壁为"外二四墙,内十二墙",高度 0.7~1.0m。施工采用沙浆比例在 1:2.5 以上,每 4~6 砖厚加 8mm 铁丝为筋骨。在房顶四角设 2~3 道竖向铁丝,与横向铁丝成经纬分布。鳅池视房顶面积大小而定,四角做抹弧处理,预留排水通道和防护遮荫物支撑杆插孔。鳅池与楼房建筑基础相一致,以免造成错位而降低安全使用系数。

鳅池配套设施包括 3 个方面:

(1) 进排水系统:因未经曝晒的地下井水和自来水不宜直接利用,故应在正房鳅池旁设立有落差,高 1.5~2m 的蓄水池或大型铁箱,使水源混合缓冲后自行流入鳅池。正房池为苗种池和一级养成池,偏房池为二级养成池。由于正房高于偏房,一级池通过落差自流至二级池,经多次利用后排入猪圈或房外水渠。

(2)防护网:在高于池面 40~50cm 处设立防护网,以免阳光直射和鼠鸟侵害。

(3)简易温棚:根据泥鳅生长适宜温度为 20~30℃ 的特性,在低温季节,搭建容易拆卸或翻卷式的简易温棚,使棚内温度保持在 20℃ 以上,以确保泥鳅的正常生长,缩短其上市周期。

2. 放苗养成

(1)苗种来源:苗种来源有两种渠道。

①采集野生自然苗:在泥鳅喜栖息底泥较深、腐殖质丰富的野塘、沟渠等浅型水域,选择傍晚用放进炒熟的豆饼、动物内脏等作为诱饵的竹笼来捕获野生苗。对捕获的野生苗,应经过筛选去弱留壮而用。

②半人工育苗:在繁殖季节,从捕获得到的野生亲鱼中,按雌雄 1:(2~3)的比例,选择体形端正、色泽正常、无病无伤、满 2 龄、体重 30g 以上的个体,暂养数日,置入产卵池待其自然产卵。产卵池要先消毒,后铺 15~20cm 肥泥,使用有机肥肥水,水温控制在 18℃ 以上。对获得的卵巢,用柳根、棕丝、聚乙烯纤维丝等扎束消毒后,均匀吊挂在池水中。产卵后,将卵巢移入孵化池进行孵化,分期、分批获得幼苗。孵化过程要保持静水或微充气。鱼苗脱膜后迅速移走卵巢,开始投饵培育,适口的饵料有蛋黄、鱼粉、小型水藻、轮虫、蚕蛹粉、豆浆等。幼苗长至 1cm 时进行分池,达 3cm 时投入大池进行养成。

(2)苗种投放:放苗时间视苗种获得来源而定。野生苗为 4 月下旬至 5 月中旬,半人工苗提前 15~30 日。放苗密度为体长 1cm 以内的 2 000~4 000 尾/m^2;3cm 以内的 300~500 尾/m^2;3cm 以上的 50~85 尾/m^2。放苗前旧池用消毒剂消毒,新池先浸泡后消毒。池底均铺 20~40cm 肥泥或细沙,注水 30~50cm,施足基肥以繁殖基础生物饵料。池水透明度保持在15～25cm。此时,将鳅苗分筛消毒,按照不同规格放苗要求入池养成。

(3)喂养管理:泥鳅食性杂,对食物无严格要求。养殖前期以培肥水质、繁殖浮游生物饵料为主,辅以适量蛋黄、蚯蚓、蚕蛹、豆浆等。不同饵料视鳅苗开口程度略为加工,日投喂量掌握在鱼体重量的2%～5%。养殖中后期,主要投喂米糠、鱼粉、畜禽下脚料、麸皮、豆渣等人工饵料。此间因水温升高,泥鳅进入生长盛期,日投喂量需增加到鱼体重量的5%～10%。因为,鳅池建筑在房顶,上面临空、下为房屋,故池水温差变化较大,忽冷、忽热容易造成管理失控,使泥鳅生长失衡。所以,在养殖初期和越冬管理时,辅以简易温棚,寒流降温时,采用土暖气或煤炉人工控温。养殖中期处于盛暑季节,要搭棚遮荫,增加换水频率,保持水温相对稳定。还要注意防蛇、防鼠、防鸟,以免造成危害。

(4)病害防治:常见病有赤鳍病、水霉病、气泡病和寄生虫病等,其病因和治疗方法为:

①赤鳍病多由鱼体受伤和水体恶化、感染病菌所致,对鳅鱼危害较大、发病率较高。用10mg/kg抗生素浸泡24h或用1mg/kg有效氯泼洒病鱼,重者加用1%～2%抗生素药饵,疗效颇佳。

②水霉病由于水温偏低、鱼体受伤所致。用食盐水浸泡病鱼5～10min即可。

③气泡病由池水气体过多引起,注意适量投饵,防止水质恶化或过肥即能治愈。

④寄生虫病,用比例为 5:2 的硫酸铜与硫酸亚铁合剂 0.7mg/kg 泼洒全池便可。

例54　茨菰田鱼和泥鳅混养

水生作物茨菰田套养泥鳅,不仅可以充分利用水中动物性饵料,而且还能减少茨菰病虫害(因泥鳅畅游索食害虫,起着生态防病作用），使茭菰与泥鳅共生互利达到高产的目的。近几年，江苏盐城市盐都区义丰镇双官村农民宋忠建利用自家 6 670m² 责任田，栽植水生作物茭菰套养泥鳅，培育花白鲢，经过 4～5 个月生长与培育，取得显著成效。一般每 667m² 能生产商品鳅 80～100kg，花白鲢鱼种 100kg，每 667m² 产茭菰 1 000kg 以上。

泥鳅是底栖鱼类，喜欢钻泥，疏松池底淤泥，促进田内物质循环，给微生物繁殖生长创造条件，为花白鲢创造良好的生活环境，提供丰富的浮游生物饵料，以鳅促鲢，以鱼促菰（因为水生茭菰是喜肥性植物，花白鲢是肥水性鱼类，泥鳅可食天然饵料，故三者之间有相互促进作用）。

实践证明：该模式把节地、节水、节肥等全面结合起来，发展生态养殖已初具规模。泥鳅、花白鲢生活在水生茭菰丛中，更好地把动、植物有机结合起来，生产出健康绿色食品，深受广大消费者的青睐。

1. 田间建设

选择排灌方便，水源充足，土层肥沃，保水性强的茭菰田。面积以 2 001～3 335m² 为宜。根据田块形状，开挖成"田、日、目"字形的沟，沟宽 1～1.2m，沟深 0.8～1m。加固、加宽田埂，使田埂达到 0.8m 高，0.5m 宽，并夯实。一般沟的面积占田块面积 20%～25%。在茭菰田对角两端设进、排水系统，并安装栅栏或密眼铁丝网等拦鱼装置。

2. 消毒施肥

茭菰田进水前，每 667m² 用生石灰 50～60kg 化水泼洒全田，以杀灭野杂鱼和消灭病菌。然后每 667m² 施腐熟的猪牛粪 200～250kg 做底肥，其余施在田面上，以增肥水质，繁殖浮游植物，为鳅鱼提供丰富的天然饵料。

3. 茭菰移栽

一般以 5～6 月份移栽为宜，每 667m² 栽 1 500～2 000 株。茭

菰移栽前施足基肥、日常管理等均按常规农技操作。茨菰需水量大，栽植后畦面保持水位 10~15cm。

4. 苗种投放

可从天然水体捕获物中挑选体形好、个体大的亲鳅放入菰田，让其自繁、自育、自养。一般每 667m² 放 10~15kg，雌、雄比例为 1∶1.5，泥鳅苗套养规格为每尾 2~3cm，每 667m² 放 0.6 万~1 万尾，搭养花白鲢夏花，每 667m² 放 400~600 尾。放养时间大致在 6 月中旬，此时茨菰植株已长至 15~20cm。泥鳅种苗入田前，先用 3%~4%食盐水浸洗 3~5min。

5. 饲料投喂

泥鳅是杂食性鱼类，养殖过程中既要利用肥水培育天然饵料，又要进行人工投饵。花白鲢可直接利用田中天然饵料和泥鳅吃剩的饵料，起着"清洁工"的作用。鳅种下塘后，要根据田水肥瘦及时追肥，一般每隔 30~40 天追肥 1 次，每次每 667m² 追肥 50~60kg。保持田水透明度在 15~20cm，水色以黄绿色为佳。投喂饵料有：鱼粉、动物内脏、猪血粉、蚕蛹粉等动物性饵料以及谷、米糠、豆饼、麦麸、菜饼等植物性饵料。配合饵料可以由 50%小麦粉、20%豆饼粉、10%米糠粉、10%鱼粉、7%血粉、30%酵母粉组成。投喂前，配合饵料中加入一定量的水，并捏成软块状，然后投入沉于水中食台上。泥鳅食物与水温有关。水温 20℃以下时，植物性饵料占摄食总量 60%~70%；水温 20~30℃时，摄食饵料中动、植物饵料各半；水温在 23~28℃时，动物性饵料占 60%~70%。因此，在不同的季节要适当调整饵料的成分和投喂量。一般每天投喂 2 次，早晨 6:00~7:00 投喂 70%，下午 13:00 投喂 30%。水温在 15℃时，日投量为鳅体重的 2%；随着水温升高，投喂量也逐渐增加。在泥鳅生长适温范围内，最高投喂量可达鱼体重的10%~15%，一般为 7%~8%。水温高于 30℃或低于 10℃，应少投或停喂。

6. 日常管理

坚持早、晚巡田,认真观察水色,防止水质恶化,以免鱼类缺氧死亡。每隔 7～10 天换水 1 次,换水时,先将原水排出 1/3～1/2。然后注入新水,并随着水温升高和鱼体、茨菰的生长逐渐加深水位。经常检查田埂是否有漏洞以及拦鱼设施的完好性,防鱼外逃。7 月份开始,每隔 10～15 天每 667m^2 水面(按沟系面积计算)用生石灰 1.25～1.5kg 化水泼洒。防病防害。一般情况下,鱼类生活在这特定的生态环境里,较少发病。

7. 捕捞采收

泥鳅、花白鲢鱼种一般从 10 月中旬开始捕捞,至 11 月底捕完。茨菰采收期为 12 月份至次年 3 月份,采取逐一翻土取出茨菰,并将钻土泥鳅捕获。

例 55 稻田鱼和泥鳅混养

1997 年,重庆文理学院生命科学系姜希泉等在稻田养鱼的基础上,混养了适合浅水水域的泥鳅,效果良好。现将生产情况介绍如下。

1. 材料与方法

(1)稻田改造

①试验稻田条件:试验在该系原养鱼稻田中进行。稻田面积 7 337m^2,底为黏土,田埂为土质,高出田畦面 1m。田中有一个长方形鱼溜,溜宽 3m,深 1m,长 10m。鱼沟设置在稻田四周,离田埂 1m 远。沟宽、深各 0.3m,在四方中央各开一沟与鱼溜相通。鱼溜底部埋设 1 根管径约为 6.7cm 的铁管做出水管,管口用铁丝网罩住。稻田离水库不到 5m 远,水源充足,排灌方便。

②改造措施:修补田埂,用稀泥补田埂,防漏、防塌。深耕田畦,深耕 20cm,既有利水稻根的生长,更便于环境恶劣时泥鳅钻泥。疏通鱼溜、鱼沟。设置防逃设施,在田硬四周设置 30cm 高的

塑料布栅栏,以防泥鳅外逃。施足底肥,深耕后灌水前,施入人畜粪 30 担左右,施入土隙中。

(2)水稻栽插和鱼种放养

①水稻栽种:4 月 13 日栽秧,水稻为耐肥、抗倒伏的二优 6078。

②鱼种放养:除罗非鱼外,泥鳅和鳙鱼均宜早放。因中稻插秧时间较迟,如待水稻秧苗返青后再放鱼,势必空置数月的水体(水温 10℃ 以上的时间也长达 1 个多月)。当然,早放会伤害鱼苗,但可通过改进管理措施来解决。

③放养种类、规格和密度:泥鳅适肥水,与之混养的鱼类也最好能耐肥水,本试验选择了尼罗罗非鱼和鳙鱼,这两种鱼在肥水条件下生长快。

另外,罗非鱼繁殖的小鱼无经济价值,在其繁殖季节投放了少量小规格乌鱼。由于稻田内适合鱼类生长的时间短,鱼种规格应大些,否则难以达到食用规格。由于,各种鱼的密度也应根据稻田环境条件而定,稻田浮游动物量小,因此鳙的放养量应小;稻田浅水水域大,泥鳅放养密度可大些;罗非鱼适应性强,和泥鳅一样喜食人工饵料,也可以多放。鱼种放养情况见表 2-8。

表 2-8 鱼种放养情况

种类	规格(g/尾)	尾数	重量(kg)	日期(月、日)
泥鳅	2.9~5.3	3 034	12.4	2、1~2、4
鳙鱼	253~308	8	2.5	2、3
罗非鱼	22~35	280	7.9	4、13
乌鳢	2寸	20		7、15

(3)管理措施

①水位及水质调节:泥鳅和鳙鱼种放养后离插秧时间尚早,此时气温低,因此,水位加高至畦面 50cm 处,使鱼溜水深达 1.5m。

这样的深度,有利鱼的越冬。水稻插秧前后,将水位降至畦面以下,防止鱼类对秧苗的伤害,待水稻秧苗返青后,于4月20日加水至畦面50cm处。插秧后27天(即6月13日)放水晒田,连续5天,于6月17日灌回浅水,水稻孕穗期前后,水位再加高2cm。水稻收割后立即加深水位至畦面50cm处,此时鱼溜水深1.5m,鱼沟深0.8m,整块田水体约400m^3。平时注意灌注新水,夏季高温更应该经常换水,以防水质变坏,缺氧浮头。

②投饵施肥:养鱼稻田从两者的需要来看,以主施有机肥为好。有机肥不伤鱼,而且可直接为鱼类提供饵料,对稻田鱼的生长及降低饲养成本都有积极意义,特别是对泥鳅这类喜肥水鱼类,常用有机肥为猪粪、牛粪和鸡粪,日常施肥采用畦面四周定点堆放,每堆5kg左右。一般上午10:00左右施肥,夏季阴雨天少施或不施。由于水肥,未再施化肥。为保证鱼类营养,罗非鱼放养后还加强投饵。饵料用自行配制的颗粒饲料和食用菌渣。饵料放在筐内,置于鱼溜中段固定的地方。1天投1次,夏季高温投2次;另外,每天晚上投食1次,投饵量根据水温、水质、天气和鱼吃食情况来定。正常情况下按各种鱼总重的3%~5%投饵。从3月份开始施肥、4月份开始投饵,到11月13日放水捕鱼,共施粪肥约2 500kg,食用菌渣200kg,全价配合颗粒饲料200kg。

③防病害:由于试验田远离其他农田,加上鱼类的除害作用,水稻未施药,也未发生病虫害。几种养殖鱼类抗病力都强,除放养时用5%食盐水消毒以外,每隔30天左右用2kg生石灰化浆泼洒鱼溜鱼沟。水稻收割后,每隔15天施5kg生石灰泼洒全田。10月份后,停止使用,因稻田一侧紧连竹林荒坡,水蛇、水鼠时有出现,为防蛇、鼠,在荒坡一侧用竹片编制的竹板拦护,给蛇、鼠入田增加了障碍,也有利于捕杀入田的蛇、鼠。

2. 试验结果

(1)水稻经120天生长,于8月11日收割,收晒干稻谷

369kg。水稻产量不高,是因为稻田周围有 1/3 的边上长满树、竹,使光照受到很大影响。

(2)11 月 13 日放水捕鱼,鱼类收获情况见表 2-9。

表 2-9 鱼类收获情况

种类	重量(kg)	生长倍数	尾数	成活率(%)	平均尾重(g)	生长期(月、日)
泥鳅	46.5	3.75	2 258	起捕率 74	21	2、1～11、13
鳙鱼	13.4	5.3	8	100	1 675	2、3～11、13
罗非鱼	80.7	10.2	253	90	319	4、13～11、13
乌鳢	2.8		13	65	220	7、15～11、13
合计	143.4	6.5	2 532	76	57	

3. 体会

(1)稻田中泥鳅和其他鱼类混养,可充分利用稻田浅水区的生态条件。特别是深水时,畦面水深 50cm 左右,正适合泥鳅生长。

(2)与泥鳅配养的鱼类的选择至关重要。泥鳅喜肥水,稻田的其他鱼类也应具备这一特点。投放的罗非鱼、鳙鱼都喜肥水,耐低氧,喜食人工饲料。因此,就是在与水稻共生的情况下,生长也好。水稻收割后鱼类生长情况抽查见表 2-10。从抽查情况反映出,水稻收割前鱼类增重占整个生长期的 2/3。

表 2-10 鱼类抽查情况(8 月 13 日)

种类	尾数	重量(kg)	平均尾重(g)
泥鳅	37	0.56	15
鳙鱼	3	2.89	964
罗非鱼	18	3.67	204

(3)施肥投饲是关键,稻田中天然饵料少,要提高鱼产力,就必须施肥投饲。由于稻田光照弱,施化肥培育饵料生物效果差,因此,按有机肥→细菌→浮游动物→底栖动物的发展途径,主施有机

肥,才能提高饵料生物量,实际情况也如此,6月15日测定试验田浮游动物达553个/L,而且附近主施化肥的农田只有104个/L,施肥培育天然饵料的生物量总是极其有限的,其中食浮游动物的鳙鱼产力高的才只有1kg/667m^2。为了保证鱼产量,在施肥的同时适当投饲,以保证田中各种鱼类的营养。投饲中要解决好罗非鱼与泥鳅争食的矛盾。除了投足饲料,让各种鱼都有充足的营养外,每晚投1次饲料,以保证泥鳅的摄食。

(4)中稻生长期正值鱼类的生长适期,由于水稻管理与鱼类管理存在诸多矛盾,特别是浅水期太长,因为栽中稻对鱼产量的影响很大。如果栽早稻,可以提早近1个月收割,鱼类在适宜条件下的生长期可以增加1个月,而且可以增加鲢鱼等浮游植物食性的鱼类。因此,鱼产量还可以提高。

例56　泥鳅暂养增效益

夏、秋两季泥鳅大量上市,价格偏低,这时收购一些体质健壮、无病无伤的泥鳅,利用池塘设置网箱或建池,或用桶、盆等进行泥鳅暂养,到元旦、春节期间价格高时上市出售,每千克差价一般在5元左右,效益相当可观。湖北省钟祥市伍庙水产中心洪声总结了以下几种暂养方法。

1. 鱼篓暂养

可将1只口径25cm,底径65cm,高24cm的鱼篓放入静水中,每篓放泥鳅7~8kg。如在微流水中暂养,可放养10~15kg。鱼篓置于水中时要有1/3露出水面,以便泥鳅进行正常呼吸。

2. 网箱暂养

网箱的长、宽、高可按2∶1∶1.5的比例制作,网箱应放在水面开阔、水质良好的河道或池塘中。暂养密度视水温高低、网目大小而定,一般每平方米可暂养30~40kg。

利用以上两种方法暂养泥鳅时,要做到勤检查,一旦发现鱼篓及网箱的孔眼被塞,要及时刷洗,以防鱼篓及网箱内的水质不清新;发现死伤泥鳅要迅速捞起。

3. 木桶暂养

各类木桶或胶桶均可暂养泥鳅。如用35L容积的木桶,可放养泥鳅5~7kg。暂养开始1~2天每天换水4~5次,第3天后每天换水2~3次。每次换水仅换去桶内水体的1/3左右。

4. 水泥池暂养

这种方法适用于大规模的中转基地。场地要选择背风向阳、水源充足、水质清新而且无污染的地段,水泥池应有排污、增氧等设施,进、排水方便。水泥池规格不一,一般为$8m×4m×1m$,蓄水量20t左右。采用流水形式,暂养密度为40~50kg/m²,若建成水槽型水泥池,每立方米水体的流水槽可暂养100kg泥鳅。泥鳅进入水泥池前应严格挑选,要求体质健壮,无病、无伤,游动活泼,池中的泥鳅规格要一致,可1次性放足,也可随收随放,但放前一定要用3‰食盐水浸泡3~5min。另外,要注意夏季须在池子上面搭遮阳棚防晒,每日换水2次;秋季每日换水1次;冬天每2天换水1次。每次换水量为水体的1/2。在暂养期间,还要适当投喂饵料。泥鳅食性较杂,天然饲料有小型甲壳类、水生昆虫、螺蛳、蚯蚓、动物内脏、大豆、米糠等。

例57 泥鳅人工繁殖和苗种培育试验

辽宁徐亚超利用网箱和定制的孵化缸进行泥鳅的人工繁殖和苗种培育试验,现将其技术介绍如下。

1. 材料与方法

(1)繁殖设备:主要利用盘山县鑫安源生态园养殖池塘中的网箱和孵化车间定制的孵化缸进行产卵和繁殖。网箱选用长×宽×高为$1m×1m×0.5m$聚乙烯材料的网衣,网箱框架为竹竿搭制;孵化缸的规格是$0.4m³/个$,为防止鱼卵外溢,筛绢网网目要求

120目。另外,需准备1台柴油发电机,以备停电时急用。

(2)亲鱼的来源和选择:3月底从周围养殖户中收购种鳅:雌鱼一般体长14～17cm,体重大于27g,最好是在30～50g,即使不催产也能正常产卵;雄鱼略小些,体长10～14cm,体重大于14g,最好是在20～40g,同时要求亲鱼体质健壮,性腺发育良好。选种时一定要挑选出搀杂在里面的真鳅,挑选好的亲鱼放入已培养好水质的池中进行培育。培育期间放养密度是20～30尾/m²,雌雄分开暂养以免追逐产卵不能人工控制,定期投喂优质的31%～32%蛋白质含量的颗粒饵料以促进性腺发育。其投喂量约占体重的5%～8%,随着天气变化灵活掌握。一般是上午7:00～8:00、下午16:00～17:00各投喂1次。每隔几天泼洒全池生石灰、漂白粉,以培养水质和杀灭细菌。

(3)人工催产:5月中旬,当水温接近20℃以上时,从培育池中选择性腺发育好的亲鱼进行人工催产。催产剂主要使用促黄体素释放激素($LRH-A_2$)和绒毛膜促性腺激素(HCG),将它们按一定比例配制后,再用0.9%的氯化钠溶液稀释后进行肌肉注射。注射时使用6号针头,注射部位是背鳍下方的背部肌肉发达处,针头方向倾向鱼头并与身体呈30°～45°角,注入深度1.5～2.0cm,雌鱼注射剂量0.2mL/尾,雄鱼减半。注射后的亲鱼放入网箱中。临近效应时间时,注意观察池水和网箱内亲鱼的活动情况,产卵基本结束后,用水在网箱外部冲洗,使卵集中后用勺取出,集中放入容器内进行除杂,滤出卵壳和杂物,沉淀后放入经过清洗备用的孵化缸中冲水孵化。

(4)孵化:放卵前1天清洗孵化缸,并用高锰酸钾消毒。用小量筒抽取5mL的待孵化卵进行计数,然后按每缸15万粒的密度放入已注水的孵化缸中进行冲水孵化,水的流速由散落在水中鱼卵的浮沉状况来决定,要调整到鱼卵在缸中心由下向上翻起,到接近水表面时逐渐向四周散开后下沉为适当。孵化时间与水温关系最为密切:20~21℃时需要50~52h,24~25℃时需要30~35h即可出膜。

(5)苗种培育:鱼苗破膜后,大量卵膜在相对集中的时间内漂起涌向筛绢,容易造成水流受阻,此时应用长柄毛刷在筛绢外缘轻轻刷洗或用手轻轻推动筛绢附近的水,以便使黏附在筛绢上的卵膜脱离筛孔,使水流保持通畅。这就要求值班人员轮流值班。鱼苗破膜3天后开始摄食,应及时将其转入育苗池中培育。放苗前10天左右,育苗池先用生石灰0.3kg/m²彻底消毒,待毒性消失后施肥注水培养水质,使鱼苗下塘即有适口饵料可吃。下塘鱼苗应规格一致,放养密度800~1 000尾/m²,由于鱼苗对开口饵料有较强的选择性,开始主要投喂标准筛过滤的蛋黄或豆浆弥补不足。经过2~3天后可投喂轮虫、水蚤和捣碎的水蚯蚓等。经过10天左右的培育,鱼苗长到1cm左右时,泥鳅已经能摄食水中的昆虫幼虫、枝角类及有机碎屑等,可投喂打碎的动物内脏、血粉和豆饼等。每天上、下午各1次,开始投喂量占鱼苗体重的2%~5%,以后随着生长可增加到占鱼苗体重的8%~10%。经过30天左右的培育泥鳅体长可达3~4cm。

2. 结果

(1)催产孵化:用15天左右的时间。采用不同温度、催产剂量和不同的注射时间共催产了3批亲鱼,一般下午15:00~17:00注射,清晨以后开始产卵有利于提高产卵、受精率。其具体情况如表2-11。

表2-11 鱼种产卵、受精情况

批次	水温(℃)	重量(kg)	雌雄比	产卵量(万粒)	受精率(%)	出苗(万尾)	孵化率(%)
1	21.2	147	1:1.5	89	39	25.6	72
2	23.6	382	1:1.8	288	78	160	71

续表

批次	水温 (℃)	重量 (kg)	雌雄比	产卵量 (万粒)	受精率 (%)	出苗 (万尾)	孵化率 (%)
3	24.7	403	1∶2.2	427	85	323	89
合计		932		804		508.6	

(2) 苗种培育：本次催产共孵化出鱼苗 508.6 万尾，经过 1 个月左右的强化培育，育成鳅苗 225 万尾。平均体长 3～4cm，体重 18g 左右。成活率 44.3%。

3. 体会

泥鳅在自然水域繁殖温度一般 20～25℃，第一批水温偏低严重影响催产效果，第三次催产效果最好，其产卵受精率也最高。可见繁殖温度对亲鳅产卵、受精和孵化的影响之大。也可考虑室内提早孵化，达到提前售苗的目的。

例58 黄河滩人工繁殖泥鳅

为有效地加快陕西黄河滩渔业资源的开发利用，逐步形成泥鳅规模化生产格局，带动西部沿黄滩涂资源的开发，满足市场，发展渔业。2008 年初，陕西省水产工作总站成立技术试验课题组，在省水产工作总站下属的黄河滩新民水产良种场进行了泥鳅人工繁殖技术试验。现将试验总结介绍如下。

1. 材料与方法

(1) 池塘及孵化设施选择：亲鱼养殖池选良种场西排北一号池塘，面积为 1 067.2m²。鱼苗暂养池 2 口，为微流水水泥池，单个池塘面积 75m²，计 150m²。催产、孵化设施采用良种场的家鱼产卵池和孵化环道，产卵池圆形，面积 80m²；孵化环道为椭圆形，面积 15m²。

(2) 生产用水：采用良种场的地热井和机井混合温水作为试验

用水,水质经检测,均符合渔业用水标准。

(3) 放养前的准备工作:放养前,采用生石灰带水清塘法,对亲鱼池和鱼苗池进行消毒,每 667m² 用生石灰 180kg。

(4) 亲鱼来源:繁殖试验的亲鳅主要来源于 3 个地方,总重量为 420kg,分别取自:

① 合阳黄河滩野生泥鳅,个体长 12~18cm,尾重 13~18g,总重 20kg。

② 华县汀村鱼种场 2007 年养殖的泥鳅,个体长 10~12cm,尾重 9~11g,总重 300kg。

③ 西安炭市街市场收购 100kg,于 2008 年 4 月 8 日购回,个体长 10~17cm,平均尾重 22g,发育成熟。

(5) 亲鱼的培育管理:清塘 1 周后投放亲鱼。入池后严格按照泥鳅的生活习性,制定了详细的强化培育方案,搭建了饲料台,投喂坚持做到定质、定量、定时、定位。饲料采用膨化商品饲料,日投喂量占亲鱼总重的 3%~5%。每周换水 1/3,以保持水质清新。另外,为有效地预防鸟虫害,在池顶搭建了聚乙烯盖网(网目 5cm×5cm),有效防止了侵袭危害。

2. 人工繁育试验技术

(1) 严格挑选雌雄亲鱼:选样试验催产的雌雄亲鱼的标准是:雌鳅 2 龄以上,个体要明显大于雄鳅,腹部圆润光滑,体色要灰暗;雄鳅可略小,色泽亮丽,胸鳍较长,前端较尖。

(2) 人工注射催产药物,自然产卵:采用的人工催产药物是激素类似物(LRH)和地欧酮(DOM),剂量是雌鳅每千克注射 LRH10μg,另加 DOM 10mg,雄鳅减半。

(3) 人工孵化:注射催产药物后,按雌、雄 1∶1.8 的比例,放入孵化槽内,进行微流水刺激,以促进亲鱼发情。

产卵结束后,将亲鱼从孵化槽中捞出,鱼卵在孵化槽中孵化,5~6 天即可出苗。

3. 试验结果

4次催产,合计催产587组。共计产卵165万粒,孵化出苗59.3万尾,出苗率达到35.9%,取得了较好的效果。

4. 小结与体会

本次繁殖试验取得成功,说明在西北沿黄区域开展泥鳅人工繁育和大规模养殖完全可行,技术上不存在问题。通过这次试验,总结如下:

(1)亲本的质量是确保繁殖成功的关键,雌鳅必须在2龄以上,个体要大,规格必须在15g以上;要活泼健康,无病、无伤,性腺发育成熟,腹部要膨大柔软有光泽,卵巢轮廓到肛门处,生殖孔开放。雄鳅个体大小可以放宽,但必须要发育成熟,轻压腹部有乳白色精液流出,体形匀称,活动敏捷即可。但长途运输的亲本,直接进行人工催产是不可行的,必须先暂养7~15天。

(2)催产前,雌雄亲鱼必须完全分开,尽量做到准确无误,以便快捷注射催产。

(3)注射催产药物时,亲鱼固定技术有待改进。本试验给亲鱼注射催产药物时,采用的是带棉手套抓泥鳅。根据试验效果来看:

一是对亲本伤害比较大,产后死亡率略高;

二是注射时间长,如果大批量催产,很难保证雌、雄亲鱼同步发情,将会直接影响到产卵量和受精率。

(4)试验用LRH+DOM进行人工催产,效果比较理想。但要注意雌、雄亲鱼的注射药量,雄鳅要减半,注射部位最好采用背鳍肌肉注射,这样做对泥鳅伤害较小,产卵效果也较好。

例59 利用蔬菜大棚养泥鳅

为提高日光温室(蔬菜大棚)的综合利用率,利用日光温室蔬菜收获后尚有5~6个月的时间闲置,盐都县农户在棚内养殖泥鳅和革胡子鲶。实践证明,利用蔬菜大棚闲置期养殖,具有占地少、易养殖、投资少、效益高等特点。

盐都县农户大多利用温室1个,净水面667m^2,放养当地采捕的体长2.5~3cm以上的泥鳅苗(或人工繁殖苗)约3万尾(约重80~100kg),经4~5个月饲养,到10月中、下旬收获成鳅300kg以上,成活率70%。现将其方法介绍如下。

1. 鱼池建造

在温室内开挖鱼池,池深1.2m,池底和池壁夯实不渗漏,底铺30cm的肥泥,池边四周铺塑料薄膜,在池两端设进、排水口,进水口高于池水面,排水口设在池底,进、排水口安装尼龙网防止杂物进入及鱼外出。在排水口处池底挖2m长、0.5m宽、0.3m深的鱼沟,以便泥鳅避暑和捕捞时用。鱼池建成后进水10cm,用生石灰80~100kg/667m^2化水泼洒全池消毒池底。10天后,进水到50cm,每667m^2施尿素2kg培肥水质,3天后再追施1次,待池边可见大量褐色硅藻,池水呈黄褐色透明度在30cm左右,即可以放苗。

2. 鱼苗放养

从当地稻田等水域采捕天然苗或人工繁殖苗,苗种规格2.5~3cm,每667m^2放800~1 000kg(约3万尾),放养前用3%的食盐水浸洗鱼体3~5min,杀死鱼体细菌及寄生虫。

3. 投喂饵料

鱼苗放养后15天,主要以天然饵料为食,适当补喂一些鱼粉、豆饼及饵料,日投饵量占体重的2%,待6月上、中旬泥鳅长到5cm后,改投鲤鱼全价配合饲料,6月份日投饵量为体重的5%,7~8月份为10%,9月份为5%,日投喂分早上、中午、傍晚3次。投饵时要把饵料投在食台附近。注意掌握饲料量宜在泥鳅2h内吃完为宜。

4. 水质调节

养鳅池水质以黄绿色为好,透明度保持20~25cm,pH值在

7.5左右,溶氧在2mg/L以上。7～8月份水深要保持在80cm以上,发现水色过浓要及时换水,一般每10天换水1～2次,每次换水30cm,高温季节可在池中移植一些水葫芦、水花生及在池上搭盖荫棚遮凉。

5. 病害防治

泥鳅疾病相对较少。一旦泥鳅发生疾病,其防治方法仍按泥鳅常见病防治进行操作。

例60 山区梯田养泥鳅

广西防城港市渔业技术推广站韦朝民报道,广西防城港市地处十万山区,近年来山区农民因地制宜利用水稻梯田养殖泥鳅,回报颇丰。其主要方法如下。

1. 田间工程设施

(1)选择稻田:要求通风向阳,水源方便无污染,排灌自如,田埂坚实,保水力强。

(2)稻田整理:于植秧前,沿稻田埂脚开挖深约0.4m,宽约1m的主沟(矮埂脚不开沟以防垮埂),另开数条纵横沟与主沟相通,将一端封闭,直径为12cm,长度50cm毛竹筒参差嵌入主沟水面以下的埂壁或田泥中,筒内放些泥土,做泥鳅休憩、避暑的场所,竹筒数视放养量或多或少。

(3)设置进、出水口及拦鱼栅:田埂只需适当加高、加固,其上筑宽30cm左右的溢洪口,为防泥鳅钻逃和野杂鱼、污物等进入,应设孔隙为2mm左右的拦鱼栅,拦鱼栅可为塑料网,也可用竹篾类纺织而成,同时将剖掉1/3竹片(防晒裂),中段直径为10cm,钻有细孔的毛竹苋稍相接并架于水沟上,作为调节用水的进水管,此管还可杜绝泥鳅从进水口越逃及顶水现象。

2. 泥鳅放养与管理

(1)鱼种放养:捕捉或购买不同规格野生泥鳅入水沟,配养少量草鱼、鲤鱼种,因烤田时泥鳅主要聚集于水沟,不能按稻田总面积测算放养量,可 1m² 沟面投放 1~2kg。

(2)投饵:泥鳅食性广,除摄食天然饵料生物以外,还摄食其他人工饲料,饲养期间,可顺沟抛撒适量菜蔬、米糠、麦糠、干鸡粪、鱼粉等饲料,宜粗精搭配,早、晚各投喂 1 次,一般以 1h 内吃完为准,避免过量投喂。

(3)日常管理:种稻期间,日常的田间管理完全按照水稻生产的常规要求进行,但稻田排水时不可过急,应让大部分泥鳅顺利游入水沟或竹筒内;秧田用药宜向上喷施高效低毒农药。另外,用上述竹管经常性引入清洁溪水,单季或双季稻收割前后适当加深水位,保持沟面水深 20cm。

(4)病害防治:泥鳅种苗入田前用 3‰ 食盐水浸洗 5~10min;养殖过程中,每隔 20 天左右用浓度为 1mg/kg 的漂白粉沿沟面泼洒 1 遍。

(5)防敌害:捕杀、驱赶蛙、蛇、鼠、鸟等敌害,禁止鸭群下田。

3. 收获

在割稻前,用竹制抓捞伸进竹筒赶出泥鳅入小网囊,并筛选,或用黄鳝笼诱捕,选留大规格泥鳅让其自然繁殖或进行人工繁殖,操作宜细心。

4. 小结

此法养殖每 667m² 均年上市 75kg 以上,山区农田养殖泥鳅操作简单,投资少,风险小,收益期长,经济效益明显。

例 61 早稻泥鳅轮作增效益

2008 年,江西新干县朱云生等探索了池塘化宽沟式早稻田养泥鳅试验,即根据泥鳅和早稻的生长特性和周期,采取早稻—泥鳅轮作的稻田生态种养技术,取得良好的经济效益。现将试验情况介绍如下。

1. 材料与方法

(1)试验稻田选择与建设：试验田选择水源良好，排灌方便，无污染、平坦、南北走向的长方形早稻田，面积为 3 335m²。在稻田的北面距田埂 2m 远，挖 1 口 1.0m 深，东西长的小池，面积 250m²，再在小池南边中间向南延伸开 1 条宽 1.2m，深 50cm 的宽沟，直达稻田南边田埂，并与小池相通，挖起的土用来堆稻田四周围堤，围堤高 1.0m，顶宽 0.6m，并夯实，同时搞好进、排水设施和防逃设施。

(2)早稻品种的选择和培育：选择优质杂交早稻品种，采用秧盘育秧，稻田翻耕整平、施基肥后，2008 年 4 月 18 日采用抛秧方法栽禾。

(3)泥鳅苗种放养：2008 年 5 月 26 日，引进优质人工繁育泥鳅夏花 320kg，规格 4～5cm/尾、400 尾/kg，合计约 12.8 万尾，每 667m² 均 2.5 万尾。

(4)主要技术方法：采取早稻—泥鳅轮作方式，5 月下旬在早稻田中投放泥鳅夏花，进行鱼稻共生。泥鳅主要在小池和宽沟中摄食，在稻田中栖息，到 7 月中旬早稻收割后向稻田注水，水深达 0.8m 左右，采用池塘精养式囤水养泥鳅，全年为早稻—泥鳅轮作。

①放养前准备：鱼种放养前 10～12 天，对稻田小池和宽沟用 200kg 生石灰化水泼洒消毒，过 4～5 天，在小池和宽沟中追施发酵鸡粪 1 500kg，稻田水深控制在 10cm 左右。

②施肥：加强水质培育，早稻收割前主要在小池和宽沟中施发酵鸡粪，每 10 天 1 次，每次 1 000kg；早稻收割后，把稻草扎成捆，堆放在稻田四角做沤肥，1 个月后，翻动 1 次；稻田囤水后，每半月施发酵鸡粪 1 次，每次 3 000kg，由于泥鳅耐缺氧的能力较高，可掌握宁肥勿瘦的原则，培育大量的浮游生物，减少人工饲料的投喂，降低养殖成本。

③投饲驯化：泥鳅苗种放后 4～5 天，开始采用定时、定位的投

饵方法驯化养殖,在小池和宽沟中设置 5 个 1m² 的食台。在早稻收割前投喂粉料,每天分 4 次进行:上午 8:00~9:00、11:00~12:00,下午 15:00~16:00,晚上 18:00~19:00。早稻收割后采用投饵机投喂膨化配合饲料,每天 3 次,即上午 8:00~9:00、下午 14:00~15:00、傍晚 18:00~19:00,日投喂量为鱼体重量的 5% 左右,或投喂八成饱即可。投喂人工饲料粗蛋白含量 32%,膨化料粒径 1.0~1.5mm,泥鳅养殖阶段各月投饵量见表 2-12。

表 2-12 泥鳅养殖阶段各月投饵量

月份	6	7	8	9	10	11
水温(℃)	25	30	32	25	20	15
投饵量(%)	10	22	25	25	13	5

④日常管理:坚持早、晚巡视,观察泥鳅的活动情况及稻田水位的变化情况,检查进、排水口防逃设施、围堤是否有漏洞,发现问题及时处理。注意调节水质,合理施肥,保证较高的肥度,处理好种稻与养泥鳅的农事矛盾,泥鳅苗种放养后,稻田打农药应选择高效低毒的环保农药,泥鳅属小型无鳞鱼,对菊酯类、有机磷等农药敏感,应严禁使用。

2. 试验结果

(1)产量:3 335m² 稻田收获稻谷 2 565kg,513kg/667m²,泥鳅 2 930kg,586kg/667m²。

(2)效益分析:泥鳅和稻谷总产值 74 680 元,其中泥鳅 70 320 元,稻谷 4 360 元;总投入 40 828 元,其中泥鳅苗种费 11 820 元,杂交稻种及育秧 380 元,饲料费 22 200 元,肥料 2 630 元,收割、防病捕捞等其他费用 3 798 元,获纯利 33 852 元。实现每 667m² 产值 14 936 元,每 667m² 纯利润 6 770.4 元。

3. 小结

(1)早稻—泥鳅轮作,克服了种稻与养鱼的矛盾,依据它们各自的生长周期,充分利用时间差,合理高效地利用稻田,同时泥鳅属小型优质鱼类,经济效益较高,具有养殖方便、病害少的特点,泥鳅与水稻共生时,水深要求不高,便于水稻生长,同时无需再开若干小鱼沟,只要1条主宽沟就可以,不与水稻争空间和水源,减少了劳动强度,在水稻收割排水时对泥鳅影响不大。

(2)本试验进行生态种养,提高了稻田整体生产能力与效益,与传统的稻田养鱼比较,有品种优、产量高、效益高的优点。

例62 稻田中放养亲泥鳅进行自然繁养的经验小结

2008年,辽宁大洼县平安乡小方村王立全在自家1 334m² 稻田采用生态法孵化泥鳅获得成功,据观察预测可产5~10cm的泥鳅苗种500kg,实际捕出250kg。由于缺乏经验,起捕时间过晚,气候转凉,一部分泥鳅钻泥无法捕出,就捕出的产量来看,经济效益也是非常可观的。250kg售价20元/kg,共5 000元,去掉全部费用1 500元,盈利3 500元,在不影响水稻产量的情况下,每667m² 稻田的额外收入1 750元,如能全部捕出,效果还会更好。现将具体过程介绍如下。

1. 孵化

(1)田间工程:在靠近水源沟渠一侧和田块中间挖一环形沟,宽60cm,深50cm,环沟内全部铺设20目纱窗网布防逃。

(2)消毒处理:每667m² 稻田用生石灰50kg、漂白粉15kg,彻底消毒和杀灭水生敌害生物等。

(3)肥水:于4月17日稻田来水后,将稻田全部灌满,每667m² 施豆饼7.5kg,全田扬撒均匀即可,主要是培植水中大量的浮游生物,解决鱼苗的开口饵料。

(4)投放亲鱼:5月10日收购野生泥鳅共380尾,亲鱼的选择标准是2冬龄的。健康无伤的成熟泥鳅12~16cm,体重15~

20g、腹大柔软、有光泽的雌鱼300尾,雄鱼10~12cm、体重12~15g、80尾,一并投放孵化稻田中,每天投喂饵料培育亲鱼。

(5)孵化

①将上水渠灌满水形成高水位,以备循环水用。

②在环沟内挂玉米皮子做鱼巢,供亲鱼产卵用。

③在5月底自然水温达23~25℃时,注意观察亲鱼雌、雄缠绕时,立即放水刺激,以循环水的方式,促进产卵,为保持较长时间的循环水促性腺发育,和亲鱼兴奋时预防种鱼外逃,在上水口处用5根接自来水用的塑料管做进水管道,水连放3天,至孵出小鱼苗为止。排水口用塑料管在坝埂向内前伸出80cm,并全部间隔2cm钻眼,然后包上细纱布,防止水生动物和鱼卵随着水排出。

④投喂:鱼苗孵出后,主要摄食水生动植物,加强水质调节,使其肥、活、嫩、爽,培养出更多、更好的天然饵料,供鱼苗食用。鱼苗孵出1周后,补充人工饲料,前期精喂需要40%的蛋白饲料,每天早、晚2次,后期投喂含蛋白30%的饲料。

(6)起捕:9月10日起捕,共捕鱼250kg,余者全部钻泥。

2. 存在的问题

(1)雌、雄种鱼的搭配不合理。泥鳅的雌雄配比1:1为宜,而2008年的小试却接近4:1,极不合理。

(2)因泥鳅的卵是半黏性的或黏性较差,需要较好的棕树皮做鱼巢,但没有买到,后选用玉米皮子代替,效果不理想。

(3)消毒药量过大,每667m²用15kg的漂白粉,超过用量标准既是浪费,同时又影响有益菌的生存和繁衍。

(4)根据泥鳅5~9月份可自然产卵的习性。应多批次地放水刺激产卵孵化。

(5)起捕时间过晚,应有的成果没全部收获,起捕时间应提前20~30天。

3. 改进意见

(1) 种鱼投放量应为 200 尾/667m², 雌雄比为 1:1。

(2) 在进水口处设种鱼集中坑, 面积要达 3m² 以上, 内设投饵台, 既节约饲料, 又为种鱼提供丰盛而充足的饵料, 让其吃饱、吃好, 避免饥饿时吃掉鱼卵。

(3) 设双层网: 在环沟内铺设的纱网上面, 间隔 5cm 以上设置一层种鱼进不去的大目网, 在种鱼产卵后如挂不上鱼巢, 落底后的卵可进入大目网下面, 防止亲鱼吃掉, 而安全孵化。

(4) 用棕树皮做鱼巢, 玉米皮网格质量差, 不利着卵, 应早做准备。

(5) 放急水刺激产卵, 环境变化大时可以刺激产卵, 在鱼即将产卵时, 先放急水刺激, 然后再保持正常循环水。

(6) 周期性放水刺激多批次产卵, 抓住 6～8 月份是泥鳅的产卵高峰, 为了提高鱼苗质量, 要多批次周期性放水, 种鱼周期性多批次产卵。

例 63 泥鳅池塘高效养殖总结

南京张玉文报道, 近年来, 南京市六合区水产养殖场开展了泥鳅池塘高效养殖试验, 试验面积 5.3m×667m, 养殖 4 个月, 纯利润达 6 700 元/667m²。现将主要养殖技术总结如下。

1. 养殖条件

养殖场地应靠近水源, 水质清新无污染, 进排水方便。土质为中性或微酸性的黏质土壤。阳光充足, 交通便利, 电力有保障。

养殖池塘为长条形, 面积 1 334～2 001m², 池深 0.7～1m, 水深 0.5～0.6m, 池壁泥土应夯实。沿塘内四周用网片围住, 网片下端埋至硬土中, 上端高出水面 20cm。池底铺 15～20cm 厚的淤泥。进水口高出水面 20cm, 出水口设置在池塘底部, 平时封住。进、出水口均用铁丝网防逃。

2. 放养方法

(1)放养前准备:放鳅前10天清整鳅池,堵塞漏洞,疏通进、排水管道,翻耕池底淤泥,用生石灰清塘消毒,每667m^2池塘水深10cm用生石灰70~80kg,化浆后全池均匀泼洒。清塘3天后,加水30cm,每667m^2施干鸡粪50kg,均匀撒在池内,或用100kg猪、牛、羊粪肥集中堆放在鱼池边,让其发酵腐化,视水质肥瘦当施肥。水体透明度20cm,以看不见池底泥土为宜。

(2)苗种放养:鳅种放养前用3%~5%食盐水消毒,浸洗时间为5~10min。4月份当水温升高到15℃以上时开始放养,每667m^2放养规格70~80尾/kg苗种1 000~1 500kg,或100~120尾/kg的苗种800~1 000kg。同一池中放养的鳅种要求规格均匀整齐。

3. 日常管理

(1)饲料投喂:水温15℃以上时泥鳅食欲逐渐增强,25~27℃食欲特别旺盛,超过30℃或低于12℃时,应少投甚至停喂饵料。当水温在20℃以下时,以摄植物性饵料为主,约占60%~70%;水温在21~23℃时,动、植物饵料各占50%;当水温超过24℃时,植物性饵料应减少到30%~40%。供泥鳅摄食的动物性饵料有动物内脏、蚯蚓、小杂鱼等,植物性饵料有豆粕、菜粕、麦麸、谷物等。一般每天上、下午各喂1次,日投饵量为泥鳅体重的4%~10%。投饵应视水质、天气、摄食情况灵活掌握,以次日凌晨不见剩食或略见剩食为度。投饵要做到定时、定点、定质、定量。一般养殖4个月左右即可收获,若市场行情好可提前收获,然后放养下一茬泥鳅。

(2)水质调控:养殖池水质的好坏,对泥鳅的生长发育极为重要。池塘水色以黄绿色为佳,透明度以20~30cm为宜。当水色变为茶褐色、黑褐色或水体溶氧低于2mg/L时,要及时加注新水,更换部分老水,以增加池水溶氧,避免泥鳅产生应激反应。通常每隔15天施肥1次,每次每667m^2施有机肥15kg左右。也可根据水色的具体情况,每次每 667m² 施 1.5kg 尿素或 2.5kg 碳酸氢铵,以保持池水呈黄绿色。

4. 效益分析

平均每 667m² 放养 75 尾/kg 的泥鳅苗种 1 200kg,收获商品鳅 1 840kg。苗种均价 8 元/kg,养殖 4 个月,平均饲料投入 10 800 元/667m²、人工 400 元、水电 100 元,成本 20 900 元/667m²,销售价 15 元/kg,销售收入 27 600 元,纯利润 6 700 元/667m²。

5. 关键措施

主要要加强巡塘,每天早、中、晚巡塘 3 次。

(1)检查堤坝,堵塞漏洞,保持水位,防止浮头和泛塘。

(2)观察泥鳅的摄食、活动和病害发生情况,及时清扫食场、捞除剩饵。

(3)防止蛇、鸭等进入池内伤害泥鳅。

(4)经常使用有机肥,保持池水肥、活、爽。

(5)夏季在鱼溜上搭遮阳棚,冬季浅水或排水过冬。6~10 月份每隔 2 周用二氧化氯消毒 1 次,每月全池泼洒生石灰 1 次,还可结合使用微生态制剂。天气闷热、气压低、下雷阵雨或连日阴雨时,应注意观察成鳅是否浮头。若浮头严重,应及时加注新水。做好养殖记录。

例 64 泥鳅无公害池塘养殖试验

江苏建湖县恒济镇肖召旺在建湖县芦舍村四组李守华的塘口 1# 池进行了无公害养殖泥鳅试验,结果实现了每 667m² 均获利近万元的好效益。现将该试验情况报告如下。

1. 材料与方法

(1)池塘基础条件:试验塘 1# 池位于该村北蚬河边,水源充沛,水质良好,远离生活区和污染区,符合无公害养殖用水要求。池塘四周无高大树木,避风朝阳。塘口呈长方形,东西向,池塘面积 1 334m²,池深为 0.9m,水深保持在 0.5m 左右,池壁泥土夯实,池塘四周用网片围住,网片下端埋入土中,上端防逃设施高出水面 40cm,预防泥鳅逃逸和敌害生物入侵,池底淤泥厚约 20cm。进、排水系统完备,进水口高出水面 20cm,溢水口设在池塘正常水平面处,出水口设置在池底鱼溜底部。进、溢、出水口用密网布包裹,池底向排水口倾斜,并设置与排水口相连的鱼溜,其面积约为池底的 5%,低于池底 30cm。池中配备了叶轮式增氧机 1 台。

(2)放养前的准备:苗种放养前 30 天进行清塘消毒,堵塞漏洞,疏通进、排水管道,清除池底过多淤泥,每 667m² 施生石灰 120~150kg 化浆趁热全池泼洒清塘消毒。放养前 10 天,加注新水 20~25cm,每 667m² 施 200~250kg 腐熟的人畜粪肥作为基肥。根据水质肥瘦情况适时施肥,待水色变绿,透明度为 15~20cm 后,即可投放鳅种。

(3)苗种投放:4 月 10 日上午(此时水温 15℃),选择体质健壮、无病无伤的鳅种 1 200kg,规格为 75~80 尾/kg,搭配放养鲢鱼夏花 24kg,鳙鱼夏花 36kg,放养前用 3%~5%食盐水浸洗 5~10min,或用 8~10mg/L 的漂白粉溶液浸洗 20~30min。

(4)饲料投喂:饲料投喂前先进行驯食 1 周,此时可投喂泥鳅喜食的动物内脏、畜禽下脚料和鱼粉等,待驯食成功后再投喂全价配合饲料,同时搭配投放动物内脏、蚕蛹、豆粕等。最初投放量掌握在泥鳅体重的 3%~5%,每天 2~3 次,投喂地点应在离池底 5cm 左右的食台上,切忌撒投。随着气温上升和鳅鱼的体重增加,应逐步加大投喂量。当水温达到 25~28℃时,泥鳅摄食旺盛,投饵量应提高到 10%。当水温高于 30℃或低于 12℃时,应少投喂或不投喂。

(5)水质调控:池中应投放浮萍、水花生、水葫芦等水生植物。覆盖面积约占水体表面积的 1/4。保持池水呈黄绿色,透明度 20~30cm,pH 值呈中性或弱碱性。当水色变为茶褐色、黑褐色时,或水中溶氧低于2mg/L时,及时注入新水,更换部分老水。泥鳅喜肥水习性,应每隔10~15天施肥1次,每667m²施人畜粪肥100~150kg。在高温季节应常换水,并增加水深。如果泥鳅常游到水面浮头"吞气",表明水中缺氧,应停止施肥,及时开动增氧机,注入新水,始终保持水质"肥、活、嫩、爽"。冬季要增加池水深度,并可在池角四周施人畜粪肥,以提高水温,确保安全越冬。

(6)日常管理:每天早、中、晚各巡塘1次,做好池塘记录。在做好检查堤坝、堵塞漏洞、保持水位、防止浮头和泛塘、注意观察泥鳅摄食和活动情况等工作的同时,经常清扫食物,捞除残留饲料,特别要注意鸭子、青蛙和水蛇进入池内伤害泥鳅。夏季要在鱼溜上搭棚遮阳,冬季要保温过冬。

(7)捕捞收获:可用罾网沉入池底部,再将泥鳅喜食的沉性饵料投在网中央,待鱼群聚集网中时,起网拉起来即可捕获。也可在排水口处张网,即夜间排水,泥鳅随着排水落入网中被捕获。

2. 试验结果

(1)投入情况:苗种费21 900元(其中,泥鳅21 600元、鲢鱼夏花120元、鳙鱼夏花180元),饲料(肥料)4 283元、药物60元、水电费120元、塘租360元、其他100元,合计26 823元。

(2)产出情况:泥鳅1 980kg,计35 640元;鲢鱼95kg,计475元;鳙鱼142kg,计710元;其他150元。合计36 975元。

(3)效益分析:总效益为10 152元,每667m²均8 460元,投入产出比为1∶1.38。

3. 小结与体会

(1)池塘面积不宜大,一般为667~1 000.5m²,池塘标准要求较高,水、电、排灌设施等一应俱全。

(2)抓住有利时机,适时销售。采取捕大留小的捕捞方法,使池塘保持一个合理的载鱼量,以提高泥鳅的规格和产量。

例65 洼地养泥鳅的技术总结

2007年,祝少华在河南省虞城县北部沿黄背河洼地池塘中进行泥鳅无公害养殖试验,取得了较好的养殖效果。现将养殖技术介绍如下。

1. 池塘的选择与改造

养殖泥鳅的池塘应选择在水源丰富、水质清新、进排水方便的地方,养殖池塘的面积在 2 001m² 左右,池塘的水深要求在 55~65cm,池塘口设置高 1~1.2m,宽 15m 左右的保水埂,池塘要求不渗漏。养殖池塘要设置进、排水系统,池塘一端设置直径为 80mm 的 PVC 管做进水管,由阀门进行控制。池塘另一端设排水管,埋在池塘底下 1m 处,以便形成落差,利于排水。排水管通过套接弯头连接直径为 160mm 的 PVC 管,竖立水中,露出水面 40~50cm,上半部分钻有 100 个直径为 3mm 的小孔,当水位高出要求的水位 50~60cm 时,即自动排水,实现控制水位的目的。池塘四周靠边埋设防逃网,防逃网地下深埋 60cm,地上竖立 100cm,上有网纲,用毛竹支撑。池塘内种植一些水生植物,如慈姑等,以利于泥鳅的生长。池塘配置机井 1 口,装有 5.5kW 水泵,实现微流水交换,这样既保证了高温季节的降温需求,又保证池中不缺氧。

2. 培养肥泥、肥水

池塘改造完成后,泥鳅苗投放前 20~30 天,每 667m² 池塘用 20~25kg 生石灰化水泼洒全池消毒,放养前 4 天加注新水,7 天后再施足基肥,每 667m² 施干质鸡粪 300~400kg,均匀的撒在泥鳅池内,施用猪、牛、羊粪也可以,数量要适中,可集中堆放在养殖泥鳅的池内,让其充分发酵腐化。以后养殖过程中视水质肥瘦再适时追肥。池水的透明度保持在 20~30cm 为宜。

3. 泥鳅苗放养

泥鳅苗放养时间根据情况而定,一般在 6 月中旬,泥鳅大量上市时收购放养。泥鳅放养前用浓度为3‰～4‰的食盐水浸泡4～5min消毒。泥鳅苗放养要求规格大小一致,以免大小悬殊,导致大吃小。放养实行分级放养,放养密度:中等规格的泥鳅(90尾/kg)每667m²放养1 000kg,小规格的泥鳅(300尾/kg)每667m²放养800kg,同池放养的泥鳅要求规格均匀、无病无伤。

4. 水质调节

养殖池塘水质的好坏对泥鳅的生长发育极为重要。通过施放有机肥,调节水色为黄绿色,透明度为20～30cm左右,酸碱度为中性或弱酸性,保持微流水。若水质太瘦,透明度过高,要适当追施有机肥肥料。池水温度保持在25～28℃,当水温超过高限时马上加注井水降温,保持水位在50～60cm等措施进行水质调节。

5. 科学喂养

投放泥鳅种苗5天后开始少量投饵,逐步诱食、驯化,当泥鳅对投饵形成条件反射时再加大投饵量,以后逐步增加到泥鳅体重的30%～40%。投喂的饲料以专用颗粒饲料为主。泥鳅性贪食,喜欢夜间觅食,经过驯化可改为白天摄食。一般每天投饵4次,时间为上午6:00、11:00,下午14:00、18:00,投饵量分别占日投饵量的30%、20%、15%、35%。

6. 日常管理

主要是加强巡塘,坚持每日早上、中午、傍晚和夜间零时4次巡塘,观察池塘水色水质变化情况、泥鳅的活动情况、泥鳅吃食情况、设施运转情况等,并做好记录。高温季节保持微流水,每天注入新水,日交换量达10%以上。每天投饵时,观察有无泥鳅逃到网外,检查有无因老鼠嚼咬、操作不慎造成防逃网损坏等。经常用地笼在网外捕捞,根据捕捞量的多少,大体判断漏洞所在位置,以便人工检查、修复。

7. 病害预防

泥鳅的疾病应以防为主,只要水质清新,泥鳅一般没有病害。

通过水质调控措施,形成良好的水域环境,泥鳅就会生长旺盛,抵抗力强。要尽量做到不用药或少用药,避免有关的药物残留,实现无公害标准化健康养殖和水产品质量安全。

泥鳅在气温低于5℃时就停止摄食,不再生长,可大批捕捞上市或采取必要措施进行越冬。

例66 提高泥鳅水花培育成活率的经验小结

2007年6～7月份,安徽省怀远县渔业科技公司突破泥鳅苗种培育成活率低的难关,泥鳅水花培育的成活率达40%～50%,每667m^2产180～250kg。2008年,全面推广应用,取得了较好的成效。现将该公司具体做法总结如下。

1. 池塘条件

培育泥鳅苗的池塘面积不宜大,一般长30m,宽10～15m,深1.2～1.5m,池坡比为1:3,底泥厚度不超过15cm。

2. 清塘消毒

放苗前10天保留池水10～15cm深,每667m^2用生石灰150～200kg化浆后泼洒全池,包括池坡。清塘2天后经过滤注水50cm深左右。泥鳅苗下塘前2天用密眼网拉空网,检查有无敌害生物,若有须重新清塘。

3. 培育饲料生物

注水后,每667m^2施发酵过的有机粪肥200～300kg。泥鳅苗下塘前3～4天,泼洒豆浆培育天然饲料生物,平均每667m^2每天泼洒2.5kg大豆磨成的豆浆。

4. 鳅苗放养

(1)放养时间:泥鳅苗孵出后在人繁环道池内黄苗后(4～5天)即可采集下塘。选择晴天上午9:00～10:00或下午16:00～17:00下塘。选购泥鳅苗要仔细观察苗种质量,质量差的不能放养。同一培育池中要放同批孵出的泥鳅苗,以免影响成活率和出池规格。

(2) 运输、放养方法与放养密度：泥鳅苗用特制的尼龙袋加入适量调节好的新水，每袋装 10 万尾，充氧运输。放苗时先测量培育池与尼龙袋内的水温，水温相差 2℃ 以上时不能放苗，否则会引起死亡。将尼龙袋放入培育池水中，约 20min 泥鳅苗适应培育池水温后，选择背风向阳、无浑水的地方，在池边将泥鳅苗缓慢放入培育池中。有条件的也可采用"饱食"下塘法，即泥鳅苗下塘前采取措施喂食。一般每 667m^2 放泥鳅苗 50 万～60 万尾。

5. 饲料投喂

泥鳅苗下塘后，每天泼洒 4 次豆浆，分别为上午 9:00、11:30 和下午 14:00、16:30。要泼洒全池，包括培育池拐角处。豆浆现磨现喂，1kg 大豆加水磨制 10～12kg 豆浆。开始每 667m^2 每天投喂 4kg 大豆磨制的豆浆，5 天后视水质情况适当增减。豆浆投喂 15 天左右，改用蛋白质含量 35% 左右的鱼用全价颗粒饲料磨成粉状投喂。

6. 日常管理

每天坚持早、中、晚 3 次巡塘，观察水色变化和泥鳅苗活动情况，清除敌害。午后要密切注意气泡病的发生，发现后立即加水急救。提前采用药物预防车轮虫病。整个培育阶段水深保持 50～80cm，7～10 天注排水 1 次，每次 10～15cm，并每 667m^2 用 1kg 光合细菌泼洒全池，池水透明度保持 20～25cm，根据水质酌量施有机肥，水质肥沃较好。用长 40cm、直径 1.5cm 左右的白色小木棒，贴近池坡看得见的地方，平地缓慢地向前赶动，即可观察到泥鳅苗，后期用手抄网抄捕，可初步判断泥鳅苗的密度和成活率，以便日常管理。

7. 捕捞

傍晚泥鳅活动最频繁，为主要捕捞时间。捕捞体长 4～8cm 的泥鳅苗用 9 目聚乙烯网布缝制的地笼网即可，地笼网长度应超过培育池宽度1m左右。地笼网沉没水中,两端吊离水面30cm左右。如发现两端下沉,应及时把苗种倒出。每隔3m下1条,约1h收集1次。捕捞后期需排出池水的一半,再加新水刺激继续笼捕,捕捉率98%以上。经过泥鳅规格筛筛选后,分别放入暂养池内待售。

8. 小结

(1)生产中可单一采用豆浆培育水质,容易控制水质的变化,也可减少气泡病、车轮虫病的发生,但成本较高。

(2)苗种培育中存在个体大小差异。下塘3天内看不到差异,7天后逐渐明显,培育15天大苗体长可达2cm,而小苗体长仅0.8~1cm;培育1个月,大苗体长可达6~7cm,小苗体长仅为2~3cm,这种差异的原因是:由于泥鳅种类较多,生产中采用批量催产,没有分品种单独繁殖泥鳅苗;另外,催产时间有差异,每批泥鳅苗出膜时间亦有差异,因而在育苗中形成生长方面的较大差异。

例67 莲藕池养泥鳅的技术总结

水泥池内种植莲藕技术在山东省各地得到广泛应用,在此基础上发展起来的藕、鳅高效种养技术,也正在临沂市的平邑、郯城、临沭等县区推广开来。山东省临沭县刘娜将其技术要点总结如下。

1. 水泥池的建造

水泥池应尽可能选在便于进水和排水的地方。建池前,首先把地面压实整平,水平相差不超过2cm。整平后,上面铺1层白色防渗膜,防渗膜上再铺1层黑色保温膜。防渗膜的作用是防止水分渗漏,保温膜的作用则是减少池内热量的散失。实践证明,采用铺双膜的做法,可使池内夜间温度比不铺膜的池内温度高出2~3℃,其优点是促进莲藕的生长,延长莲藕的生长期,挺高莲藕的产量和品质,同时对泥鳅的生长也有促进作用。双膜铺好后,在膜上浇筑1层高3～5cm的混凝土。池墙用空心砖砌成（不用红砖），墙高60cm左右，墙体抹1层水泥浆，堵住漏洞，以防漏水和泥鳅逃走。水泥池上设排水口，其作用是预防溃堤，日常也好换水。排水口用不锈钢密眼网封住，目的也是防止排水时泥鳅外逃。

2. 莲藕的栽植和泥鳅的投放

藕池建好后，开始填土施肥。土质以有机质丰富的壤土为好，肥料则以腐熟的鸡粪、人粪、牛粪为主，每667m^2用量为1 500～2 000kg，不能用猪粪、狗粪或化肥。填土前要将粪土泥混合均匀后填入池内，土层高度在16cm左右。土层填好后开始向池内放水，时间保持在1个星期左右，目的是进行浸池脱碱。清明节前后，当气温保持在15℃以上时，开始植藕，每667m^2用种藕200kg左右。常见的莲藕品种有：南斯拉夫白雪藕、鄂莲5号、湖北179等。莲藕的栽植深度为15cm左右。栽藕后即可投放泥鳅。要选体壮、无病、无伤、大小均匀、大小规格为0.5g/尾的泥鳅，每667m^2投放6 000～10 000尾为宜。

3. 日常管理工作

藕、鳅同池后的日常管理比较简单，主要抓好以下3点：

（1）控制好水位：日常水位一般保持在15～20cm，结藕期水位保持在40cm左右。7～8月份高温季节，注意加注新水和换水，防止池内温度过高烫死泥鳅。汛期则应及时排水，防止水淹荷叶和泥鳅外逃。

（2）投放饵料：泥鳅放养后，可适当投喂麸皮、饼类、蚯蚓、动物内脏等，每次一般按泥鳅体重的5%～8%进行投放。定期向藕塘中泼洒发酵的粪水，培育浮游生物做饵料，每次每667m^2泼洒粪水50～100kg，为泥鳅提供优质浮游生物饵料。

（3）泥鳅防病：藕、鳅同池，改善了水体环境，生态防病效果好，但也要做好人工防病工作。要在苗种放养前，用1‰高锰酸钾溶液或3%～5%食盐溶液浸洗5min，杀灭寄生虫并对泥鳅的腐皮病、肤霉病、烂尾病等有较好的预防作用。

4. 收益分析

一般来说，每 667m² 水泥池可收藕条 2 000～3 000kg，泥鳅 180～250kg。按目前市场价格计算，年收入可达 1.2 万～1.8 万元。对于新池种养户来说，当年可收回成本；对于老池种养户来说，除去成本，每年纯收入应在 1 万元以上，效益相当可观。

例 68　池塘养泥鳅增效益

密山市和平乡庆余村刘中林在水产技术人员的指导下，及时调整养殖品种结构，利用 6 670m² 池塘主养泥鳅，获得了较高的经济效益。现将其经验总结介绍如下：

1. 主要技术措施

(1) 选好池塘：选择一口面积 6 670m²，水深 1.0～1.5m，水源充足，水质良好无污染，注排水方便的池塘。根据泥鳅鱼下雨逆水易逃的生活习性，在池塘四边布下小眼围网，网片高 50～80cm，基本上解决了防逃问题。

(2) 合理密放：根据泥鳅鱼耐低氧、适合密养等特点，加大了放养密度。2004 年 4 月 28 日，投入泥鳅苗种 800kg 184 000 尾。平均每 667m² 放 80kg 18 400 尾。另外，搭配花鲢乌仔 8 000 尾，放养密度 800 尾/667m²；白鲢乌仔 10 000 尾，放养密度 1 000 尾/667m²。

(3) 强化饲养：鱼苗入池后，初期水温低，每日定时、定点投喂 2 次豆饼糊散料，一般以 1h 之内吃光为宜。随着水温升高，鱼摄食量增加，改为投喂全价颗粒破碎料。与此同时，定期注水，提高水位，保持水质肥活嫩爽，为鱼类生长提供良好的生活环境。每天早、中、晚各巡塘 1 次，主要检查围网是否有漏洞，随时做好防逃工作。

(4) 加强防病：坚持无病先防，有病早治的原则，在整个饲养期投喂 2 次药饵,在料台周围泼洒漂白粉及杀虫药 1 次,从而有效地防治了鱼病。

2. 养殖效果

经过 125 天的饲养,总产鱼 2 650kg,其中:泥鳅鱼 1 650kg,平均规格 25g,每千克售价 20 元,产值 33 000 元;产花鲢 500kg,规格 75g,每千克售价 5 元,产值 2 500 元;产白鲢 500kg,规格 50g,每千克售价 3.6 元,产值 1 800 元。总产值 37 300 元,总成本 19 300 元,总获利 18 000 元,每 667m² 获利 1 800 元。

例 69　池塘网箱规模化养殖泥鳅

2006 年,江苏省兴化市张风翔报道,该市同心特种水产科技有限公司进行了池塘网箱养泥鳅试验,并取得成功,现将其养殖技术介绍如下。

1. 池塘选择

池塘选择在本市西郊镇水利站所属养殖场(位于该镇西家村南),选择其中一口塘约 7 337m²,水深 1.6m,该池塘进排水方便,水质良好,池塘中共设置了 120 口网箱。

2. 网箱规格与设置

网箱采用 0.6 目大小的无结聚乙烯网片制成,网箱的长×宽×高为 5m×2m×1.3m,每口网箱框架用 6 根竹竿搭制,直接固定于水中。网箱底部铺设秸秆、稻草或肥泥,厚度大约 10～15cm,供泥鳅休息。另一种安装方法:不放泥,水下部分为 1m,水上部分为 0.3m,箱底距池底约 0.5m。

安置网箱:在泥鳅苗种放养前 15 天,使网箱壁附着藻类,并在网箱内移植水花生,覆盖面积不超过网箱面积的 1/3,平均每 667m² 水面放置 11 口网箱。

值得注意的是在网箱上方一定要加设盖网,泥鳅特有的肠呼吸功能,在网箱中经常上、下窜动,吞食空气,养殖生产中容易被水鸟啄食,加设盖网可以避免鸟类偷吃,减少经济损失。

3. 鱼种放养

鱼种投放最好选择水温18℃以上的晴好天气,种苗要求无病无伤、健康活泼,规格在5g/尾左右的土池自繁人工苗,每口网箱按200尾/m²左右放养。2~3月份在池塘网箱外每667m²放青虾苗3~5kg。

4. 饲料与投喂

泥鳅属杂食性鱼类,水温的不同,饲料的配方及投喂量也不同,网箱养殖泥鳅以人工投饵为主,投饵时要坚持"四定"原则,及时清除食台上残饵,本试验以采用膨化颗粒料适当搭配自行培养的无菌蝇蛆,并根据水温调整投喂量,在水温<20℃时,投饵量占鱼体重的1.5%~3%;在水温20~23℃时,投饵量占鱼体重的3%~5%;在水温23~28℃时,投饵量占鱼体重的5%~8%;在水温>30℃时,少投或不投。

5. 日常管理

每天早、晚巡塘,检查网箱有否破损,泥鳅活动是否正常,7~8月份高温季节,要防止水花生疯长,并及时清除网箱多余水花生,保持其面积不超过1/2。

6. 疾病防治

泥鳅抗病力较强,病害发生较少,但平时必须注重预防,特别是要注意防治机械损伤,泥鳅苗入箱后,最好采用0.5mg/kg的聚维酮碘泼洒,可有助于受伤苗种愈合伤口,待苗种驯食正常后,采取内服外洒的方法,杀灭体内外寄生虫。平时要定期杀菌、杀虫,预防病虫害发生,并采用微生物制剂调节好水质,高温季节采取微流水,有助于提高池塘水体溶解氧,加快生长速度。

7. 养殖效益

12月10日经测产销售,120口网箱泥鳅总产量5 250kg,每667m²产476kg,市价24元/kg;网箱外青虾收获270kg,每667m²

产 25kg,市价 24 元/kg,总产值 126 000 元,总纯收入 60 000 元,平均 5 450 元/667m²。

8. 体会与小结

(1)因本试验池塘夏天外河水有点浑,故养殖密度受到一定的控制,如水质调节好,每 667m² 还可增加 8 个箱,每 667m² 可增产量 400~500kg。

(2)本试验池塘产出的泥鳅规格为 50 尾/kg,如苗种规格提高到 10~15g/尾,上市规格还要大一些,经济效益会更高一些。

(3)整个养殖过程未洗刷网箱,如平时定期洗刷,加快箱体内外的水体交换,使网箱水质保持最佳,保持网箱内外水体的通透性,并能使足够的饵料生物进入箱内,更有利于泥鳅生长。

例 70 稻—蟹—泥鳅生态种养效果分析

依据泥鳅可以残饵、鱼粪为食和循环经济原理,应用有机物多层次利用技术、物种互惠共生技术和无公害食品生产技术,将稻田养河蟹和稻田养泥鳅两个生态系统有机地结合起来,形成稻护蟹,蟹吃饵料,泥鳅吃残饵、蟹粪,泥鳅粪肥田的"稻—蟹—鳅田生态系统"。本文采用田间试验的方法,分析了"稻—蟹—鳅田生态系统"的能流、物流和价值流,为加快稻田地区经济发展提供科学依据。

1. 研究内容及方法

(1)试验概况:试验地选择在大洼县新开镇一农户稻田,大气、土壤及灌溉水等环境条件符合无公害水稻产地环境条件和水产产地环境条件要求。土壤类型为黏质盐渍型水稻土,年平均气温 8.9℃,≥5℃ 时的活动积温 3 551℃,≥10℃ 时的活动积温 3 509℃,年降水量 633.6mm,蒸发量 1 551.7mm,无霜期 171 天,年平均日照时数 2 787h。

(2)试验内容:试验设 Ⅰ 单作稻、Ⅱ 稻—蟹、Ⅲ 稻—蟹—鳅①、Ⅳ 稻—蟹—鳅②、Ⅴ 稻—蟹—鳅③,5 种生态系统,3 次重复,随机排列。每个生态系统面积为48m²,其间筑田埂,实行单排单灌。Ⅱ、Ⅲ、Ⅳ、Ⅴ生态系统各放扣蟹35只(7g/只),Ⅲ生态系统放鳅种25条,Ⅳ生态系统放鳅种35条,Ⅴ生态系统放鳅种45条,鳅种单体重均为8g/条。

(3)系统结构、边界、物质输入和输出的记载,能量、营养成分、经济价值的折算:试验设5种生态系统,3次重复。以其所辖地块范围为系统边界,文中所列数据为3次重复平均值。分别记载各生态系统当年输入、输出物质的种类、数量,并按相应的折算系数折算出能量和氮、磷、钾含量及经济价值。

(4)水稻栽培:水稻栽培按无公害水稻生产技术规范操作。5月20日插秧,密度为25穴/m²,3~4株/穴,水稻品种为辽粳9。为了弥补环沟占地减少面积,环沟边适当加大插秧密度。插秧时田间保持水层5cm左右,插后至分蘖期保持水层7~10cm,分蘖至成熟前根据稻株高度控制水深在10~20cm,水稻成熟后排水落干。插秧前用丁草胺加一克净封闭,插后不施农药。每个生态系统施尿素1.7kg,复混肥(16-16-12)1.8kg,稻草灰3.6kg。10月10日按生态系统收获水稻。5种生态系统(48m²)稻谷产量:单作稻41.6kg,稻—蟹43.6kg,稻—蟹—鳅①43.7kg,稻—蟹—鳅②45.1kg,稻—蟹—鳅③43.3kg。

(5)河蟹及泥鳅养殖:河蟹养殖按无公害中华绒螯蟹养殖技术规范操作,泥鳅养殖按稻田养鱼技术规范操作。稻—蟹田、稻—蟹—鳅田四周挖环沟,沿田埂围防逃布,进、排水口设双层密栅拦网。6月27日将经过暂养的扣蟹、鳅种放入相应的生态系统,放前换2次新水,放后每隔3~5天换1次新水,每次换水量为田间水体总量的1/3(不能撤干)。扣蟹、鳅种放入后,Ⅱ、Ⅲ、Ⅳ、Ⅴ生态系统每天投喂1次饵料,各生态系统每次投喂量按Ⅱ生态系统河蟹体重的5%~6%(随着河蟹体重增加而增加)。各投喂豆粕4.1kg,玉米面0.86kg。养殖期蟹、鳅未发生病害,没有使用化学药物。9月6日按生态系统捕捞泥鳅,9月14日捕捞河蟹。4种生态系统(48m²)蟹、鳅产量:稻—蟹产成蟹2 350.2g(76g/只)、稻—蟹—鳅①产成蟹2 273.4g(74.3g/只)、成鳅699.7g(31.4g/条)、稻—蟹—鳅②产成蟹2 291.2g(74.7g/只)、成鳅906.7g(27.4g/条),稻—蟹—鳅③产成蟹2 232.5g(76.7g/只)、成鳅1 068.8g(25.1g/条)。

2. 结果与分析

(1)能流分析:本文直接生理能包括化石能(化肥、农药、农膜、灌溉水)和有机能(稻种、稻草灰、扣蟹、鳅种、饵料),间接生理能包括农业机械、劳力。初级品产出能指稻谷、稻草,次级产品产出能指成蟹、成鳅。系统能量分析结果表明:

①稻—蟹田、稻—蟹—鳅田有机能输入占人工辅助能输入百分比在15.33%~15.51%,比单作稻田的2.16%提高13.17~13.35个百分点,与稻—蟹田的15.33%相近。

②稻—蟹—鳅田饵料转化率在16.67%~18.33%,比稻—蟹田的13.89%提高2.78~4.44个百分点(表2-13)。

表2-13　5种生态系统能流分析($\times 10^4$ kcal/48m²)

项 目	生态系统				
	单季稻	稻—蟹	稻—蟹—鳅①	稻—蟹—鳅②	稻—蟹—鳅③
太阳能输入	6 619.25	6 619.25	6 619.25	6 619.25	6 619.25
人工辅助能输入	11.13	13.50	13.53	13.54	13.54
直接生理能输入	10.40	12.76	12.78	12.79	12.80
有机能输入	0.24	2.07	2.08	2.09	2.10
饵料能输入		1.80	1.80	1.80	1.80
间接生理能输入	0.73	0.74	0.74	0.74	0.74

第二章　泥鳅人工养殖实例

续表

项　目	生态系统				
	单季稻	稻—蟹	稻—蟹—鳅①	稻—蟹—鳅②	稻—蟹—鳅③
有机能输入占人工辅助能输入(%)	2.16	15.33	15.37	15.44	15.51
总产出能	28.62	30.34	30.47	31.36	30.63
初级产品产出能	28.62	30.09	30.17	31.04	30.30
次级产品产出能		0.25	0.30	0.32	0.33
光能利用率(%)	0.43	0.46	0.46	0.47	0.46
人工辅助能产投比	2.57	2.25	2.25	2.32	2.26
直接生理能产投比	2.75	2.38	2.38	2.45	2.39
间接生理能产投比	39.21	41.00	40.77	42.38	41.39
饵料转化率(%)		13.89	16.67	17.78	18.33

(2)物流分析:物流分析结果表明:

①稻—蟹—鳅田输入有机氮、磷、钾占输入氮、磷、钾百分比在15.60%～16.00%,比单作稻田的1.22%提高14.38～14.78个百分点,与稻—蟹田的15.97%相近。

②稻—蟹—鳅田48m^2氮盈余470.3～514.9g,比单作稻田的305.1g增加165.2～209.8g,与稻—蟹田的509.6g相近(表2-14)。

表明系统生产已走良性循环,物质的输出以输入为前提,输入不再是对带走物质的补充。这对改良土壤、提高地力和稻田可持续发展具有十分重要的意义。

表2-14　5种生态系统物流分析($g/48m^2$)

项目	生态系统				
	单季稻	稻—蟹	稻—蟹—鳅①	稻—蟹—鳅②	稻—蟹—鳅③
输入氮(N)	1 079.5	1 337.6	1 339.3	1 339.6	1 339.7
输入磷(P_2O_5)	314	359	359	359	359
输入钾(K_2O)	512	594	594	594	594
输入有机氮(N)	4.3	263.5	264.1	264.4	264.5
输入有机磷(P_2O_5)	2.1	69.3	69.3	69.3	69.3
输入有机钾(K_2O)	16.8	33.0	33.0	33.0	33.1
输入有机氮磷钾占输入氮磷钾(%)	1.22	15.97	15.60	15.60	16.00
输出氮	774.4	828	824.4	869.3	828.3
输出磷	312.5	332.2	329.2	339.2	330.3
输出钾	449.2	530.6	526.5	542.9	529.8
系统盈余氮	305.1	509.6	514.9	470.3	511.4
系统盈余磷	1.5	26.8	29.8	19.8	28.7
系统盈余钾	62.8	63.4	67.5	51.1	64.2
氮磷钾输出/输入	0.81	0.74	0.73	0.76	0.74

(3)价值流分析:分析结果表明:

①稻—蟹—鳅田及稻—蟹田产值、利润、每个工效益、每投入1元钱的产值均比单作稻田高。

②稻—蟹—鳅田产值、利润、每个工效益比稻—蟹田高,$48m^2$利润在73.43～79.78元(表2-15)(折合15 298～16 621元/hm^2),比稻—蟹田的71.40元增加2.03～8.38元(折合423～1 746元/hm^2)。养泥鳅利润在3.84～5.72元,其中以稻—蟹—鳅①放鳅种25条利润增加最多,为5.72元(折合1 192元/hm^2)。

经检测,稻—蟹—鳅田生产的稻谷、河蟹、泥鳅符合无公害食品卫生指标要求。

表2-15 5种生态系统价值流分析(工、kg、元/48m²)

生态系统	投入			产出		效益		
	物资	劳力	合计	产量	产值	利润	每工效益	每元产值
单季稻	31.70	17.27	48.97	41.6	89.86	40.89	47.35	1.84
稻—蟹	47.5	18.02	65.17	46.0	136.57	71.40	79.26	2.10
稻—蟹—鳅①	47.63	18.02	65.65	46.7	142.31	76.66	85.10	2.17
稻—蟹—鳅②	48.11	18.02	66.13	48.3	145.91	79.78	88.57	2.21
稻—蟹—鳅③	48.58	18.02	66.60	46.6	140.03	73.43	81.52	2.10

3. 小结与体会

(1)稻—蟹—鳅生态系统应用了有机物多层次利用技术、物种互惠共生技术和无公害食品生产技术,在不增加稻田养蟹投喂饵料的情况下增收一部分泥鳅,提高了饵料转化率,进一步提高了稻田经济效益。同时由于有机能输入百分比和系统氮、磷、钾盈余较高,这对改良土壤、提高地力和稻田可持续发展具有十分重要的意义,是一种新型的生态农业模式,可在养成蟹的稻田推广。

(2)在推广中要控制鳅种投放量,稻田精养成鳅每平方米放鳅种以不超过0.53条为宜。

例71 长薄鳅人工繁殖试验

列入中国濒危动物红皮书的长薄鳅(*Leptobotiaelongata* Bleeker)隶属于鳅科沙鳅亚鳅科薄鳅属,是鳅科鱼类中生长最快、个体最大的一种,常见个体0.2~0.4kg,最大个体3.0kg,主要分布在长江中、上游江段及其支流。长薄鳅体色鲜艳,体表分布有不规则深褐色斑纹,肉中含蛋白质17.82%、脂肪2.26%,是一种既可观赏,又可食用的名优经济鱼类。然而,近20多年来,由于人为过度捕捞和生态环境破坏等原因,长薄鳅资源急速下降。为了拯救濒危物种,10余年来,我国已有不少单位开展长薄鳅开发利用研究,进行种源收集和池塘驯化养殖,开展人工繁殖和苗种培育。2006年,黑龙江省合江林业科学研究所特种养殖研究室课题组科研人员对长薄鳅进行室内繁殖试验,获得成功。现将试验过程介绍如下。

1. 试验材料

(1)种鳅:种鳅从四川水产鱼类研究所引进,其亲本为长江上游金沙江雄江段的野生鳅。亲鳅必须选择3龄以上、体质健康、无伤病、体表黏液正常的做亲本,其雄鳅800g以上,追星明显;雌鳅1 500g以上,腹部膨大、柔软、有弹性呈微红色,生殖孔红肿,性成熟达到Ⅳ期末。

(2)器具:试验用器具主要有研钵、剪刀、镊子、硬质羽毛、500~1 000mL细口瓶、吸管、500mL烧杯、毛巾、水盆、水桶、医用注射器及4号注射针头。

(3)催产剂:鱼类垂体促性腺激素、绒毛膜促性腺激素(HCG)、促黄体生成素释放激素(LRH-A)、欧地酮。

2. 试验方法

(1)亲鳅暂养投喂:把选择好的亲鳅放入直径为1m的塑料盆中暂养观察,投喂红线虫、水蚯蚓等食物。

(2)人工催产

①催产剂的配制:催产剂的使用剂量具体视亲鳅大小、性腺发育情况和催产季节而定。亲鳅个体大、性腺发育好的可适当减少催产剂的剂量;反之,应增加剂量。一般催产前期催产剂的使用剂量大,后期剂量小。本试验每尾雌鳅用LRHA 5~8μg,结合欧地酮5~10μg;HCG 300~400U,雄鳅用量减半。配制时用生理盐水或格林液稀释,每尾亲鳅注射剂量为0.2~0.3mL。

②人工催产:人工催产分别在2006年5月24日、6月5日和

6月17日下午16：00分3组进行。人工催产，采用体腔注射，注射部位为胸鳍基部。注射器与鳅体胸鳍根部呈30°角，针头朝向鳅头部方向，入针深度为1.0~1.5cm。有成功经验表明，水温分别在20、25、27℃时注射激素后亲鳅分别在15、10、8h发情。该试验选择水温20℃、傍晚注射，这样15h后发情，有利于观察发情情况，以便及时采卵受精。

进行人工授精操作时，先捞出雄鳅，剖开腹部，取出精巢，放入研钵，用剪刀剪碎，加入林格液或0.1%生理盐水制成稀释液，然后捞出雌鳅，用毛巾包好仅露出肛门至尾部一段，从前至后轻压雌鳅腹部，使成熟卵子流入烧杯中，随即加入精巢稀释液，用羽毛轻轻搅拌，让卵子充分接触精液受精，受精时间约2min。

(3)鳅卵孵化：把受精卵放入孵化池内的棕榈皮上，保持水的流速为0.2m/s，水深20cm以上，每平方米放鳅卵1万粒，上方要遮阳，避免阳光直射，每天换孵化池内1/3的水以提供充足的溶氧。有成功经验表明，孵化水温为18、20~21、24~25、27~28℃时，鳅苗孵化出膜所需时间分别为70、50~52、30~35、25~30h，该试验选择24~25℃孵化水温。

3. 试验结果

长薄鳅在黑龙江省合江林业科学研究所北方室内人工繁殖试验首获成功，具体试验结果见表2-16。

表2-16　长薄鳅催产孵化情况统计

时间(月、日)	催产药	雄亲(尾)	雌亲(尾)	产卵数(万粒)	孵化率(%)
5、24	HCG	10	6	1.2	58.83
6、25	LRH-A	9	4	1.5	75.78
6、17	欧地酮和LRH-A	9	6	2.2	81.87

4. 小结与体会

(1)成熟度对产卵的影响：经试验研究证实，长薄鳅亲鳅在北方5月下旬只有部分性成熟,到6月上旬才全部充分成熟,性腺成熟同比四大家鱼迟10~20天,可以通过强化亲鳅选择、驯化培育、开春后强化培育、投喂等技术环节促使长薄鳅发育成熟。北方室内养殖条件下,长薄鳅催产最佳时间为6月中旬,太晚长薄鳅已自然发情,不利于人工催产。

(2)催产剂选择对催产的影响:试验表明单独使用HCG或LRH-A效果都不好,最好是HCG或LRH-A与欧地酮混合使用。当剂量偏低时,雌鳅腹部虽然也膨大,但不流卵,也很难挤出成熟卵;当剂量偏高时,雌鳅会因卵巢过度膨胀难产死亡,挤出的卵粒呈糊状,只有剂量合适,才能使亲鳅在预计的时间内自行产卵受精,或人工授精时雌鳅才能顺畅地挤出晶莹饱满的卵粒,雄鳅精巢才会充满精液。该试验总结的最佳剂量为LRH-A 10~15mg/kg体重,HCG按雌鳅每克体重用20~35U计,雄鳅减半,而欧地酮为每千克体重不超过5~10mg,每尾注射液1~2mL,雄鳅剂量是雌鳅的0.5~0.7倍,第2次催产可在此剂量上增加30%~50%。

(3)水温对长薄鳅催产的影响:长薄鳅催产水温适宜范围20~27℃,最佳范围为22~25℃。因此,长薄鳅催产时间要根据亲鳅性腺成熟程度与水温情况综合确定。在北方地区,一般5月中旬以前催产效果不好,原因是水温偏低,亲鳅性腺发育不是最好。最佳人工繁殖应在6月中旬,室内水温稳定在22℃以上时开始,一旦开始催产就要抓紧时间,将亲长薄鳅在短期内连续分批催产完成。因为6月份水温达22℃以上,长薄鳅进入自然繁殖期,对药物刺激不再敏感,水温高于28℃时亲鳅性腺迅速退化,所以长薄鳅在北方室内最佳催产时间6月中旬,过早、过晚均不利于催产。

(4)注射激素后发情与水温的关系:水温与注射激素后发情的效应时间呈负相关。即水温低,效应时间长;水温高,效应时间则短。一般情况下,水温每差1℃,效应时间增减1~2h。

(5)雌雄比例对受精率的影响:一般1尾雌鳅卵配2尾雄鳅精液,个别怀卵量在1万粒以上的雌鳅按2 500粒配1尾雄鳅精液。

(6)雌雄亲鳅必须分池放养:催产后雌、雄鳅发育有先有后,经试验表明雄鳅性腺发育优先于雌鳅,如同池放养,雄鳅出现自行排精,待雌鳅发育成熟时雄鳅已无法挤出精液。分池放养可避免雄性亲鳅自行排精,为人工授精获得非常好的效果。

(7)采卵时间对受精率的影响:若在未达到效应时间采卵,则雌鳅的卵粒未从卵巢中游离,即使勉强挤出一小部分卵粒,这些卵粒因为尚未发育到IV期末,也无法受精。达到效应时间采卵时,只要轻压雌鳅的腹部,则卵粒就能够完成游离,顺畅地流出,且卵粒大小匀称、有弹性、半透明、受精率高。若在超过效应时间3~4h后再采卵,则挤出的卵粒弹性差、呈糊状,即已经成为过熟卵。过熟卵的受精率很低,而且后代的畸形率较高。当效应时间临近,亲鳅开始发情时就要做好准备工作,等到效应时间时,轻压雌鳅腹部,卵粒就能很顺畅地流出,达到最佳采卵、受精效果。

(8)孵化注意事项

①防止受精卵发生水霉病:预防方法是把黏附有受精卵粒的鳅巢放入威力碘溶液中浸泡,然后再进行孵化。

②拣出未受精卵:未受精卵会腐败,容易造成水质恶化,可用吸管将之吸除。一般来说,未受精卵经过约12h后就变成白色,很容易识别。

③静水孵化要注意充氧,防止受精卵因为缺氧而死亡。

④水温与鳅苗出膜时间呈负相关,即水温低,出膜时间长;水温高,出膜时间短。避免水温大升大降,室内要注意保暖,方法是用加热棒控温,也可采用其他保暖设施或方法。

⑤禁用浓食盐溶液处理鳅卵。若用浓度为3‰~4‰的食盐溶液处理鳅卵,则会使受精卵迅速萎缩而死亡,从而降低孵化率。因此,在人工湿法受精时,只能用少许生理盐水,禁用食盐溶液。

例72　池塘网箱养殖泥鳅增效益

为了探索适宜本地的网箱养殖模式,江西省峡江县刘广根等人于2008年在峡江县砚溪镇江钢农场进行了池塘网箱养鳅试验,取得了较好的经济效益。具体过程介绍如下。

1. 试验材料与方法

(1)池塘条件:选择交通便利,水系设施配套的池塘1口,面积为6 670m^2,池底平坦且无杂物,底泥厚度小于15cm,水深控制在1.2~1.5m,保水性能好,水源充足,水质良好且无污染,符合渔业用水标准。

(2)网箱的制作与设置

①网箱的制作:选择网质好的聚乙烯无结节网片,网目大小以鳅种不能逃逸且有利于网箱内外水体交换为原则,一般为0.5~1.0cm。箱体四周穿入直径为0.7cm的钢绳,将网片拼接成规格为2m×2m×1.5m的网箱,上口加盖。

②网箱设置:每口网箱用6根毛竹固定,四角打上木桩,毛竹系在木桩上,网箱上部高出水面50cm。网箱在水中呈"一"字形排列,箱距为4m,以便网箱内、外水体交换。

(3)放养前的准备

①池塘及网箱消毒:泥鳅放养前,首先排干池水,每667m^2用200kg生石灰兑水化浆后泼洒全池,以杀灭塘内有害病菌,在鳅种放养前15天,用高锰酸钾溶液浸泡网箱20min,然后将网箱投入水中。

②水草移植:水草既是泥鳅栖息的场所,夏季也能使泥鳅防暑降温,可促进泥鳅的生长;同时,水草也能净化水质,其光合作用也可以增加水体溶解氧的含量,在放养前10天向网箱内移植水花生,使其覆盖面积为30%。

(4)鳅种放养:选择水温在15℃以上的晴天放养,鳅种来源于本地人工捕捉的天然野生苗,挑选规格整齐、体质健壮、无病、无伤的鳅种,于4月18日1次性放养,18只网箱共投放规格为6cm的鳅种72 000尾(详见表2-17)。

表2-17 鳅种放养情况

地点	网箱数(只)	面积(m^2)	放养时间(月、日)	总放养量(尾)	平均规格(cm)	放养量(尾/箱)
江钢农场	18	72	4、18	72 000	6	4 000

(5)饵料来源及投喂方法:泥鳅食性广,既可投喂鱼粉、动物内脏、蚯蚓、小杂鱼等动物性饲料,又可投喂豆粕、菜粕、谷物等植物性饲料以及人工配合饲料。本试验饵料的来源于两条途径:

一是就地取材,大量收购蚯蚓及鲜活小杂鱼共3 726kg;

二是选用泥鳅人工配合饲料,在整个养殖期间,共投喂配合饲料2 286kg。

坚持"四定"投饵原则,每天早上6:00和下午18:00各投喂1次,在饲养早期,投喂量不低于泥鳅体重的3%,生长旺季则不低于泥鳅体重的5%。具体投喂量根据季节、天气变化、水温、水质和泥鳅生长、摄食等情况适时调整。

(6)鳅病防治

①在饲养过程中,与池塘疾病预防相结合,贯彻"以防为主,防治结合"的方针,做到无病先防、有病早治。进箱前,用5%的食盐水浸泡鳅种5min。

②每15天用二氧化氯进行泼洒全池1次,平时每10天用0.3g/m^3浓度的强氯精在网箱周围泼洒。

③每月按50kg泥鳅用120~250g大蒜拌饵投喂1个疗程,每日1次,连续3天。

(7)日常管理:每天早、晚坚持巡视网箱,观察水色。经常向池塘加注新水,保持池塘水质"肥、活、嫩、爽"。每周洗刷网片1次,及时清除网箱内、外的漂浮物和障碍物,保持网箱内外水体畅通。定期捞除过多和生长过旺的水花生。经常检查网箱有无破损,发现问题及时处理。关注天气变化,以防暴雨时池塘水位急升,及时调整网箱入水深度。

2. 试验结果

(1)产量:11月10日通过现场测产验收,经205天饲养共起捕泥鳅70 560尾,重3 386.88kg,平均规格为48g/尾,成活率为98%,平均每箱产泥鳅188.16kg。

(2)效益:本试验总产值为6.77万元,除去生产成本4.84万元,获纯收益1.93万元。平均每箱产值3 763.2元,除去生产成本2 688元,获纯收益1 075.2元。投入产出比为1:1.4。

3. 体会

(1)网箱养鳅的池塘可以放入一些耐低氧和控制水质的鱼类(如鲢、鳙、鲤、鲫),这样不仅可以活跃水体,促进水体流动;另外,还可以清理泥鳅养殖形成的残剩饵料和有机质。

(2)移植水草,为泥鳅生长营造了一个良好的生态环境。养殖初期水草面积占网箱内水面的30%,随着气温的升高,鱼产量的增长,隐蔽物的面积逐渐扩大,至9月下旬可达到箱内水面的70%。

(3)养殖用的动物性饵料来源不稳定,且品种经常变化,泥鳅的摄食容易受到影响。尽管养殖成活率高,但泥鳅生长缓慢、个体小。因此,养殖时,最好使用泥鳅专用人工配合饲料。

例73 滩蒿泥鳅、鱼、鳝混养

为了充分利用水体,提高单位水面效益,1997年江苏省宝应县方云东试验了大水面鱼鳝混养技术,在不单独投饵的情况下,取得了每667m²产鳝15kg以上,每667m²增纯收入800元的佳绩。现将有关养殖技术介绍如下。

1. 准备工作

(1) 水面为滩荡,面积 66 700m², 平均水深 1.2m, 水质清新, 无污染。池埂坚实, 不渗漏。配备 2 台柴油机(常州 S195), 2 套拖排泵, 船 2 条。

(2) 清整消毒:冬季干塘结束, 暴晒半月后, 用生石灰清塘消毒。

2. 苗种放养

(1) 来源:鲢、银鲫为专塘培育;黄鳝、泥鳅为市场收购。

(2) 放养:见表 2-18。

表 2-18 苗种放养情况

放养时间(年、月)	品种	规格(尾/kg)	总放养量(kg)	放养量(kg)
1998、1	鲢	13～14	1 000	10
1998、1	银鲫	夏花	40 万尾	4 000 尾
1998、4～6	黄鳝	40～50	200	2
1998、4～6	泥鳅		200	2

3. 饲养管理

(1) 严格把好苗种质量关:放养的鱼种要求体格健壮, 无病、无伤, 规格整齐。

黄鳝苗种开春后与捕捞户联系, 将每天捕捞的黄鳝当天放下塘, 暂养时间过长的黄鳝苗种尽量不收。黄鳝苗种选腹部颜色黄且杂有斑点者为佳, 规格在 40～50 尾/kg。

苗种下塘前要消毒, 一般用食盐水 3%～4% 的浓度浸泡 5min。

(2) 控制好水质:养殖期间, 饵料均用颗粒饲料, 根据存塘鱼体重每 10 天调整 1 次投饵量, 做到饵料不剩食。高温季节勤加换水, 7～8 月份 2 天加换水 1 次, 每次换 1/4～1/3 水。

(3) 种植水生植物:黄鳝喜阴凉环境, 其繁殖又需水生植物。

本试验塘口,有一部分浅水区移植了水花生,深水区栽种荷藕,水生植物覆盖面积占水体总面积的15%左右。

(4)加强防逃措施:混养黄鳝放养密度低,无需专门投饵,中心工作是防逃。进出水口、危险坝埂均可逃鳝。因此,进、出水口均用细铁丝网加固好、危险坝埂采用聚乙烯网布深埋土中,防止黄鳝打洞穿过坝埂逃逸。

4. 收获情况

1997年8月下旬开始捕黄鳝,捕捞工具用"丫子",年底干塘,共收获鲢鱼8 750kg,平均87.5kg/667m²;银鲫鱼种15 000kg,平均150kg/667m²;黄鳝1 550kg,平均15.5kg/667m²;混鳅2 000kg,平均20kg/667m²。

黄鳝苗种成本3 200元,泥鳅苗种成本2 000元,鳝鳅销售收入91 000元,获利85 800元,平均858元/667m²。

5. 几点体会

(1)大水面混养,一般鱼产量设计在200~300kg/667m²,过高,水质不容易控制,容易造成泛塘、死鱼。黄鳝产量设计在10~15kg/667m²,放养量过多,相互残杀严重。

(2)大水面混养黄鳝,一定要配套放养泥鳅,泥鳅繁殖快,小泥鳅是黄鳝极好的活饵料,减少黄鳝相互间残杀。

(3)黄鳝要越冬,势必造成小部分当年不上市。加之当年繁殖的幼鳝,规格小,无法上市。可留在塘中,待第二年年底上市,规格大,市价高。因此,大水面混养黄鳝,建议养殖承包期在2~3年以上为好。

例74 稻田养殖泥鳅技术总结

浙江嘉善县陆立刚报道,从1997年开始进行稻田试养,1999年已推广到大舜、洪溪、俞汇等7个乡镇进行较大规模的泥鳅养殖,面积达到184 092m²,放养鳅种9 785kg、119.3万尾。现将其稻田养殖泥鳅的有关技术要点介绍如下。

1. 田块的选择及施工整理

(1) 田块选择：田块不宜过大，一般667～2 001m² 即可，要靠近水源，水质良好，土质以黏土带腐殖质。土壤呈微酸性最为理想。田块最好靠近农户的房前屋后，或集中连片，这样便于生产管理。

(2) 施工

①开挖围沟及田间沟：围沟一般宽2～3m，深50cm，田间沟宽1～1.5m，深30cm，沟的面积占整个田块面积的10%左右。需注意的是必须在田角一处留出2m以上的机耕道，便于拖拉机进田耕耘。

②田埂的施工：田埂施工的好坏是稻田养殖泥鳅成功与否的一个关键。由于泥鳅善于钻洞逃逸，因此要在田埂内壁衬一层聚乙烯网片(20目左右)或尼龙薄膜，底部埋入土中20～30cm，上端可覆盖在埂面上。田埂要求整齐平直、坚实，高出田面50～60cm。

③进、出水口也要用聚乙烯网片拦好，高出埂面20～30cm。

2. 苗种的放养

(1) 放养前的准备工作：放养前2～3个星期，每667m²用100kg新鲜生石灰(块状)消毒，1个星期后，注入30～40cm新水(最好用60目网袋过滤)，同时每667m²施入经腐熟发酵的畜禽肥200～300kg，并在肥料上覆盖少量稻草和泥土，培养水质为泥鳅种下塘后提供丰富的饵料生物。

(2) 鳅种放养要点

①品种选择：现国内已突破泥鳅的人工繁殖关，并有批量苗种供应，但养殖户在采购泥鳅种时一定要注意识别供种单位的信誉，做到货比三家。据了解，本省养殖的泥鳅品种主要有粉鳅、鳗尾鳅、海南真泥鳅等品种，养殖户如联系不到良种泥鳅，亦可收购本地鳅进行养殖，如今年大舜镇一些养殖户购进的本地鳅种仅9元/

kg,成本只有外购鳅种的 1/3～1/2。

②放养规格:放养的泥鳅种要求无病、无伤、体质健壮,规格整齐一致,要求全长在 3cm 以上,最好是 8cm 左右的隔年鳅种,这样可当年养成商品鳅全部上市。

③放养时间:根据本地的气候特点,一般在 5 月上旬至 6 月中旬放养为宜,这时水温已达 20℃ 以上,泥鳅放养后可正常摄食。

④放养密度:要根据养殖户的管理水平、田块条件及苗种大小确定,一般 8～10cm 鳅种每 667m² 放 2 万～2.5 万尾,3～5cm 的鳅种每 667m² 放 3 万～5 万尾。

⑤鳅种放养前要用 3‰～4‰ 食盐水或 20～30mg/kg 的高锰酸钾浸泡 10～15min,以杀灭寄生虫,增强抵抗力。

3. 饲养管理

(1)投饲

首先要做到"四定",即定时、定位、定质、定量;

其次是根据泥鳅的食性,投喂充足适口的饵料,夏花阶段(3～5cm)主要是施肥培养浮游动物,另外还需投喂蛋黄和其他粉状饲料、蚕蛹粉等。幼鱼阶段(5cm)可投喂米糠、豆渣、菜叶、螺蛳、蚯蚓、动物内脏、小型甲壳类等。投喂时要注意动、植物饲料的合理配合;

三是投饲量(精料)一般夏花阶段 5~8%,幼鱼阶段 5% 左右,每天投饲 2 次,上午占日投饲量的 1/3,下午占 2/3,水温高于 30℃,或低于 10℃ 应减少投饲或不投饲。

投饲一般投在食台上(食台可用编织袋搭设),食台距水底 20cm 左右,每块田块可设 3～5 个食台,投饲量以 2h 内吃完为宜。

(2)水质管理:要求"肥、活、嫩、爽",透明度一般控制在 15～20cm。定期施用畜禽肥,培肥水质,另外需定期加注新水,每次 10～15cm。如发现水质变坏,泥鳅上、下窜动频繁,应马上换水或打跑马水。田埂边可种植茭白、莲藕等挺水植物,或在田埂上搭设丝瓜棚等,以利泥鳅在高温季节避暑降温。

(3)日常管理:经常检查进、出水口防逃设施是否完好,池壁有无漏洞并及时修补,每天检查吃食情况及水质状况并采取相应措施。

(4)病害防治:一般野生状况下,稻田中泥鳅无疾病,但在高密度养殖条件下,泥鳅容易患疾病,主要是寄生虫及细菌性病害,因此须做好预防工作:

一是放养时需浸泡消毒,以杀灭体表寄生虫;

二是定期消毒,一般可用 0.3mg/kg 氯杀灵或其他氯制剂消毒水质;

三是定期添加一些抗病药物,如土霉素等;

四是不投喂腐败变质食物。

4. 水稻的插种及收获

一般稻田养殖泥鳅可插种一季单季晚稻,一般在 6 月下旬插种,10 月底至 11 月上旬收割,稻田管理注意施用高效低毒农药,一般稻田养殖泥鳅后水稻病虫害较少(泥鳅吃食稻虱等害虫)。搁田要注意轻搁、短搁,以利于泥鳅摄食生长。

5. 捕捞

(1)笼捕:即用竹制弯笼捕捉,此法优点是可以捕大留小,均衡上市,有利于提高养鳅的经济效益。

(2)干法捕捞:冬季将稻田中的水排出,可用抄网将沟中泥鳅,或翻泥将淤泥中的泥鳅捕出出售。

例 75 纸厂废水苇田养泥鳅

李焜报道,江苏双灯纸业有限公司利用沿海滩涂土地适宜芦苇生长的特点,建成了以高规格大堤匡围成独立水系的 $2257.8 \times 10^4 m^2$ 人工芦苇湿地,用于处理和资源化利用造纸尾水,依靠自然蒸发和芦苇的蒸腾实现了废水封闭循环消耗不外排的目标。人工

芦苇湿地中氧化塘 $3\ 335\times10^3\,m^2$,沟渠 $667\times10^3\,m^2$,堆堤 $667\times10^3\,m^2$,芦苇田 $1\ 800.9\times10^4\,m^2$。该系统 3 年来运转正常。湿地中的芦苇产量每年以 20% 的幅度增长。

造纸废水生态处理的流程是:造纸废水→厂内处理→提升泵站Ⅰ→厌氧塘→兼性塘Ⅰ→输水干渠→提升泵站Ⅱ→兼性塘Ⅱ→进水支渠→芦苇田→排水支沟→提升泵站Ⅲ→兼性塘Ⅲ。进入沟渠和苇田的水质 pH 值 7.5~8.3,CODG 350~450mg/L,溶解氧(DO)3~8mg/L。实践中发现水中有大量微生物和少量泥鳅、鲶鱼、鲫鱼、乌鱼等淡水鱼类,这些鱼是湿地系统原有水体中残留下来的。造纸尾水灌溉芦苇是对尾水和有机物的好氧降解与利用,保持好氧环境十分重要。一旦出现厌氧情况,就会妨碍芦苇生长、污染大气,进而影响污染物的持久、快速降解与利用。为了提高废水灌溉的水情管理水平,该公司打算培育泥鳅作为指示生物,这样做也可促进灌溉水体中食物链的构建,加速废水中有机物的转化、降解,为鸟类的栖息和觅食提供良好的条件。从 2003 年 5 月份开始进行了不同条件下的养殖试验。现将其做法介绍如下。

1. 试验材料与方法

(1)试验材料

1)泥鳅:市售生命力旺盛的泥鳅鱼苗,平均 50 条/kg。

泥鳅为温水鱼类,对环境的适应能力强,常在静水或缓慢流动的水体底层生活,有钻泥习惯,能用鳃、皮肤和肠呼吸,在水体溶解氧不足时,可浮到水面直接吞入空气。泥鳅食性杂,水蚤、轮虫、枝角类、嫩草、底泥中的腐殖质均可食用。

2)养殖用水:分别以内河淡水和经过厂内回收木素、纤维等措施预处理再经厂外厌氧、兼性发酵后的造纸尾水作为养殖用水,配制较高的 COD_{Cr} 浓度时,用厌氧塘及兼性塘中的造纸废水和进入苇田的达标尾水兑成。

3)容器和场所:按 3 种不同的养殖方式,采用不同的容器和场所：

①鱼缸养殖试验：制作玻璃缸 10 只，每只长 0.5m，宽 0.5m，高 0.8m。

②沟渠网箱养殖试验：制作 3 只网箱，长 5m，宽 2m，高 2m。

③大范围放养试验：泥鳅鱼苗直接投放到部分苇田及沟渠内。

(2) 方法

1) 鱼缸养殖：10 只鱼缸分为 5 组，每 2 只 1 组，其水质分别为河水、COD_{Cr} 为 400mg/L、800mg/L、1 200mg/L、1 800mg/L 的造纸尾水，水深 60cm，5 月初开始试验，每缸中放泥鳅 50 尾，每尾平均重 20g。每 3 日换水 1 次，换水 1/3，观测泥鳅对不同浓度造纸尾水的适应状况，试验为期一个半月，同期测定水中的毒性。

2) 沟渠网箱养殖：选择造纸尾水 COD_{Cr} 为 400mg/L、800mg/L、1 200mg/L 左右的沟渠，分别安放 3 只网箱，水深 150cm 左右，网底埋入淤泥中，5 月初开始试验，每箱放泥鳅 500 尾，每尾平均重 20g，观测泥鳅对不同水质适应性及生长情况。每月抽样称重，为期一个半月。

3) 大范围放养：5 月初在部分苇田及沟渠中投放泥鳅 500kg，平均尾重 20g，观测大范围放养的适应性和生长状况。

4) 监测

①COD_{Cr} 监测按国家环境监测技术规范进行。

②毒性分析按国家标准 (GBIT15441—1995) 用发光细菌法测定水质急性毒性。

2. 结果与体会

(1) 进入苇田的造纸尾水对鱼类安全：试验过程中，对地下水、河水和沟渠、苇田中的不同 COD_{Cr} 浓度的水质取样，用发光细菌法进行毒性测定，结果见表 2-19。

表 2-19　水质急性毒性测定结果统计表

水质	地下水	河水	造纸尾水(COD,mg/L)			
			413	787	1 183	1 514
相对发光度(%)	100	90.0	72.4	65.4	55.9	35.4

根据国内外相关资料,当相对发光度>95%时,可作为饮用水源;60%~90%时,可作为一般用途水源(养殖、灌溉等);≤60%时,可为轻微有毒水源;≤30%时,为中度有毒水源;≤10%时,为严重有毒有害水源。

该公司处理后进入苇田的造纸尾水的 COD_{Cr} 浓度<450mg/L,相对发光度检测表明,灌溉尾水可作为养殖用水。对泥鳅毒性分析也表明,鱼体中未检出有毒元素。制浆造纸废水不含重金属,只含少量的碱(NaOH),已采取回收及化学中和与生物产酸中和措施。该公司采用次氯酸盐漂白,产生可吸附有机卤化物(AOX)的量比用氯气漂白低得多,综合废水中的 AOX 2.7~4.5mg/L,低于国家造纸工业污染物排放标准 GWP—1999 规定的 AOX 不大于 9mg/L 的标准,又由于利用巨型稳定塘和苇田对造纸废水进行充分厌氧与好氧降解,水中的 AOX 通过挥发、脱氯、脱甲基作用等而绝大部分被有效降解。进入苇田废水的 AOX 低于 1.5mg/L,因此,不会对湿地系统的生态环境产生明显有害影响。

(2)苇田及沟渠的造纸尾水中的溶解氧:经监测,双灯纸业有限公司大片苇田及沟渠尾水中 DO 3~8mg/L,而泥鳅对溶解氧的要求不太高,可以在尾水中正常生长。鱼缸的养殖试验发现当 COD_{Cr}>1 200mg/L、DO<3mg/L 时,泥鳅生长受阻,死亡率上升,但直至 DO<1mg/L 时,仍有泥鳅个体存活。苇田造纸尾水中的有机物以木素为主,在自然状况下,木素生物降解的难度较大,生物耗氧量不高,而芦苇又能将氧从叶部输送到根部,其值约为 2.5mg/(m^2·d),且海边每年均风速达 4.3m/s,自然复氧作用明

显。正是这个原因,使苇田水中的溶解氧含量较高,能满足泥鳅生长需要。

(3)苇田及沟渠造纸尾水中有较丰富的饵料:苇田和沟渠水体中不仅有杂草、嫩叶、有机物的碎屑,更有大量的厌氧微生物尸体,大量的好氧原生动物,如细菌、藻类,大量的好氧后生动物,如轮虫、蚤类、线虫等。在气温适宜时,沟渠及苇田水表面肉眼可见一片片密集分布的微生物,使水体变成红褐色,对于杂食性的泥鳅来说,这些都是理想的饵料。

(4)灌溉苇田的造纸尾水中泥鳅生长正常:鱼缸养殖试验结果(见表2-20)和沟渠网箱养殖结果(见表2-21)表明,当尾水中有机物量适中时,$COD_{Cr}<800mg/L$,$DO>3mg/L$,泥鳅平均每尾月增重可达22.8g,成活鱼平均体重达到43g,一个半月的死亡率为37%。

在COD_{Cr}浓度为450mg/L左右的沟渠和苇田尾水中大面积放养的泥鳅3个月后,平均每尾的月增重可达25g,平均体重达到95g,据试捕情况预测,总产量可达1 900kg。

表2-20 鱼缸养殖试验结果

	项目	河水	400mg/L	800mg/L	1 200mg/L	1 800mg/L
投苗	DO(mg/L)	9.5	5.9	4.6	3.0	0.8
	数量(尾)	50	50	50	50	50
	平均重(g/尾)	20	20	20	20	20
试验末	成活数量(条)	32	31	32	29	18
	平均重(g/尾)	42.5	43.6	42.4	39.9	36.1
	成活率(%)	64	62	64	58	36

表 2-21　沟渠网箱养殖试验结果

项目		400mg/L	800mg/L	1 200mg/L
投苗	数量(尾)	500	500	500
	平均重(g/尾)	20	20	20
试验末	成活数量(尾)	383	387	341
	活鱼重(g)	19 839.4	18 614.7	16 299.8
	平均重(g/尾)	51.8	48.1	47.8
	成活率(%)	76.6	77.4	68.2
	增重百分比(%)	98.4	86.1	63

3. 结论

在经过厂内预处理和厂外厌氧、兼性发酵后用于海涂苇田灌溉的稻草制浆造纸尾水中放养泥鳅是可行的。泥鳅等鱼类的生长和繁衍可以成为造纸尾水灌溉苇田水情管理的指示生物,有利于提高生态处理的水平,同时,还促进了苇田系统食物链的构建,促进了食物链各环节形成数量庞大的种群,配合土地—芦苇系统的强大的净化能力,加快造纸废水中的有机物转化、降解,也可为鸟类的栖息、觅食创造较好的条件。

例 76　稻田养泥鳅,稻、鱼双丰收

为拓宽稻田养鱼生产领域,2005 年,木兰县水产总站王桂香与新民镇华山村农民何学志合作,利用 80 040m^2 稻田进行养殖泥鳅试验,获得稻鱼双丰收的可喜成果。现将试验情况报告如下。

1. 材料与方法

(1)田块与工程

①田块选择:试验田块位于木兰县新民镇华山村连片稻田间,面积 80 040m^2,田块平整,保水性好,排灌方便,交通便利。水源为香磨山灌区水,水质良好,无污染。

②田间工程:田间开挖"十"字沟,规格为上宽 80cm,底宽

40cm,深50cm。在池中间开挖1m见方的鱼坑。进排水处设拦鱼栅。

③清田消毒:每 $667m^2$ 用30kg生石灰化浆均匀泼洒。

(2)鱼种投放:鱼种为春季市场收集的1年生野生泥鳅,水泥池暂养,6月10日投放入 $80\ 040m^2$ 稻田泥鳅鱼种600kg,核每 $667m^2$ 投5kg。

(3)饲养管理

①投饲:使用豆饼、米糠、麦麸混合成团,定点投饲,每日投1次,依需给饵。

②水环境调控:兼顾稻、鱼的双重需要,适时注水、换水。

③防病:7月中旬到8月中旬高温季节,每半月用10kg生石灰泼洒1次。

④巡田:专人管理,每天早、晚巡田,观察鱼类活动情况,注意防逃、防盗。

(4)稻田管理:水稻插秧前常规使用有机肥,水稻分蘖期、幼穗分化期及增穗壮粒期分别每 $667m^2$ 施粪肥250kg,不施化肥。插秧前喷洒1次高效低毒的除草剂,放鱼后不再使用各类除草或杀虫农药。

2. 结果

9月中旬开始回捕,共产泥鳅3 000kg,合每 $667m^2$ 产25kg(净产20kg),平均规格为每尾18g。共使用饲料1 700kg,饵料系数0.7。养鱼总费用10 000元,其中苗种费6 000元,饲料费2 700元,其他1 300元。泥鳅销售收入30 000元。利润20 000元,合每 $667m^2$ 利润166元。

水稻每 $667m^2$ 产570kg,与未养鱼而使用化肥的相邻田块产量持平,但由于是鱼田稻,品质提升,每千克销售价较普通水稻高0.3元,则每 $667m^2$ 水稻增收170元。

3. 体会

(1)泥鳅较小的体形以及极耐低氧、适应能力特强的生物学特性,使之十分适应于稻田水较浅、水位变动较大、栖息条件相对较差的生态环境;同时稻田丰富的昆虫与嫩草又为杂食性的泥鳅提供了得天独厚的饵料资源。所以,稻田养泥鳅真正表达了稻与鱼的优势互补、扬长避短与和谐统一。

(2)本试验泥鳅的生长率、每667m^2产量以及效益水平都获得了较满意的结果,在每667m^2净产20kg的负荷下,以纯植物性饵料成分饵料系数只有0.7,这些实践可以在一定程度上表述稻田养殖泥鳅的可行性。但本项工作还只是初步尝试,试验整体比较粗糙,相关数据不够完整,缺少试验组合及对照,所完成的技术指标也还不够高,大量的工作有待今后进一步深入展开。

例77 稻田中进行稻、蟹、泥鳅混养效果好

侯万发依据泥鳅可以残饵、鱼粪为食和循环经济原理,应用有机物质多层次利用技术、物种共生技术和无公害食品生产技术,将稻田养河蟹和稻田养泥鳅两个生态系统有机地结合起来,形成"稻护蟹,蟹吃饵料,泥鳅吃残饵,蟹粪、泥鳅粪肥田"的稻—蟹—泥鳅田生态系统。本研究采用田间试验方法,研究了稻—蟹—泥鳅农田生态系统的效益,为加快稻田地区农业经济发展提供科学依据。

1. 试验内容及方法

(1)试区概况和试验设计:试验地选择在盘山县坝墙子镇。大气、土壤、灌溉水等环境条件符合农产品安全质量和无公害水产品产地环境条件要求。土壤类型为黏质盐渍型水稻土。年平均气温8.9℃,≥5℃活动积温3 551℃,≥10℃活动积温3 509℃,年降水量633.6mm,蒸发量1 551.7mm,无霜期171天。年平均日照时数2 787h。

试验设处理Ⅰ为单作稻,处理Ⅱ为稻—蟹,处理Ⅲ为稻—蟹—泥鳅①,处理Ⅳ为稻—蟹—泥鳅②,处理Ⅴ为稻—蟹—泥鳅③,共

5种生态系统,3次重复,随机排列。每个生态系统面积为45m²,其间筑田埂,实行单排单灌。Ⅱ,Ⅲ,Ⅳ,Ⅴ生态系统各放扣蟹33只,每只重7g。Ⅲ生态系统放鳅种23条,Ⅳ生态系统放鳅种33条,Ⅴ生态系统放鳅种43条,每条泥鳅种重8g。

(2)水稻栽培:水稻栽培按NY/T5117—2002无公害食品水稻生产技术规程操作,水稻品种为辽粳9号。2004年5月22日抛秧,密度为25穴/m²,每穴3~4株。为了弥补环沟占地减少面积,环沟边适当加大抛秧密度。抛秧时田间保持水层5cm左右,抛秧后至分蘖期保持水层7~10cm,分蘖后至成熟前根据稻株高度控制灌水深度在10~20cm,水稻成熟后排水落干。抛秧前用丁草胺加一克净封闭,抛秧后不施农药;每个生态系统施尿素1.6kg,复混肥(16-16-12)1.7kg,稻草灰3.4kg。复混肥做基肥,尿素1/5做基肥、4/5做追肥(分4次追施,每次1/4),稻草灰于水稻返青后追施。水稻生长期间未见病害发生。9月25日水稻成熟,10月5日收获。

(3)河蟹及泥鳅养殖:河蟹养殖按NY/T5065—2001无公害食品中华绒螯蟹养殖技术规范操作,泥鳅养殖按NY/T5055—2001稻田养鱼技术规范操作。稻—蟹田、稻—蟹—鳅田四周挖环沟,沿田埂围防逃布,防逃布地上高40cm,地下埋深20cm。2004年6月27日,按试验设计将经过暂养的扣蟹和鳅种放入相应的生态系统。放扣蟹、鳅种前换2次新水,放后每隔3~5天换1次水,每次换水量为田间水体总量的1/3(不能撤干)。扣蟹、鳅种放入后,Ⅱ,Ⅲ,Ⅳ,Ⅴ生态系统每天投喂1次饵料,每个生态系统每次投喂量按Ⅱ生态系统河蟹体重的5%~6%(随着河蟹体重增加而增加),各投喂豆粕3.8kg和玉米面0.81kg。养殖期间蟹、鳅未发生病害,没有使用化学药物。9月6日用泥鳅篓捕捞泥鳅,9月14日捕捞河蟹。

(4)系统物质输入、输出的记载和能量、营养成分、经济价值的折算及样本分析:分别记载各生态系统 2004 年度输入、输出物质的种类、数量及产量,并按相应的折算系数折算出能量和氮、磷、钾含量以及经济价值。水稻蜡熟期用酸度计-铂电极法测定土壤氧化还原电位;水稻成熟时分系统考种、测产、收获。产品收获时,采Ⅲ生态系统样本,检测大米、河蟹、泥鳅卫生指标。水稻收获后各生态系统采耕层土壤,用常规分析方法测定有机质、碱解氮、有效磷、有效钾,用环刀法测定土壤容重。

2. 结果与分析

(1)土壤理化分析:养蟹投入的残饵、蟹粪、泥鳅粪,为稻田增加了丰富的有机质和各种营养物质。河蟹、泥鳅在稻田寻食、爬行,翻动了土壤,搅动了田水,增加了表土层和水中溶解氧含量,从而改善了土壤理化性状。土壤分析结果:稻—蟹—泥鳅田土壤有机质、碱解氮、有效磷、有效钾、氧化还原电位均比单作稻田高,土壤容重比单作稻田低,与稻—蟹田相近(表 2-22)。表明稻田养蟹或稻田蟹鳅混养都具有提高水稻田土壤肥力的作用。

表 2-22 土壤理化分析

生态系统	有机质 (mg/g)	碱解氮 (μg/g)	有效磷 (μg/g)	有效钾 K_2O (μg/g)	容重 (g/cm)	孔隙度 (%)	电位 (mV)
Ⅰ	2.12	85	20	310	1.44	46.43	44
Ⅱ	2.29	102	24	349	1.39	48.08	58
Ⅲ	2.15	96	22	334	1.43	46.76	53
Ⅳ	2.18	92	23	330	1.36	49.07	60
Ⅴ	2.25	96	14	329	1.41	47.02	62

(2)水稻、河蟹及泥鳅产量分析:在稻—蟹田、稻—蟹—泥鳅田生态系统中,水稻是主体,是群体绝对优势的生物种群,是初级生产者。它为河蟹、泥鳅提供了栖息和隐蔽场所,蟹粪、泥鳅粪及一部分残饵又为水稻生长提供了营养物质,对增加穗粒数及产量有

良好的作用。水稻经济性状及产量分析结果:稻—蟹—泥鳅田每穗成粒数在91.8~95.3粒,比单作稻田89粒增加2.8~6.3粒,与稻—蟹田93.3粒相近。尽管稻田四周环沟占地减少了一部分面积,但45m^{2}水稻产量仍在40.0~42.3kg(折合8 889~9 400kg/hm^2),与单作稻田39kg(折合8 667kg/hm^2)、稻—蟹田41.4kg(折合9 200kg/hm^2)相近。表明稻田养蟹、稻田蟹鳅混养水稻不减产。

在稻—蟹—泥鳅田生态系统中,河蟹、泥鳅是次级生产者。河蟹主要靠摄食饵料生长,泥鳅以残饵、蟹粪为食生长。当鳅种投放密度适当的时候,泥鳅不摄食河蟹的饵料,不影响河蟹生长。河蟹、泥鳅捕捞结果:稻—蟹田与稻—蟹—泥鳅田河蟹产量相近,45m^{2}成蟹产量在2.0kg以上,每只单体重在70g以上。随着鳅种投放密度增加,残饵、蟹粪越来越显得不足,泥鳅生长逐渐受到影响,单体重减少。但在一定密度范围内,鳅种投放密度大,泥鳅产量亦高,单体重亦小。45m^{2}投放鳅种23条,泥鳅产量为656g(折合145.8kg/hm^2),每条重31.4g;投放鳅种43条,泥鳅产量为1 002g(折合222.7kg/hm^2),每条重25.1g(表2-23)。

表2-23　45m^{2}小区水稻、河蟹及泥鳅产量分析

生态系统	水稻产量(kg)	河蟹		成活率(%)	泥鳅	
		产量(g)	单重(g)		产量(g)	单重(g)
Ⅰ	39.0					
Ⅱ	41.4	2 203.3	76.0	87.9		
Ⅲ	41.0	2 131.3	74.3	86.9	656	31.4
Ⅳ	42.3	2 148.0	74.7	86.9	850	27.4
Ⅴ	40.0	2 093.5	76.7	83.1	1 002	25.1

生态系统水稻产量方差分析检验结果:n_1(系统间自由度)=4,n_2(误差间自由度)=8,F(0.84)<F0.05(3.84),系统间差异不

显著。表明稻田养蟹或稻田蟹、鳅混养水稻不减产；河蟹产量方差分析检验结果：$n_1=3$，$n_2=6$，$F(0.11)<F005(4.76)$，系统间差异不显著，表明稻田蟹、鳅混养不影响河蟹产量；泥鳅产量方差分析检验结果：$n_1=2$，$n_2=4$，$F(64.88)>F0.01(18.00)$，系统间差异极显著，表明泥鳅种投放数量会在很大程度上影响泥鳅产量。

(3) 能流分析：生态系统能量输入包括自然能和人工辅助能两部分。自然输入能指太阳能，人工辅助能包括直接生理能和间接生理能。本研究直接生理能包括化学石油能(化肥、农药、农膜、灌溉水)和有机能(稻草灰、稻种、蟹种、鳅种、饵料)；间接生理能包括农业机械和人力。绿色植物的产品称为初级产品，动物利用同化作用生产的产品称为次级产品。本研究初级产品产出能指稻谷、稻草能；次级产品产出能指河蟹、泥鳅能。系统能量分析结果：

① 稻—蟹田和稻—蟹—泥鳅田有机能输入占人工辅助能输入百分比、总产出能比单作稻田高。

② 稻—蟹—泥鳅田饵料转化率在16.57%～18.34%，比稻—稻蟹田13.61%增加2.96%～4.73%(表2-24)。

表2-24 45m² 小区 5 种生态系统能流分析

项 目	生态系统				
	Ⅰ	Ⅱ	Ⅲ	Ⅳ	Ⅴ
太阳能输入	6 205.55	6 205.55	6 205.55	6 205.55	6 205.55
人工辅助能输入	10.43	12.66	12.68	12.69	12.69
直接生理能输入	9.75	11.96	11.98	11.99	12.00
有机能输入	0.22	1.94	1.95	1.96	1.97
饵料能输入		1.69	1.69	1.69	1.69
间接生理能输入	0.68	0.69	0.69	0.69	0.69
有机能输入占人工辅助能输入(%)	2.11	15.32	15.38	15.52	15.52

续表

项　目	生态系统				
	Ⅰ	Ⅱ	Ⅲ	Ⅳ	Ⅴ
总产出能	26.83	28.44	28.56	29.40	28.72
初级产品产出能	26.83	28.21	28.28	29.10	28.41
次级产品产出能		0.23	0.28	0.30	0.31
光能利用率(%)	0.43	0.46	0.46	0.47	0.46
人工辅助能产投比	2.38	2.19	2.19	2.25	2.20
直接生理能产投比	2.53	2.31	2.31	2.38	2.32
间接生理能产投比	39.46	41.22	41.39	42.61	41.62
饲料转化率(%)		13.61	16.57	17.75	18.34

(4)物流分析:物流分析结果表明(表2-25):

①稻—蟹—泥鳅田输入有机氮磷钾占输入氮磷钾百分比在30.96%～30.98%,比单作稻田15.79%高,与稻—蟹田30.96%相近。

②稻—蟹—泥鳅田45m²氮盈余在440.9～482.7g,比单作稻田286g高,与稻—蟹田477.8g相近。磷盈余在19.0～28.4g,比单作稻田1.0g高,与稻—蟹田25.6g相近。钾盈余在48～63.4g,比单作稻田12.0g高,与稻—蟹田59.6g相近。表明系统生产已走上良性循环,物质的输出以输入为前提,输入不再是对带走物质的补充。这对改良土壤、提高地力和稻田可持续发展具有十分重要的意义。

③稻—蟹—泥鳅田氮磷钾输出、输入比在0.73～0.76,低于单作稻田0.83,与稻—蟹田0.74相近(表2-25)。

(5)经济效益分析和产品卫生指标分析:按当地市场价格计算经济效益。

①稻—蟹田及稻—蟹—泥鳅田产值、利润、每个工效益和每投入1元的产值均比单作稻田高。

表 2-25　45m² 小区 5 种生态系统物流分析

项　目	生态系统				
	Ⅰ	Ⅱ	Ⅲ	Ⅳ	Ⅴ
输入氮(N)	1 012	1 254	1 255.60	1 255.90	1 256
输入磷(P_2O_5)	294	337	337	337	337
输入钾(K_2O)	480	557	557	557	557
输入有机氮(N)	4	247	247.60	247.90	248
输入有机磷(P_2O_5)	2	65	65	65	65
输入有机钾(K_2O)	276	353	353	353	353
输入有机氮磷钾占输出氮磷钾(%)	15.79	30.96	30.96	30.97	30.98
输出氮(N)	726	776.20	772.90	815	776.50
输出磷(P_2O_5)	293	311.40	308.60	318	309.70
输出钾(K_2O)	468	497.40	493.60	509	496.70
系统盈余氮(N)	286	477.80	482.70	440.90	479.50
系统盈余磷(P_2O_5)	1	25.60	28.40	19	27.30
系统盈余钾(K_2O)	12	59.60	63.40	48	60.30
氮磷钾输出/输入	0.83	0.74	0.73	0.76	0.74

②稻—蟹—泥鳅田产值、利润、每个工效益和每投入 1 元的产值比稻—蟹田高。45m² 利润在 67.34～71.94 元（表 2-26），比稻—蟹田 65.06 元增加 2.28～6.88 元（折合 507～1 529 元/hm²）。养泥鳅利润在 3.60～5.36 元，其中以Ⅲ稻—蟹—泥鳅田养泥鳅利润最高，为 5.36 元（折合 1 191.11 元/hm²）。经检测，稻—蟹—泥鳅田生产的大米、河蟹、泥鳅符合无公害食品卫生要求。

表 2-26 45m² 小区 5 种生态系统经济效益分析

生态系统	投入			产出			效益		
	物资	劳力	合计	主产品产量(kg)	稻草产量(kg)	产值(元)	利润(元)	每工效益(元)	每元产值(元)
Ⅰ	29.72	16.19	45.91	39.0	39.0	84.24	38.33	47.33	1.83
Ⅱ	44.20	18.89	63.19	43.4	41.4	128.22	65.06	76.54	2.03
Ⅲ	45.40	18.89	64.29	43.9	41.1	133.92	69.63	81.92	2.08
Ⅳ	46.00	18.89	64.89	47.7	42.3	136.83	71.94	84.64	2.11
Ⅴ	46.60	18.89	65.49	44.4	41.3	132.83	67.34	79.22	2.03

例 78 稻、鸭、泥鳅复合种养系统效果分析

稻田种养复合生态系统模式有多种多样,这些模式都能把种植水稻与动物水产养殖人为地组合在同一生态系统中,利用稻田的立体空间,达到充分利用光、热、水及生物资源的目的,同时也增加了稻田生态系统的能量产出。稻—鸭—泥鳅复合生态种养模式利用鸭子好动、勤觅食,泥鳅在土中钻洞栖息的生活习性,产生中耕除虫、疏松田泥的作用,从而有效地改善土壤性状,提高土壤肥力,达到经济、生态效益的统一。云南省曲靖农业学校宁理功为此进行了稻—鸭—泥鳅复合生态系统的土壤理化性状及效益研究。现将其研究结果介绍如下:

1. 材料与方法

(1)试验地自然条件:试验安排在曲靖市农业技术开发区,地处滇东高原东部,年平均气温 14.5℃,年降雨量 1 040mm,日照时数 2 085h。土壤为冲积性潴育鸡粪土田,有机质 2.77g/kg,全氮(N)0.193g/kg,碱解氮 130mg/kg,C/N8.3,全磷(P)0.123mg/kg,速效磷(P_2O_5)16.1mg/kg,速效钾(K_2O)91mg/kg;质地适中,表土层中壤,土壤层次上壤、下黏,利于耕作和作物扎根。地下水位适中,80~100cm。反应中性,pH 值 7.8,阳离子代换量为

17cmol/kg。土壤肥力较高,排灌方便。

(2)供试品种:水稻:曲3;鸭子:宜良麻鸭;泥鳅:人繁泥鳅。

(3)试验设计:试验设稻田养鸭,稻田养鸭、养泥鳅(不施农药)和稻田水稻单作(施农药)对照3个处理。各处理均设3次重复,每小区面积67m²。

水稻于3月20日播种,5月10日移栽,10月1日收获。移栽前1天即5月9日,用生石灰52.5kg/hm²遍洒以消毒稻田。稻田常规管理。每公顷施N 150kg、P_2O_5 75kg、K_2O 90kg。

稻田养鸭小区,四周用高80cm的尼龙网做成围栏,防鸭外逃。每小区设一个2m²的鸭子栖息棚。5月8日前搞好田间工程。水稻移栽后8天即5月18日(此时水稻已返青),每小区放养2只15~20日龄的雏鸭。8月5日即齐穗期将鸭子收回圈养。

稻田养鸭、养泥鳅小区,于5月1日前搞好下列田间工程:

①加高加固田埂。

②开挖鱼沟、鱼溜。

③在稻田田埂相对应的两端设置进排水口并安装拦鱼栅栏。

④四周用高80cm的尼龙网做成围栏,防鸭外逃。田角设1个2m²的鸭子栖息棚。

5月18日即水稻移栽后第8天,每小区放养2只15~20日龄的雏鸭(8月5日齐穗期收回鸭子)和1年繁殖的2龄泥鳅种,每平方米放20尾,合计每小区1 400~1 500尾即每小区放5kg鳅种。9月25日诱捕收回成鳅(每尾重10g左右)。

水稻单作区(对照CK):每公顷施抛秧一克净3 500g,杀虫双8 000g,井冈霉素8 000g,三环唑4 000g,蚜虱灵1 500g,农达1 500g,用于杀虫杀菌和土壤消毒。

2. 结果与分析

(1)稻—鸭—泥鳅复合生态系统的土壤物理性状:土壤容重降低。由表2-27可看出,与对照的土壤容重比较,稻田养鸭处理降低了 0.013g/cm³,稻田养鸭、养泥鳅处理降低了 0.024g/cm³,差异达显著水平。

微团聚体数量增加。稻田淹水条件下,土壤结构以水稳性微团聚体为主。从表中可以看出,与对照相比,>0.25mm 团聚体的数量,稻田养鸭处理增加了 2.49 个百分点,稻田养鸭、养泥鳅处理增加了 3.37 个百分点;<0.001mm 微团聚体数量,则分别降低了 0.20 个百分点、0.27 个百分点,差异达显著水平。说明泥鳅和鸭子的扰动,特别是泥鳅的"钻泥"作用,使水稳性团聚体数量增多,土壤团聚化程度加强,分散性减弱,结构改良。

表 2-27 稻—鸭—泥鳅复合生态系统土壤物理性状

处理	容重(g/cm³)	>0.25mm 团聚体(%)	<0.01mm 微团聚体(%)	分散系数(%)	结构系数(%)
水稻单作(CK)	0.955	15.85	3.54	11.55	88.45
稻田养鸭	0.942	18.34	3.34	9.10	89.91
稻田养鸭、养泥鳅	0.931	19.22	3.27	9.02	89.98

注:(1)$F_{0.05}=6.94$,$F_{0.01}=18$;(2)取样时间为水稻收获期(2005 年 10 月 1 日)。

(2)稻—鸭—泥鳅复合生态系统的土壤化学性状:由表 2-28 可看出,稻田养鸭、养泥鳅处理,比较对照,有机质增加 0.12g/kg,全 N 增加 0.06g/kg,碱解 N 增加 5.29mg/kg,速效 P 增加 1.08mg/kg,差异均达显著水平;速效 K 增加 19.01mg/kg,差异达极显著水平。相对来说,速效 K 的增加比碱解 N 和速效 P 明显。有机质和全 N 的增加是由于鸭粪和泥鳅粪都是极优质的有机肥料,从而增加了稻田的养分库数量。同时鸭子和泥鳅的扰动及其粪便中含有的丰富的微生物,改善了土壤的通气状况,促进了微生物的活动,利于养分循环,从而促进了土壤养分的有效化,增加了土壤速效养分量。

表 2-28 稻—鸭—泥鳅复合生态系统的土壤养分含量

处 理	有机质 (g/kg)	全 N (g/kg)	碱解 N (mg/kg)	速效 P (mg/kg)	速效 K (mg/kg)
水稻单作(CK)	35.82	1.83	103.12	25.42	113.56
稻田养鸭	35.	88	1.86	107.22	25.95
稻田养鸭、养泥鳅	35.94	1.89	108.41	26.50	132.57

注:(1)F0.05=6.94,F0.01=18;(2)取样时间为水稻收获期(2005年10月1日)。

(3)稻—鸭—泥鳅复合生态系统的效益:稻—鸭—泥鳅复合生态系统三者之间互促互利的关系,首先表现在水稻的生长上。

由表 2-29 可看出,复合种养处理的水稻株高、剑叶长宽、穗长等指标均要比对照栽培的高,而且枯叶量少,水稻后期熟色好,呈金黄色。从对产量构成因素的影响来看,复合种养处理的实粒数和千粒重都显著高于对照水稻,实际产量提高 4%。说明复合种养可促进水稻的生长。水稻抗性状况也有良好改善。复合种养的鸭、泥鳅可直接捕杀害虫,在一定程度上可抑制病虫害的发生,在调查过程中,除发现轻微纹枯病外,未观察到其他病害。卷叶虫、三化螟的发生率分别降低 25.2% 和 32.1%,稻飞虱基本绝迹,控制在 0.25 头/5 蔸,防治率高达 97%;叶蝉控制在 0.8 头/5 蔸,防治率高达 98%。

表 2-29 稻—鸭—泥鳅复合生态系统的水稻生长状况

处 理	株高 (cm)	有效穗数 (万穗/hm²)	每穗总粒数(粒)	每穗实粒数(粒)	结实率 (%)	千粒重 (g)	籽粒产量 (kg/小区)
稻田单作CK	91.2	286.3	151	117.8	78.02	17.7	39.8
稻田养鸭	91.8	266.3	153	128.3	83.86	18.1	41.2
稻田养鸭、养泥鳅	92.1	258.1	154	130.7	84.87	18.4	41.4

所以,稻田养鸭、养泥鳅处理减少了病虫害,病害发生率控制在9%以下,害虫为害率控制在25%以下。防止了杂草的生长,杂草消长系数为0.64(养鸭、养泥鳅小区各类杂草平均生长速度/原始农业区各类杂草平均生长速度),进而控制了水稻的无效分蘖,粮食产量仍有一定增加。同时因鸭子、泥鳅的复合种养,在产出稻谷的同时,又收获了鸭子、鸭蛋、成鳅等更比较有价值的水产品和畜产品,所以经济效益显著增加。比较水稻单作,纯收入可增加19 567.50元/hm²(表2-30)。

表2-30 处理与对照经济效益比较

处理	粮食产量 (kg/hm²)	鸭子产量 (kg/hm²)	鲜蛋产量 (kg/hm²)	成鳅产量 (kg/hm²)	购鸭鳅种及饲料(元/hm²)	尼龙网 (元/hm²)	其他费用 (元/hm²)	纯收入 (元/hm²)
水稻单作CK	5 970.5	—	—	—	—	—	2 523.5	2 252.9
稻田养鸭	6 183.0	298.0	544.0	—	1 750	270	2 752.0	6 440.7
稻田养鸭、养泥鳅	6 210.0	302.0	551.0	1 831.0	6 250	270	3 533.5	19 567.5

注:(1)F0.05=6.94,F0.01=18;(2)稻田养鸭和稻田养鸭养泥鳅小区稻谷按0.9元/kg计算(因没施农药,农民称"生态水稻",所以价格稍高),单作水稻谷按0.8元/kg计算(3)畜产品价格:鸭子8.0元/kg,鲜蛋6.0元/kg,泥鳅10.0元/kg;(4)纯收入=(粮食产量收入+鸭子产量收入+鲜蛋产量收入+成鳅产量收入)—(雏鸭、鳅种成本及饲养成本+尼龙网成本+其他费用);(5)其他物质费用由直接生产费用和间接费用两部分组成。直接生产费用含11种费用:种子、种苗费,农家肥费,化肥费,塑料薄膜费,农药费,畜力费,机械作业费,排灌费,燃料动力费,棚架材料费,其他直接生产费;间接费用由6种组成:固定资产折旧费,初期费分摊,小农具购置修理,土地承包费,管理费及其他间接生产费,销售费用;(6)人工费不计入。

在稻—鸭—泥鳅复合生态系统中,因人为引进了鸭和泥鳅新物种,稻—鸭—泥鳅三者互利共生,稻为鸭、泥鳅提供良好的生活环境及部分饵料,鸭、泥鳅又为稻提供肥料,清除杂草,或直接觅食害虫,或破坏病虫害的生存环境,优化了稻谷的生长环境而间接消灭病虫害,减少或消除了农药、除草剂和化肥使用次数和使用量的同时,还能较好地保护天敌,生态防治病虫害效果十分明显,这无疑有力地促进了稻田的可持续利用,因而具有重大的生态效益。

正如上面所述,稻—鸭—泥鳅复合种养,在产出稻谷的同时,又收获了鸭子、鸭蛋、成鳅等更比较有价值的水产品和畜产品,不仅如此,产出的稻谷品质更好。

(4)结论:通过对湿地稻—鸭—泥鳅复合生态系统土壤理化性状及效益的研究,结果表明,土壤物理性状得到了改善,其化学性状也有了明显提高,尤其经济效益增加显著,同时,由于不使用农药、除草剂,减轻了环境的压力。这一切说明,该种养模式是一种经济、生态效益都十分显著的稻田综合利用模式。

例79 小池养泥鳅效果好

为提高东北地区池塘饲养泥鳅鱼的产量及经济效益,宝清县国营鱼种场郑怀东等进行了池塘养殖泥鳅鱼试验,现将试验情况报告如下。

1. 材料及方法

(1)池塘条件:池塘面积为 $6\ 670m^2$,长方形,池塘底泥 $20cm$,平均水深 $1.5m$。水源为河水,无污染,排水为强排、强灌,鱼池四周封闭较好,无渗漏处。为方便捕鱼,在池底设一鱼溜,面积为 $2m \times 10m = 20m^2$。

(2)放养时间、规格及数量:于当年 5~6 月份从河段捕捞点收购泥鳅鱼种,规格为 5~10cm,数量为 250kg。

(3)饲料配制:主要是将麸皮、玉米面、豆饼等料混合配制,饲料配方及成分见表 2-31。

表 2-31　饲料配方

原材料	合计	鱼粉	豆饼	麸皮	玉米面	添加剂
比例(%)	100	15	20	40	23	2

2. 投饵量和投饵方法

(1)投饵量:根据池鱼摄食情况,结合天气、水温等条件确定。一般 7~8 月份水温高,鱼生长旺盛,投饵比例较大,应占总用料量的 60%,日投饵量为池鱼总重量的 5%~8%,9 月份日投饵量降到占池鱼总量的 4%~5%。

(2)投饵方法:在池塘内确定一投饵点,设饲料台,定时投喂,一般每日上、下午各投喂 1 次,每次投饵 1.5h 后检查饲料剩余情况,确定下 1 次投饵量。

3. 调节水质和防治鱼病

(1)鱼种放养前 15 天,清塘,肥水。清塘采用生石灰干法清塘,然后注水,施肥,让池水有一定的肥度。

(2)鱼种放养前进行鱼体消毒。用 3%~5% 盐水浸洗 5min 左右再投放池中。

(3)饲养期间,每月泼洒 1 次生石灰,每 667m^2 用 15kg 左右调节水质。

(4)加强巡塘,防止逃鱼,发现问题及时处理。

4. 试验结果

(1)产量:于当年 10 月末先采用须笼诱捕法实施捕捞,再排净水,在鱼溜中抓捕,捕出商品泥鳅鱼规格 10~20cm,产量为 720kg。

(2)饵料系数为 4.5,总投饵量 2 100kg。

(3)经济效益分析

①成本支出:泥鳅鱼种费 1 000 元,饲料费 3 000 元,燃油费 150 元,用药费 300 元,其他 500 元,合计 4 950 元。

②收入:总产量 720kg,平均售价 12 元/kg,销售所得 8 700 元。

③经济效益:纯利润 3 750 元,每 667m² 纯收入 375 元。

5. 体会

(1)泥鳅鱼分布广泛,各地均适宜养殖。

(2)目前,泥鳅鱼数量少,价格上升,市场行情好,尤其是冬季出售,价格行情更好,大规格的可售 40 元/kg 左右。

(3)本试验因鱼种质量问题,产量不理想,否则经济效益更好。

(4)泥鳅鱼用小面积池塘养殖,效果好。

例 80 池塘精养泥鳅

湖北省黄石市夏述明等进行的池塘高密度精养试验为 2006 年湖北省黄石市农业科技推广项目,通过试验取得了较好效果,现将试验情况报告如下。

1. 材料与方法

(1)池塘条件:试验池 15 口,每口 1 334m²,可蓄水 0.8~1.0m,都是新建鱼池。呈长方形,长宽比约 6:1,池底平坦,保水性能良好。每池进、排水系统独立。

(2)水质条件:水源来自大冶湖,水质清新,无污染,溶氧高,符合淡水养殖用水标准。

(3)试验模式:采用高密度单养。

(4)放养前准备工作

①灭菌消毒:鱼池修建好后灌水 10cm 左右,每 667m² 用生石灰 120kg 浸泡 3~5 天,然后加水 40~50cm,进水口用 40 目筛绢布过滤,防止湖中野杂鱼进入。

②培育水质:在放苗前 15 天左右开始收割蒿草放入池角沤肥,1 000kg/667m²,1 星期后翻动 1 次,并每 667m² 追加 500kg 发酵的猪粪,培养大量浮游生物,作为苗种放养后的活饵料。

③架设饲料台和防害网:每池安装4个簸箕做饲料台,距池底10cm左右,距池边2m左右,并用1长竹竿做标记,便于投喂。每池四周及上方都架设防害网,防止鸟害。

(5)苗种放养

①鱼种来源:主要是武汉白沙洲水产批发市场和本地市场收购的野生苗种。

②放养要求:苗种必须大小规格基本一致,无明显伤痕,健壮活泼,放养时用3‰~4‰食盐水浸泡5~8min,淘汰劣质苗。

③放养密度:每667m^2放养500~550kg,规格30~40尾/kg和40~50尾/kg。共放养15 500kg。

④放养时间:5月15~30日。

(6)日常管理

①投喂:水温在18~25℃时每天投喂2次,水温25~30℃时投喂3次。每10天左右抽样称重1次,估算出存池鱼量,计算出每天投喂量,2次按当日总量的2:3投喂,3次按3:3:4的比例投喂。投喂量改变后,在适当的时候抽查摄食情况,正当情况下,胃的饱食率为70%,空食率为30%左右,否则适当增减投喂量,以满足生长摄食需要。

②水质管理:为了保持水质良好,溶氧充足,每天加注新鲜湖水12~15cm,排出部分老水。同时每次对池水消毒4天后,施用EM菌1次,调节水质,防止水质恶化。

③鱼病防治:采购放养的鱼种必须严格消毒,生长季节,每10天左右用二氧化氯、聚维酮碘进行泼洒全池1次;每20天左右拌喂大蒜素和三黄粉1次,防治细菌、病毒性疾病发生。做到无病早防,发病及时治疗。

2. 试验结果

本试验共出售泥鳅2.75万kg,产值43.84万元;总成本36.01万元,其中,鱼种17.05万元,饲料11.16万元,电费0.9万元,人工4.2万元,池租0.75万元,药品及其他1.95万元,获纯利7.83万元,折合每667m^2平均纯收入0.261万元,经济效益较好。

(1)泥鳅是一种优良的小水产品种,因其具有耐低氧能力而作为单养模式养殖。在养殖过程中,因大量投喂饲料,后期水质变化快,几乎每天各池的泥鳅在水面翻跃,说明溶氧不够充足,致使整个生长缓慢。

(2)本试验采用的饲料主要是含蛋白32%的鲴鱼料,从试验结果分析,饵料系数较高,经济效益没有体现在个体增长上,而是表现在市场差价上,所以泥鳅的养殖必须使用专用配方饲料喂养,提高饲料增长效益,该品种的养殖潜力还是巨大的。

例81 稻田养泥鳅经济效益明显

福建黄恒章报道,松溪县水技站在该县水南村2 000m^2的稻田进行了泥鳅的养殖试验。取得每667m^2产271.7kg,每667m^2产值6 248.3元,每667m^2利润1 837.7元,经济效益明显,具体做法如下。

1. 材料与方法

(1)稻田选择:用于养殖泥鳅的稻田,要求水源充足,枯水季节也有新水供应的稻田,而且要排灌方便,田底没有泉水上涌。土壤以黏土和壤土为好。稻田要求保水力强,土质肥沃,有腐殖质丰富的淤泥层,不渗水,干涸后不板结。

(2)稻田改造:稻田可改造成沟溜式或田塘式。沟溜式就是在稻田内挖鱼沟、鱼溜,为泥鳅提供生活场所。鱼沟宽30~40cm,深20~30cm,鱼沟可挖成"日"、"田"字或"井"字形。在鱼沟交叉处挖1~2个鱼溜,鱼溜开挖成方形、圆形均可,面积1~4m^2,深40~50cm。鱼沟、鱼溜总面积占稻田总面积的5%~10%。田塘式是在稻田内或外部低洼处挖1个鱼塘,鱼塘与稻田相通。这种方式,泥鳅可在田、塘间自由活动和吃食。鱼塘的面积占稻田面积的

10%～15%,深度为 1m。鱼塘与稻田以沟相通,沟宽、深均为 0.5m。稻田改造还有一项重要工作,就是加高、加固田埂。田埂加高到 50cm,底宽 60cm,并且要夯实,以防止泥鳅逃跑。另外,在池埂表面铺上塑料布,防逃效果要更好一些,塑料布两边深入田块泥面下 30cm。

(3)鳅种放养:鳅种在泡田时即可放养,每平方米放养规格5～6cm 的鳅种 20～30 尾。选择体质健壮、活动力强、体表光滑、无病无伤的泥鳅苗种。放养前 10 天,清整鳅池,清除过多淤泥,检查防逃围网,堵塞漏洞,疏通进、排水管道。因泥鳅适合在中性或偏酸性环境中生长,故不能用生石灰清塘,可用浓度为 10mg/kg 的漂白粉清塘。放养前 4 天加注新水,在向阳池边施发酵好的鸡粪或牛粪作基肥,每 667m^2 施 100～150kg。

(4)饲养管理:泥鳅是一种杂食性的淡水经济鱼类,尤其喜食水蚤、丝蚯蚓及其他浮游生物,但动物性饲料一般不宜单独投喂,否则容易造成泥鳅贪食,食物不消化,肠呼吸不正常,"胀气"而死亡,对腐臭变质的饲料绝不能投喂,否则泥鳅容易患肠炎等疾病。施肥按照稻田施肥要求即可。养殖泥鳅不影响稻田正常施肥。饲料可以投喂鱼粉、畜禽加工下脚料、豆饼粉、麦麸、玉米粉、米糠、次粉等,将饲料加水捏成团投喂。泥鳅种放养第 1 周先不投饵。1 周后,每隔 3～4 天喂 1 次。开始投喂时,饵料撒在鱼沟、鱼溜和田面上,以后逐渐缩小范围,集中在鱼溜内投喂。1 个月后,泥鳅正常吃食时,每天投喂 2 次。日投喂量占鱼总重量的 3%～8%,每次投喂的饲料量以鱼 2h 内吃完为宜。超过 2h 应减少投喂量。日投饲率:5～6 月份为 3%～5%,7～8 月份为 5%～8%,9 月份为 3%。

(5)水质管理:养殖期间,抓好水质培育是降低养殖成本的有效措施,同时符合泥鳅的生理生态要求,可弥补人工饲料营养不全和摄食不均匀的缺点,还可以减少病害的发生,提高产量。泥鳅放养后,根据水质情况适时施用追肥,以保持水质一定的肥度,使水体始终处于活、爽的状态。

(6)日常管理:主要是加强巡塘,观察泥鳅的活动情况、水质变化情况、泥鳅吃食情况、设施运转情况等,并做好记录。高温季节保持微流水,每天注入新水,日交换量达10%以上。每天投饵时,观察有无泥鳅逃到网外,检查有无因田鼠嚼咬、操作不慎造成防逃网损坏等。经常用地笼在网外捕捞,根据捕捞量的多少,大体判断漏洞所在位置,以便人工检查、修复。

(7)病害预防:泥鳅的疾病应以防为主,只要水质清新,泥鳅一般没有病害。通过水质调控措施,形成良好的水域环境,泥鳅就会生长旺盛,抵抗力强。要尽量做到不用药或少用药,避免有关的药物残留,实现无公害标准化健康养殖和水产品质量安全。

(8)捕捞方法

①冲水法:将捕捞工具放在进水口,然后放水进池。泥鳅受流水刺激,逆水上游,群集于进水口附近。此时将预先设好的网具拉起,便可将泥鳅捕获。

②诱捕法:把煮熟的牛、羊骨头或炒制的米糠、麦麸等诱饵放在网具或鱼笼中,用其香味引来泥鳅。

③干塘法:冬季,水温降至15~12℃时,泥鳅就会钻入池塘底泥中,只能干塘捕捉。先把水排干,将池塘、稻田划成若干块,中间挖排水沟,泥鳅会集中到排水沟内,便于捕捉。

2. 结果

(1)养殖情况:2007年5月21日投放规格5~6cm的鳅种51 000尾,养殖至8月25日开始用冲水法和诱捕法陆续捕捞,直至2008年1月23日干塘捕捞。整个养殖过程没有发生病害,没有使用违禁药物,完全符合无公害养殖要求。

(2)收获情况:共捕捞泥鳅815kg,平均每667m²产271.7kg;产值18 745元,平均每667m²产值6 248.3元;利润:产值18 745

元一成本 13 232 元（苗种费 3 672 元、运输费 1 000 元、饲料费 2 560 元、人员工资 6 000 元）= 5 513 元，平均每 667m² 利润 1 837.7 元。

(3)体会：目前，国外市场(特别是韩国市场)对泥鳅的需求量逐年加大，养殖前景看好。另外，泥鳅养殖方式简单，病害少，养殖成本低，劳动强度小，适宜大规模推广养殖。

稻田养殖泥鳅可以取得平均 1 837.7 元/667m² 的利润，如果推广至池塘养殖，那么每 667m² 利润可达 4 000 元以上，经济效益十分可观。

例 82　池塘泥鳅高密度养殖

2006 年，江苏省徐州市睢宁县王集镇许静在该县选择了 0.27hm² 池塘进行泥鳅的高密度精养试验，取得了较好的经济效益。结果显示，以放养规格 130～170 尾/kg，密度 21～28.5t/hm² 为佳。现将试验情况总结如下。

1. 材料与方法

(1)池塘条件：池塘面积 0.27hm²，东西向，朝阳，土质为黏土质，池底淤泥 20～30cm，池深 70～80cm，最多不超过 1m 深，池塘底部平坦，进排水方便。出水处的深度低于进水处，便于水体交换和清塘。为了防止泥鳅外逃，沿池四周用直径 1mm 长的泥龙网围上，上面高出水面 30cm，用钢丝拉紧，网底自底土向下埋 20cm 深，进水、排水口装拉网。

(2)清塘和肥水：放养前 10～15 天对池塘水面用 525～1 125kg/hm² 生石灰清塘，将生石灰化成浆后立即均匀泼洒全池。清塘后 7 天注入新水，注入的新水经滤网过滤，防止野杂鱼混入。进水后开始施鸡粪 1 125kg/hm² 做基肥，用以培养浮游生物，供泥鳅下塘后摄食，池水透明度控制在 20cm 左右，水色以黄绿色为佳。

(3)放养：6月中旬以后连续1个月内苗种放足放齐。放养量达22.5t/hm²，苗种从市场上收购，规格大小不一，约160尾/kg，收购价格为9元/kg左右。

(4)日常管理

①投饵：6月下旬到8月上旬，由于温度高，泥鳅活动量大，食欲强，每天可按泥鳅体重3%～4%比例投喂膨化颗粒饲料。每天2次，第1次投喂时间为下午17:00，第2次为22:00。有时根据吃食量判断可在凌晨3:00增加1次投喂。第1次投喂量为体重的2%，第2、3次均为体重的1%，8月下旬至9月下旬气温降低，可按体重的2%进行投喂，每天2次。9月下旬以后根据气温变化情况而定。气温在15℃以下时，每天投喂2次，每次按体重的0.5%进行投喂。

②水质控制：泥鳅池的水质应保持"肥、活、嫩、爽"，透明度要控制在30cm，溶解氧的含量达到3.5mg/L以上，pH值在7.6～8.8。每天早晨6:00开始换水，达池水量1/2，气温在33～37℃时，从早上10:00换水不间断到下午15:00停止。春、秋季按照水容积的1/2进行换水，从上午6:00～10:00停止换水。每20天可用20g/m³生石灰泼洒全池1次，每15天用增白粉1g/m³消毒食场1次。

③疾病防治：定期用1%的聚维酮碘泼洒全池，使池水达到0.5g/m³。

④起捕：泥鳅起捕的时间在10月份前、后。用须笼捕捉泥鳅效果较好。1个池塘中多放几个须笼，起捕率可达60%以上，当大部分泥鳅捕完后可外套张网放水捕捉。

2. 试验结果

(1)产量：放苗时平均规格为160尾/kg，捕捞上市时平均规格88～100尾/kg，放苗量6t，起捕时达8.4t。收获时平均售价18.25元/kg。

(2)效益:供试验的 0.27hm² 池塘当年投入成本为 10.3 万元,饲料成本为 17t,3 000 元/t,计 5.1 万元,放养泥鳅成本约为 5.2 万元。毛收入达 15.3 万元,净收入 5 万元。

3. 体会

(1)此种养殖模式与其说是高密度养殖,不如说是高密度暂养,一般养殖周期为 3 个多月,其增重率仅为 36% 左右,主要是由于高密度、大规格的放养,使水环境得不到有效改善,泥鳅生长缓慢,且饲料成本高。养殖的效益主要来自泥鳅的市场销售差价。

(2)在上述养殖模式条件下,放养泥鳅的时间应避开泥鳅的繁殖季节,放养泥鳅的规格应在 130～170 尾/kg,放养密度应控制在 21～28.5t/hm²。放养时间可选在 2～3 月份。

例 83 水泥池微流水养殖泥鳅

江苏省涟水县陈寿松于 2006 年开始进行泥鳅水泥池微流水养殖,取得了产量 3.6kg/m²,产值 54 元/m² 的经济效益。

1. 养殖前期的准备

(1)水泥养殖池的建设:选择在僻静、通风向阳、水源清新无污染、交通便利、电力供应有保障的地方,建设水泥池。水泥养殖池采用砖砌水泥抹面,水池大小以 40～80m² 为宜,长方形,池深 1.0～1.2m;池底平坦,略向排水口端倾斜,距池顶 5～6cm 处设 4～6 个溢水孔;在水泥池底部铺上 15～20cm 厚的壤土,最后建立高位池和低位池各 1 个,大小依养殖规模而定。

(2)建立水循环系统:将高位池和养殖池连接,养殖池与低位池连接,高位池和养殖池连接的管道以及养殖池与低位池连接的管道均加装阀门,以调节水的流速,与养殖池连接的所有管口均设圆形防逃筛网(20 目),这样高位池的水流向养殖池,养殖池的水流向低位池,将低位池的水通过水泵抽到高位池,就形成了水循环。

(3) 注水脱碱消毒：水泥池注满水浸泡 7～10 天后排干，如此操作 2～3 次，以消除水泥的碱毒，然后用生石灰 0.08～0.12kg/m³ 对养殖池进行消毒，消毒 7～10 天后，进水 30cm，施充分腐熟的有机肥 1kg/m³，以培肥水质，再进水至 50cm。

(4) 栽植水生植物：池内栽植水生植物有利于遮荫和改善水质，面积约占池面的 1/3。品种可选择莲藕、凤眼莲等。

2. 苗种选购和放养

(1) 苗种选购：选购泥鳅苗种时，要求规格整齐、体形端正、健壮活泼、无病、无伤、无畸形，体色以橘黄或青灰色为佳。

(2) 苗种放养：放养 3～5cm 泥鳅苗种 200～300 尾/m²，放养前用 3%～5% 的食盐水对泥鳅苗种进行浸洗消毒 5～10min。

3. 饵料投喂

采用的饵料是蛋白质含量为 30% 的人工配合饲料，并在每个水泥池上方安装 2 盏黑光灯诱虫作为补充饵料。

(1) 日投喂量：3 月份为泥鳅体重的 1%～2%，4～6 月份为 3%～5%，7～8 月份为 5%～10%，9 月份为 4%，水温高于 30℃ 或低于 10℃ 时，减少投喂量或不投喂，投喂时以 2h 后不见剩食或略有剩食为度。

(2) 投喂时间：分上午、下午 2 次投喂。上午投喂量各占日投喂量的 30%，下午投喂量占日投喂量的 70%。

(3) 投喂地点：投喂配合饲料前，在配合饲料中加入一定量的水（饲料和水的比例为 1∶1），采用搅拌机搅拌，这样制成的饵料具有一定的黏性。将饵料投放在饵料台上，饵料台一般设置在离池底约 5cm 处。

4. 日常管理

(1) 养泥鳅的水要"肥、爽、活"。根据水质肥度进行合理施肥，池水透明度保持在 15～20cm，溶氧要大于 2mg/L，水色以黄绿色为佳，保持养殖池微流水环境。

(2)经常检查饵料台,了解泥鳅吃食情况,以便控制投喂量,及时捞出残饵,每天清扫饵料台 1 次,并定期对饵料台进行消毒。

(3)坚持每天巡塘 3 次,注意池水的水色变化和泥鳅活动情况。如天气闷热,气压低下雷阵雨或连日阴雨时,应注意观察泥鳅是否浮头,若浮头严重,应及时采用换水及化学增氧等方法,以消除浮头现象。

(4)经常检查进、排水口、池壁,发现漏洞要及时修补。

(5)定期投喂药物预防病害的发生,及时捞出死泥鳅及水面漂浮物,发现病鳅及时隔离治疗。

5. 病害防治

(1)做好苗种、工具、养殖池、饵料台的消毒工作。

(2)严把进水关,每 10~15 天泼洒 5~10mg/L 生石灰溶液消毒水体。

(3)不投喂腐败变质的饲料,并定期在饲料中添加维生素 C、维生素 E、大蒜素、中草药等。

(4)定期向池中泼洒有益菌,如光合细菌、枯草芽胞杆菌等,改良养殖水体,对养殖池进行科学管理,使养殖池保持生物生态平衡,可有效地防止泥鳅的病害发生。

(5)在整个养殖过程中仅发生过水霉病,采用 4% 食盐水浸洗病鳅 5~10min,经过治疗,病鳅恢复正常。

例 84 泥鳅水泥池高密度暂养

安徽于朝敏报道,2005 年阜南县县城关镇冷寨行政村进行了泥鳅高密度,高产高效益的暂养试验,经过 5 个月的暂养殖,共生产泥鳅 9 560kg,产值 172 080 元,获利 57 360 元,取得了经济效益、社会效益和生态效益。具体做法如下。

1. 暂养池面积

选择水泥池面积 200m² 左右 5 个,东西走向,水源以地下水为主,暴晒后注入池内,经常注入新水,保持良好的水质环境,排溉方便。

2. 暂养池条件

暂养池面积 200m² 左右,选用水泥池作业,塘深 1～1.5m,保持水深 50～60cm,进、出水口以铁丝网拦泥挡防止泥鳅外逃,为防止泥鳅有外逃习惯,水泥池四周应高出地面 30～50cm 左右,防止雨天地面水流入池内,泥鳅逆水外逃,排水管应高于污水渠,防止污水倒灌池内。

3. 放养前准备

放泥鳅前,水泥池底部,投 10cm 左右的自然塘泥,给泥鳅创造一个良好环境,投放泥鳅前 1 周,应进行清池消毒,一般用生石灰清池,池水池深 6～10cm 左右时,每 10m² 2kg 生石灰,将生石灰化成水浆后泼洒全池,1 周后注水 30cm 左右,随着泥鳅量投放增加,逐渐加深水位至应有的深度,原则上平时可浅些,炎热高温季节可深些,要根据池塘水质情况加注新水,泥鳅放养前可用 4%～5% 的食盐水浸泡 3～5min,选用体质健壮,无伤的泥鳅投放到池中。一般选择野生泥鳅苗为主,根据规格大小分池饲养,炎热的夏季收购泥鳅苗成活率低于夏后收购的成活率,根据实际操作经验一般投放收购在 7 月份左右,这样既可以提高成活率又可以提高增肉倍数,投放量一般是温度偏低收购量可增加。

4. 饲养管理

主要采用了以暂养为主,泥鳅属于杂食性鱼类,喜食浮游甲壳类动物饵料也食植物的茎叶种子,同时可投喂豆饼、麸皮、饼类,投喂数量和次数可根据投放密度与摄食强弱灵活掌握。

泥鳅池要经常注入新水,保持良好的水质环境,特别注意在闷热天气池中容易缺氧,一般夜间保持微流新水,保持池中有充足的氧。一般选择每天投喂 1 次,每天下午 16:00～17:00 左右投喂,投食量根据水质,投放密度和摄食强弱灵活掌握,做到定时、定位、定量、定质。

5. 日常管理

（1）巡塘：在暂养期间要经常巡池，要每天定时抽注新水，确保池内水质清新，要勤检查拦鱼设备，如发现损坏要及时修补，每到秋末冬初，当水温降到10℃左右时，泥鳅进入越冬期，暂养密度可高于常规暂养密度的2~3倍，这时水深可增至80~100cm。

（2）病害防治：泥鳅一般很少生病，但当水质恶变，操作不慎，泥鳅受伤很容易引发疾病，常见有腐鳍病，此病由一种杆菌引起发病，背鳍附近的肌肉腐烂，严重时鳍条脱落，肌肉外露，鱼体两侧头部至尾部浮肿，发病部位肌肉发炎并有红斑。防治方法：可用鱼虾消毒王或溴氯海因交换使用。泥鳅在投放前用4%~5%的盐水浸泡鱼种3~5min。

6. 泥鳅的捕捉

主要采用干法捕捉，把池水排干起捕至暂养清新水池中，蓄养1~2天才能外运销售，蓄养的目的：

一是去掉泥腥味；

二是排出粪便，降低运输的耗氧量提高成活率。

7. 收获

经过5个月的暂养殖，共投放泥鳅6 830kg，收获泥鳅9 560kg，产值172 080元，获利57 360元，取得了较好的经济效益、社会效益和生态效益。

例85　高原鳅鱼试养介绍

叶尔羌高原鳅 *Triplophysa*（*Hedinichthys*）*yarkandensis*（*Day*），地方名：狗头鱼。属鲤形目（*Cyprinidformes*）鳅科（*Cobitidae*）条鳅亚科（*Nemacheilinae*）高原鳅属（*Triplophysa*）鼓鳔亚属（*Hedinichthys*）。它广泛分布于塔里木河流域各水系。2007年9~11月，新疆阿拉尔新疆生产建设兵团塔里木畜牧科技重点

实验室和新疆阿拉尔塔里木大学动科院组成研究组对塔里木河流域阿拉尔河段天然捕捞的叶尔羌高原鳅鱼苗进行了初步试养和培育研究,就试验内容报告如下。

1. 材料

(1)培育池:塔里木大学动科院水产试验站养殖温棚内,直径为6m,高为1.5m的7、8号水泥试验池。放养前10～15天,用20%高锰酸钾溶液消毒。

(2)水质:在鱼苗下塘前3天,放水40cm,并培养少量的浮游生物。水温保持在(20±1.0)℃,溶解氧在(9±1.0)mg/L,水体为微流水,流量为0.05L/s。

(3)饵料:鲫鱼鱼苗颗粒饲料(新疆天康饲料公司)和红线虫(新疆阿克苏市水族市场)。

(4)鱼苗来源:所培育鱼苗,系塔里木河流域阿拉尔河段,人工小台网和地笼捕捞而得。

(5)鱼苗放养:鱼苗经过捕捞后,先放入80cm×30cm×40cm的水族箱中,试养12h后,于2007年10月1日放入7、8号池。7号池放入2千尾,8号池放入3千尾。

2. 培育

(1)培育方式:采用微流水和静水曝气的养殖方式,时刻使其水体呈环形流动。

(2)日常投饲:7号试验池日投饲量分别为体重的10%～15%,每天投喂5次,分别为8:00,12:00,16:00,20:00,24:00等;8号试验池日投饲量分别为体重的15%～20%,每天投喂3次,分别为8:00,14:00,20:00时等;每个池子都是以红线虫和颗粒饲料依次相间投喂。

(3)病害防治:在养殖中,有70%鱼苗感染了小瓜虫,10%感染烂尾病和5%感染水霉病等病害,先后用4%食盐水+4mg/kg的福尔马林溶液全池泼洒;卡那霉素30～120mg/L泼洒全池,连用3～5天;庆大霉素200～500mg/kg拌饲投喂;环丙沙星50mg/L泼洒全池;每3次1个疗程的治疗方式,用15天采用3个疗程,基本控制病害,但是死亡率较大。

3. 结果

7、8号试验池在捕捞前1天停止投喂,2007年11月15日进行了捕捞,对于可能性状等进行了测定,并统计如表2-32。

表2-32 7、8号试验结果

	起捕规格(g/尾)	放养密度(尾/m²)	起捕数(尾)	产量(kg)	成活率(%)
7号池	7	71	743	5.20	7.15
8号池	5	106	882	4.41	29.40

4. 体会

(1)水体温度:由于是室内人工养殖方式,水体温度保持在(15 ± 1)℃,对于这种鳅类而言,温度适中,但是对于在捕捞中擦伤、碰伤的鱼类而言,往往经受不了这样的温度,使鱼类感染水霉病的主要原因。

(2)饵料投喂:由于叶尔羌高原鳅是杂食性偏肉的底层鱼类,所以在养殖中,用红线虫和颗粒饲料依次相间投喂,7号池,每天投喂5次,采用了少量多次,而8号池次数多些,并且红线虫的量也多些,进而生长的规格大些。

(3)病害防治:在养殖中,由于擦伤等原因,使其感染上一些病症,先采用了4%食盐水+4mg/kg的福尔马林溶液全池泼洒,效果不佳;后用卡那霉素30～120mg/L泼洒全池,连用3～5天;庆大霉素200～500mg/kg拌饲投喂,环丙沙星50mg/L泼洒全池效果也不佳;最后采用了2个相间使用,每3次1个疗程的治疗方式,用15天采用3个疗程,基本控制病害,但是死亡率较大。

例86 庭院鳖池混养泥鳅

利用庭院鳖池混养泥鳅是根据鳖鳅的生态习性合理地放养及

投饵,充分提高庭院养殖经济效益的一项主要措施。具有产量高、成本低、见效快、效益好、管理方便等优点。2007 年,江苏省徐州市铜山县张集镇魏雪在自家庭院 236m² 的幼鳖培育池中进行养殖实践,共起获幼鳖 2 360 只,平均规格 100～150g/只,产成鳅 495.6kg,2.1kg/m²。经济效益十分显著。现将其养殖关键技术方法介绍如下。

1. 养殖池准备

(1)养殖池建造:依据庭院空地大小,采用砖混结构,池深 1m,上接 0.5m 防逃墙,内壁用水泥抹光滑,墙的顶部向池内出沿 10～15cm,以防鳖鳅逃逸,池底用混凝土浇灌一边稍高另一端稍低,在较低一端设有排水口并加设防逃设施。

(2)营造生态环境:新建池要用清水浸泡 15 天,刷洗后放干池水,然后池底铺 20cm 厚的泥土再注入清水。接着移植部分水花生,面积占水面的 1/3,供鳖鳅栖息和改善养殖环境。

(3)养殖池消毒:放养前需对混养池用浓度为 200mg/kg 的生石灰消毒,时间要求在放种前 7～10 天。

2. 食台搭建

为避免相互争食,鳖和泥鳅的食料台应分别搭建在水泥池的两端。泥鳅料台一般为正方形,面积约 1～2m²,用水泥板或木板搭建在离池底 30cm 的地方。鳖料台用竹木搭建,长度为 1.5～2m,宽 0.7m,料台一边为 30°斜坡,料台要高出水面至少 5cm,以防泥鳅上来抢食。

3. 种苗放养

鳖鳅混养只能在稚鳖池或幼鳖培育池中进行,如在成鳖养殖池或在亲鳖养殖池中混养容易被鳖吃掉。通常 1 龄稚鳖规格在 10g 以下的,放养密度为每平方米 10～15 只。10～20g 的,每平方米放养 5～10 只。放养泥鳅苗种要求规格整齐,平均每尾 6cm 左右(如放养过小容易被鳖吃掉),放养密度为每平方米 0.5kg。鳖放养前用浓度为20mg/kg的高锰酸钾水溶液药浴,泥鳅用2%～4%的食盐水溶液消毒后放入。

4. 饵料投喂

鳖摄食生长的适温范围为20～33℃,最适水温为25～30℃,10～12℃时钻入泥沙中冬眠。泥鳅的生长水温是15～30℃,最适水温22～28℃,水温低于10℃时,钻入泥下冬眠。两者生长温度略有差别。鳖、鳅同为杂食性动物,但是,鳖对饲料蛋白质的需求较泥鳅高,鳖常捕食小鱼、小虾、螺蚌及动物内脏,因此,投喂鳖的饵料应以全价稚、幼鳖饲料为主可同时添加鱼肉蔬菜汁等。泥鳅在5cm以下,主要摄食动物性饵料,如轮虫、桡足类等浮游动物、摇蚊幼虫、水蚯蚓等。当其体长5～8cm时转变为杂食性,体长大于10cm时则以植物性饵料为主。投喂泥鳅的饵料可采用商品饲料,如米糠、豆饼、麦麸等,还可投喂配合饵料或普通鱼成品料。投饵严格按"四定标准",即"定点、定时、定质、定量",每日应先喂泥鳅30min后再喂鳖,以防泥鳅抢食。喂食泥鳅时,可将饵料搅拌成团状,投放在料台上,切忌散投,防止败坏水质。喂鳖时,鳖料要用水和成团状,水料比为1∶1,鳖在5月初开始投喂,日投饵量为鳖体重的1%,每日投饵1次,以后随着气温和水温的不断升高逐渐增加投饵次数和投饵量。进入6月份以后,日投饵2次,上午7:00和下午17:00,投喂量为鳖体重的3%～5%,9月份以后再逐渐降低投饵次数和投饵量。泥鳅苗种购回后经过5～7天的训养后,已能上来抢食,此时每日投饵2次,分别为上午6:00和下午16:00,日投饵量占泥鳅体重的5%。

5. 日常管理

(1)巡查:每天早、晚要检查吃食情况,清除残饵,查看鳖鳅的活动情况,查看水质及防逃设施,发现问题及时处理。

(2)水质调节:良好的水质是养殖成功的关键,饲养鳖鳅的水质以中性和稍偏碱性为好,水色以黄绿色、透明度20cm左右为宜,平时每星期换水1次,高温季节每隔2天换水1次,每次换水量为池水的1/3。水体温差应调节到5℃以内,夏季雷雨及闷热天气时,更要勤注新水增氧,有条件的可用增氧机增氧,以防缺氧死亡。

6. 疾病防治

遵照"无病先防,有病早治,防重于治"的原则,每隔10天池水用浓度1mg/kg的漂白粉水溶液或浓度为0.3mg/kg的强氯精溶液,泼撒全池消毒1次,在饵料中定期添加抗菌药物,如发现疾病要及时治疗。

在养殖过程中,稚鳖容易患腐皮病和疖疮病。治疗腐皮病用20mg/L的磺胺类药物或抗菌素浸洗病鳖20min,并对池水消毒。治疗疖疮病,每千克鳖投喂0.2g土霉素拌饵投喂,4～5天为1个疗程、连续2～3个疗程。泥鳅容易患赤皮病,主要是运输擦伤或水质恶化引起,治疗可用浓度为1.2mg/kg的漂白粉水溶液全池泼洒,同时用氟苯尼考粉拌饵投喂,用量为每千克泥鳅10mg,连喂4～6天。

7. 适时捕捞

养殖后期,可根据市场行情采取干池捕捞,将捕捞上来的幼鳖按大小放入其他鳖池或成鳖池中继续饲养,捕捞上来的成鳅及时到市场上出售。

例87 西北地区泥鳅人工繁殖试验

为加快西北地区泥鳅规模化生产步伐,满足需求,开发市场,2008年初刘麦侠等组成课题组,在陕西省水产工作总站下属的省新民水产良种场(合阳县黄河滩第五单元)进行了泥鳅人工繁育试验。通过生产实践证明了泥鳅在西北地区人工繁殖的可行性,现就其实验过程介绍如下。

1. 材料与方法

(1)池塘及孵化设施选择:亲鱼养殖池选择良种场西排北1号池塘,面积1 067.2m^2。鱼苗暂养池2口,为微流水水泥池,单个面积75m^2,小计150m^2。催产、孵化设施采用良种场的家鱼产卵池和孵化环道,产卵池圆形,面积80m^2;孵化环道为椭圆形,面积15m^2。

采用良种场的地热井和机井混合温水作为试验用水,水质经检测,均符合渔业用水标准。

放养前,采用生石灰带水清塘法,对亲鱼池和鱼苗池进行消毒。每667m^2用生石灰180kg。

(2)苗种来源:繁殖试验的亲鳅主要来源于3个地方,总重量为420kg,分别取自:

①合阳黄河滩野生泥鳅,重量为20kg,规格体长12～18cm,尾重13～18g。

②华县汀村鱼种场2007年养殖的泥鳅,重量为300kg,规格体长10～12cm,尾重9～11g。

③西安炭市街市场收购100kg。于2008年4月8号购买,规格体长10～17cm,平均尾重22g,发育度成熟。

(3)饲养管理:清塘1周后投放苗种。苗种投放后严格按照泥鳅生活习性,制订详细饲养管理方案。搭建饲料台,在投喂时做到"四定":定质、定量、定时、定位。饲料采用安徽赣榆县膨化商品饲料,日投喂量为3%～5%。每周换水1/3,保持水质清新。为预防鸟虫害侵袭危害,池顶搭建了网目5cm×5cm的聚乙烯盖网,有效地控制了鸟虫害。

2. 人工繁育试验技术

(1)严格挑选雌雄亲鱼:选择试验催产的雌雄亲鱼的标准是:雌鳅个体要明显大于雄鳅,雌鳅腹部圆润光滑,体色要灰暗;雄鳅可略小,色泽亮丽,胸鳍较长,前端较尖。

(2)人工注射催产药物,自然产卵:采用的人工催产药物是激素类似物(LRH)和地欧酮(DOM),剂量是雌鳅注射 LRH 10μg/kg,另加 DOM 10mg/kg,雄鳅减半。

(3)雌雄配组后,放入孵化槽中,人工孵化:注射催产药物后,按雌、雄1∶1.8 的比例,放入孵化槽内,进行微流水刺激,以促进亲鱼发情。

(4)产卵结束后,将亲鱼从孵化槽中捞出,鱼卵在孵化槽中孵化,5~6 天即可出苗。

繁殖试验生产记录如表 2-33。

表 2-33 生产记录表

水温(℃)	亲鱼产地	雌雄比例	效应时间(h)	产卵量(万粒)	出苗量(万尾)	出苗率(%)
19~21	西安市场	37∶74	13	15	2.3	15
21~24	汀村渔场	150∶260	12	70	31.5	45
23~25	汀村渔场	120∶210	11	30	10.5	35
24~26	合阳当地	280 组	11	50	15	30
合计		587 组		165	59.3	35.9

3. 试验结果

4 次催产,合计催产 587 组。共计产卵 165 万粒,出苗量 59.3 万尾,出苗率达到 35.9%,取得了较好的效果。

4. 结论

通过本次技术试验,证实了西北地区沿黄一带的水质、气候等自然条件,完全具备泥鳅生长繁育和人工养殖条件。经验和体会是:

亲本的质量是确保繁殖成功的关键。雌鳅必须在 2 龄以上,个体要大,体重必须在 15g 以上;健康无病、无伤,性腺发育成熟,腹部要膨大柔软有光泽,卵巢轮廓到肛门处,生殖孔开放;雄鳅个体大小上可以放宽,但必须要发育成熟,轻压腹部有乳白色精液排出,体形匀称,活动敏捷即可。但长途运输的亲本,直接进行人工催产是不可行的,必须先暂养7~15天。

另外,在人工催产方面,催产前,雌雄亲鱼必须完全分开,尽量做到准确无误,以便快捷注射催产。注射催产药物时,亲鱼固定技术有待改进。试验采用戴手套抓住泥鳅,注射药物。根据试验结果看,对亲本伤害比较大,产后死亡率略高,注射时间长,如果大批量催产,很难保证雌雄鱼同步发情,将会直接影响到人工繁殖的效果。

本次试验用HCG+DOM进行人工催产,效果比较理想。但要注意雌雄亲鱼的注射药量,雄鳅要减半;注射部位,最好采用背鳍肌肉注射。这样对泥鳅伤害较小,药物效应也比较好。

例88 小土池生态高效养泥鳅

安徽刘青在怀远县一养殖户开展了高位小土池控温、生态高效养殖泥鳅试验,取得了较好的经济效益,现将养殖情况总结如下。

1. 材料与方法

(1)小土池的条件:选择地势较高、日照良好、水源充足、进排水方便、无污染的地块开挖,养殖用水要求溶解氧3.0mg/L以上,pH值在6.0~8.0,透明度在15cm左右。土质以黏土为好。在小土池旁打深10m的水井1口,配备1kW水泵1台,其功率大小要与土池面积相配套。

(2)准备工作

①小土池的建造:平地开挖3口小土池,每个土池长20m,宽6m,深0.5m。用挖出的土堆筑池埂,池埂为梯形,上边宽0.5m,下边宽1.5m,高1m。土池一端设排水口,池底向排水口倾斜,坡度为0.5°,两边向中间倾斜,坡度为4°。池底与池坡要整平,上面铺盖塑料薄膜,以防渗漏和泥鳅逃跑。塑料薄膜用熨斗焊接,在放

苗前要用清水反复冲洗塑料薄膜数次,清除有害物质。

②遮阳和防敌害设施:在土池四角固定四根水泥柱,水泥柱 2m 高处拉上铁丝,铁丝固定在水泥柱上。然后,在 2 个短边的铁丝上,沿土池长边平行拉上透明细尼龙线,网线的间隔为 30cm,拉上网线后,水禽很难下到水中捕捉泥鳅。这样既保护了泥鳅,又使水禽免遭人为捕杀。4~6 月份温度较低的晚上和 7~9 月份高温的中午,在防鸟网上搭设遮阳网,使水温保持在最适范围内,有利于泥鳅的快速生长。同时,在池埂顶部外侧设高 1m 防敌害网。

③排污、捕鱼设施:池底低洼处开挖一道口宽为 0.5m,深 0.25m 的弧形水槽通向排水口。弧形水槽具有集污、排污和集鳅、捕鳅的作用。

④进水、排水系统:养殖水源来自井水和外塘水。水泵连接 2 根进水管,1 根与井水相连,1 根放入外塘。在 2 根进水管上分别安装 2 个水量节制阀,用于控制井水和外塘水源进水量的比例,从而达到控制水温的目的。水泵出水端设一"T"字形总管,总管分出3 根支管分别进入 3 口小土池,支管终端密封。在支管上用钉扎内径 1mm 的小孔,用于新水淋浴入池,一方面大大增加了水中溶氧;另一方面减少泥鳅逆水,同时减少了水温变化,避免了泥鳅感冒病的发生。每根支管上同样安装节制阀控制进水池进水。支管用绳系在遮阳棚的铁丝上,悬挂于土池上方。进水管道使用 UPVC 管,粗细根据水泵大小和进水量而定。排水管内径为 75mm 的 UPVC 管,设在弧形水槽低洼端,出水口罩上拦鳅笼,拦鳅笼用钢铁焊接而成,为 0.5m×0.4m×0.3m 的长方体,外面罩上网片,网目大小以不逃泥鳅为宜。出水口设拔插管,拔插管用弯头与排水管相连,排水、排污时弯头口向上,捕鱼时弯头旋转向下,便于泥鳅流入集鳅箱中。

⑤移植水草:水草选用水花生或水葫芦最好,因为这两种植物都有发达根系,利于泥鳅在其间栖息、遮阳和净化水体。放草前先

洗净,然后放入5%的食盐水中浸泡10min左右,以防止蚂蟥等有害生物随着草带入池中。移植水草要在高温季节即6月份以后,水草不能移植太多,只占总水面1/4即可。

⑥土池消毒及肥水:上池放苗前10天进水0.3m,然后用50%三氯异氰脲酸化水泼洒全池消毒,使池水浓度为20g/m³。消毒3~4天即可用发酵(腐熟)的有机肥(如猪粪、鸡粪、牛粪等,以猪粪为最好)泼洒全池肥水,培育基础天然饵料,用量为2kg/m²,一般1周后即可放苗。泼洒有机肥最好选择在晴天,池水透明度达到20cm为宜。

(3)鱼种放养:苗种选用人工繁殖培育苗,要规格整齐、无病、无伤,活动敏捷,最好1次性放足。放养平均全长为5cm/尾(约0.9g/尾)苗种,每池14.28kg。放苗时间一般在每年的4月份,试验放苗时间在2008年4月12日,水温15℃。苗种放养前用8~10mg/L漂白粉溶液进行浸洗消毒,水温10~15℃时浸洗20~30min。

(4)饲养管理

①饲料投喂:泥鳅属杂食性鱼类,除施肥培育天然饵料外,要投喂营养全面、配方合理的人工配合饲料。投喂量:4~6月份为1%~2%,7~8月份为2%~4%,9~11月份为3%~1%。投饵要适量,投喂量要根据天气、水温、泥鳅健康状况、水的肥瘦等情况灵活掌握,宜在2~3h内吃完为好。分早、中、傍晚3次投喂,视泥鳅吃食量酌情增减投喂次数。

②水质管理:在高温季节适时覆盖遮阳网为泥鳅避暑降温,并及时加注新水。加注新水时,运用水量控制阀,控制井水和外塘水的比例来调节水温和水质,注水时间和水量要根据水温、水质和泥鳅活动情况而定。还应根据水质肥度进行合理施肥,池水透明度控制在15~20cm,水色以黄绿色为好。当泥鳅常游到水面浮头"吞气"时,表明水中缺氧,应停止施肥,注入新水。

③病害防治:泥鳅养殖病害很少,在放苗后4~6月份,用有效

成分为二烯丙基三硫醚的20%水霉敌杀化水泼洒全池,使池水呈$0.16g/m^3$,每月1次,防治水霉病和细菌性病害;7～10月份用强氯精化水泼洒全池,使池水呈$0.3g/m^3$,每月2次,用以改善水质和防治细菌性疾病。

2. 小结与体会

(1)高位池排污、排水和捕捞装置功能原理分析:泥鳅养殖水位不需要深,一般在0.6m左右,这为泥鳅池建在高处提供了条件,高位池有利于自动排水和土地复原,节约了养殖成本,保护了土地资源。在土池中间低洼处开挖的弧形水槽,主要有排污、排水和捕捞的作用。排污和排水可以结合进行,其原理是借助冲水和泥鳅活动形成的涡流,将残饵和泥鳅排泄物等污物沉积到弧形水槽中,通过拔掉土池外部排水的拔插管,排去池中的大部分污物。在排污时如果使用稻草绳或软橡胶等物在池底沿水流方向反复拉动,将污物拉向排水口,排污效果会更好。捕捞作用是在排水时将拦鳅设备撤除,泥鳅就可随着水流流出排水管,进入事先放置好的集鳅箱中,捕捞率高达100%。

(2)控温措施分析:本试验通过改进进水设备,在进水管上扎孔,将直冲式进水改为喷淋式进水;用井水和外塘水作为池水进水水源,利用节制阀控制井水和外塘水混合比例,从而达到调节水温的目的。井水和外塘水按一定比例混合既可以达到控制水温、调节水质的作用,又可以避免池水温差过大造成泥鳅患感冒病;在养殖早期,降低水位,高温季节,在池上方搭设遮阳网,人为控制光照,来进一步调节水温,遮阳设施可以与防鸟设施配合使用。

例89 大鳞副泥鳅人工催产试验

安徽怀远县孙守旗进行了大鳞副泥鳅人工催产试验,其具体做法如下。

1. 材料与方法

第二章　泥鳅人工养殖实例

(1)亲本标准与来源:大鳞副泥鳅雌体体重 25g 以上,体长 14~18cm,雄体体重要求不严,一般 12g 以上,体重 10cm 以上。要求体表色泽正常,光滑无病斑,体形匀称,活动敏捷,年龄 2 龄以上。亲本来源主要是从上年的成鳅池中挑选,也可从附近市场上选购。5 月份催产时应选择发育较好,腹部卵巢轮廓明显的雌鳅和健康活泼的雄鳅配对,雌雄比为 1:2。

(2)池塘条件与放养密度:池塘面积在 1 335~1 667.5m^2,正常水位 60~80cm,透明度 20cm,肥度适中。不论来自哪里的亲鳅都必须在池塘中进行产前培育,培育时间不低于 2 个月。放养密度为每 667m^2 水面投放 325kg,雌雄混养。

(3)亲鳅池日常管理:进入 3 月份水温高于 10℃时即可投喂人工饲料,饲料要求含蛋白 30%~35%,脂肪 5%,以动物性蛋白为主。池塘水温 15℃时投喂量占体重的 1%,水温 20℃时为 2%,水温 25℃以上时为 3%。投喂时间上午 8:00,下午 17:00。每周定期冲水 1 次,每次 2h,加深水位 5cm 左右,不要大量换水,保持一定的肥度有利于大鳞副泥鳅发育。

(4)催产药物及剂量:使用绒毛膜促性腺激素(HCG),每千克大鳞副泥鳅 2 万 U,每尾用药 250~300U;使用地欧酮(DOM)、鲑鱼激素类似物(S-GnRH-A)合剂催产,每千克体重用地欧酮 10mg、鲑鱼激素类似物 10μg。以上两种激素每尾雌鳅注射量为 0.2mL,雄鳅减半。

(5)注射方法:注射时两人一组,一人用泥鳅控制网固定泥鳅,另一人用医用皮试注射器进行注射,采用背部肌肉注射方法,针尖与鳅体呈 45°角,向头部方向注入药物,深度 0.2cm。为了防止下针过深伤害泥鳅,应采用在针尖上缠绕棉线的方法处理针具,要求露出针尖 0.2cm,一般人员都可以操作。

(6)产卵孵化:利用环道进行生产,在环道中设置圆形网箱,网箱网目为 5 目,注射后的亲鳅放入箱中待产,催产结束后用微流水刺激,到了效应时间,大鳞副泥鳅便开始发情、追逐、缠绕,产卵,受精卵从网目中掉进环道。产卵结束后将网箱和泥鳅一起拿走,受精卵进入孵化阶段。此时,要加大水流以冲起沉在环道底部的鳅卵,同时可用搅水板从下面把鳅卵搅起,操作持续30min左右,等到结块的鳅卵分离后即可降低流速,流速控制在10cm/s左右,具体以能够让鳅卵浮起为准。水温22℃,41h 90%的受精卵孵出鳅苗,25℃时,需要30～32h孵出。

2. 结果

此次试验从5月18日开始分4批进行,共催产60kg。18、19日2次使用的药物是HCG,23日和24日使用的是地欧酮合剂。共获鳅苗248.5万尾。前2批次催产后亲鳅分别死亡4.25kg、3.8kg,并且死亡的80%是雌鳅,后2批次催产后亲鳅基本无死亡(详见表2-34、表2-35)。

表2-34 催产试验情况

日期(日)	组数	水温(℃)	效应时间(h)	受精率(%)	孵化率(%)	出苗数(万尾)
18	220	22	15	90.5	90	38
19	240	22	13.5	92	92	39.5
23	510	25	9	91	92	83
24	490	25	8	93	93	89

表2-35 两种药物使用比较表

	催产日期(日)	未产尾数	产后成活率(%)	催产药物成本(元)
HCG	18	95	57.5	280.00
	19	98	62	280.00
地欧酮激素合剂	23	7	99.5	60.00
	24	4	99.5	60.00

3. 体会

(1) 大鳞副泥鳅体表光滑,体液丰富,性急好动,在人工催产注射时应采取有效措施以降低操作难度。本次试验中使用了自制的泥鳅控制网,明显地提高了工作效率,同时减轻了劳动强度。

(2) 催产药物的选择。通过试验得出:使用地欧酮+鲑鱼激素合剂具有以下优点:成本小,配制简单,副作用小,产后亲鳅成活率高。采用HCG产大鳞副泥鳅每千克体重用药2万U,成本28元左右;使用地欧酮、鲑鱼激素合剂每千克成本只有3元左右,并且HCG的副作用较大,产后亲鳅死亡率高。使用脑垂体效果较好,但其配制比较麻烦,也不能满足大批量生产的需要。

(3) 在鳅科鱼类中大鳞副泥鳅为主要的养殖品种。使用环道生产泥鳅苗种有很多优点,实现了产卵、孵化一步到位,减少了中间环节,减轻了劳动强度,有利于规模化生产。

例90 介绍一种复合种养模式

2005年以来,江苏盐城市盐都区义丰镇骏马村村民,采用春季水田先种植荷藕,再种茭菰,茭菰田里顺带放养泥鳅,到秋末再移栽油菜的种养模式,一般每667m^2可收鲜藕600~700kg,茭菰1 000~1 200kg,泥鳅100~150kg,油菜籽150~200kg。

1. 田块条件

选择阳光充足、水源好、保水性好的田块,沿田埂四周挖沟,沟宽1.5m,深1m。田埂加高至0.8m。在田块两端分别设直径30cm的进水口和出水口,用40目纱网遮挡,用于滤水和防鳅逃逸。

2. 茬口安排

4月中旬种藕,每667m^2用种量150~200kg。8月上旬收藕让茬,粗整田块即可移栽茭菰苗,株距50cm,行距80cm,每667m^2栽2 000株左右。同时每667m^2套养3~5cm的泥鳅30~50kg。

11月底翻土收获茨菰和泥鳅,沟中的泥鳅可以留下做种。随后做垄抢栽油菜,垄宽不超过3m,移栽株距16cm,行距33cm。

3. 施肥标准

莲藕要求施足基肥和适时追肥。收藕后灌水前,每667m²施猪牛粪1 000kg、尿素15kg做茨菰基肥,忌用碳酸氢铵,以免刺激泥鳅(影响成活)。立秋后每667m²施草木灰100~150kg,以利于茨菰形成球茎。白露前追施结球肥,每667m²施尿素7~10kg。油菜不再重施基肥。

4. 田水管理

莲藕生长期田水管理先由浅到深,再由深到浅。茨菰田套养泥鳅后,从8月中、下旬开始每隔10天换水1次,每次换水10cm,保持田面水深15cm。天气转凉后逐渐降低水位,9月中旬至10月底,保持水深7~10cm。

5. 鳅苗投喂

泥鳅苗投放后,投喂以糠麸、大麦粉、玉米粉等植物性的饲料为主,日投喂量为在田泥鳅体重的4%。水温下降后,饲料以蚕蛹粉、猪血等动物性饲料为主,日投喂量为在田泥鳅体重的8%~10%,要求当天投喂当天吃完。水温低于5℃或高于30℃时不喂或少喂。

6. 治虫防病

田间杂草人工拔除,不要使用除草剂。从8月底开始到10月份,做好泥鳅病害防治工作。每隔10~15天用漂白粉(1mg/L)或生石灰(15mg/L)、晶体敌百虫(0.5mg/L)消毒1次,同时用土霉素拌药饵喂泥鳅防病。另外,防止老鼠、水蛇、鸭子等入田危害泥鳅。

例91　北方稻田泥鳅、河蟹混养

辽宁肖祖国于2007年在盘锦市坝墙子镇进行了稻田河蟹、泥鳅鱼的混养试验,现将试验结果介绍如下。

1. 田间工程

试验所用稻田面积 1 460m^2 在稻田四周距田埂 50cm 处挖上口宽 60cm,下口宽 40cm,沟深 50cm 的环沟,环沟面积约为稻田面积的 7%~10%。在开挖环沟的同时,要给稻田设置进水口和排水口,进水口和排水口要用双层密网片包扎好,防止河蟹、泥鳅鱼逃跑。

2. 防逃设施

用养殖河蟹专用的聚乙烯塑料薄膜把稻田四周圈围起来,应注意要把四角围成弧形,防止河蟹沿着夹角攀爬外逃。塑料布应选择宽度为 70cm 的(有 60cm 宽的用于养殖扣蟹)。每隔 50cm 处插 1 个竹竿,以支撑固定塑料薄膜,塑料薄膜下端应埋入土中 10cm 左右。

3. 水稻种植

(1)水稻种植:采用"大垄双行、边行加密"的模式。它可以增强稻田内的通风、透光性,这样既能减少水稻病害的发生,又能促进河蟹的生长,尤其是在水稻生长的中后期,其效果更加明显。"大垄双行"是指水稻的行间距大垄为 40cm,小垄的行间距为 20cm,其表现形式为 20cm—40cm—20cm。"边行加密"是根据边际效应原理,在距边沟 1m 以内把水稻行间距为 40cm 的垄间加植 1 行,这样可以弥补因稻田挖环沟而减少的水稻种植面积,确保水稻不减产。在稻田进行耙地时,1 次性施入生物性菌肥作为底肥,施用量为 50kg/667m^2,并在水稻移栽后,追施 1 次尿素 5kg/667m^2,分 2 天施用,以防水体中氨氮含量大幅升高。影响鱼蟹生长。

(2)农药的使用:稻田中的鱼、蟹能有效地控制稻田内的杂草生长,养鱼、蟹的稻田内杂草较少,故采取人工除草,从而避免了因喷施除草剂而给鱼、蟹带来不利的影响,同时又能提高水稻的品质。在水稻生长的中、后期,喷施1次低毒、低残留的农药"阿克泰",防止稻飞虱等虫害的发生。喷药时,加深稻田内的水位,以降低稻田水体的药物残留浓度,减少药害。

4. 苗种投放

试验所用的扣蟹取自于当地养殖户,泥鳅鱼苗是收购于当地野生鱼苗。扣蟹在6月5日放入稻田,规格为8.3g/只,放养密度为400只/667m^2。泥鳅鱼苗于6月29日投放,规格为1.75g/尾,放养密度为5 000尾/667m^2。投放前用20mg/L的高锰酸钾溶液浸泡消毒3~5min。共投放扣蟹876只,泥鳅鱼苗10 950尾。

5. 饲养管理

(1)投饵:以人工颗粒饵料为主,坚持"四定"投饵原则。河蟹日投喂2次,上午7:00~8:00,下午17:00~18:00,上午的投饵量占全天投饵量的30%,下午占70%。泥鳅鱼日投饵3次,早、晚2次与河蟹投饵结合在一起,第三次投喂在上午11:00时,以投喂细稻糠为主。在泥鳅摄食旺季,不能让泥鳅鱼吃得太多,因泥鳅贪,吃过多的食物引起肠道充塞,影响肠的呼吸,从而造成缺氧。阴雨天及在河蟹蜕壳期间少投或不投。投饵量为河蟹体重的5%~8%。

(2)水质调节:由于稻田生态环境的特殊性及田间作物施肥的影响,因此,调节稻田内的水体水质对鱼、蟹的生长显得尤为重要。在稻田水稻插秧结束后,给稻田泼洒光合细菌,用量为2~2.5kg/667m^2。光合细菌能降解因施用尿素而使水体升高的氨氮,避免稻田内水体氨氮含量升高。每月泼洒1次光合细菌和生石灰(不能同时施用),用量分别为2~2.5kg/667m^2、20~30mg/L,以调节水质,防止鱼、蟹病害发生。同时,要经常对稻田进行换水,保持水质清新。稻田内的水位前期宜保持在10cm左右,中、后期保持在20cm左右。

(3)日常管理:每天早、晚2次巡田,观察河蟹、泥鳅鱼的摄食及其活动情况,并仔细检查稻田四周的塑料薄膜及进、出水口是否有破损的地方,如发现有破损,应及时修补,以防蟹、鱼逃逸。

6. 试验结果

(1)蟹、泥鳅:扣蟹经过105天的饲养,于9月18日进行起捕。泥鳅鱼经过53天的饲养,于8月22日进行起捕。河蟹平均667m^2产量为23.8kg,平均规格为75g/只。泥鳅鱼667m^2产量为26.5kg,平均规格为7.27g/尾。

(2)水稻:于10月2日进行收割,667m^2产量为675kg。对照稻田667m^2均产量为620kg。

(3)效益分析:稻田中养殖鱼、蟹,能显著提高农民收入,而且其水稻产量与没有养鱼、蟹稻田的水稻产量相比,667m^2产增加50kg。且养鱼、蟹稻田的水稻价格要高于普通稻田的水稻价格。经济效益与生态效益都十分显著。试验田共收获扣蟹52kg、泥鳅鱼58kg,其效益分析见表2-36。

稻田养殖鱼、蟹667m^2获纯利润为509.4元。投入产出比为1:2.2。

表2-36 河蟹、泥鳅的效益分析

投入(元)				产出(元)		纯利润(元)
苗种费	饵料费	人工费	围网费	河蟹	泥鳅鱼	
160.8	268	360	43.8	1 352	696	1 115.6

7. 问题及建议

(1)投放大价格泥鳅鱼苗:由于泥鳅鱼苗投放时间较晚,且鱼苗的规格偏小,导致收获的泥鳅鱼规格偏小,应考虑在水稻插秧结束后就投放泥鳅鱼苗,并且规格为6~8cm,体重为5g左右的2龄泥鳅鱼苗,这样,收获的成鱼规格就会较大,价格也会相对高一些。

(2)泥鳅在其钻洞之前收捕:因泥鳅鱼有钻入土中越冬的习性,因此一定要在其钻洞之前收捕。这是保证养殖泥鳅鱼是否成功的一个关键环节。

例92 北方稻田泥鳅、家鱼混养

北方地区气候寒冷,年积温较低,只有 2 400~2 600℃,稻田养鱼发展较慢,近 2 年来吉林四平王立屏等实地分别进行了稻田鱼和泥鳅的立体养殖研究,在此系统中利用稻田的立体水域,底层养泥鳅上层养鱼,利用浮游生物和藻类喂鱼及泥鳅,鱼和泥鳅的粪便能肥稻田,能量流动和物质变换合理,实现了鱼、稻双丰收。

1. 北方地区鱼、泥鳅、稻田立体养殖的特点

吉林省虽属我国北方,但地处北纬 41°~46°属北温带气候,光照时间仍较长,太阳辐射总量大,积温集中,雨热同季,为鱼稻共生创造了良好条件,由于每年一季庄稼,水稻插秧一般在 5 月 20~25 日结束,然后 5~7 天待秧苗长出新根即开始放鱼,至 9 月中旬排水捕鱼,鱼的生长期可达 95 天左右。

由于鱼、泥鳅的立体养殖,鱼、泥鳅在水中不停的游动,搅浑了水体,从而有利于水体对光照的吸收,提高了水温。据测试从 7 月 1 日到 8 月 20 日,养鱼稻田比不养鱼稻田日平均水温高出 1℃,这样,鱼、水稻生长期可增加积温 50℃以上,此增温效果可使水稻提前成熟 3~5 天,增产 10%以上。同时,泥鳅在水田泥里活动,疏松了土壤,提高了土壤的通透性,增加了水的溶养量,促进了水稻根系发育,使水稻生长茂盛。据测定养鱼的植株比不养鱼的植株平均高 7.6cm,分蘖率增长 3.5%,稻根生物量增加 15%,鱼能吃稻田里的杂草和浮游生物,有利于养分向水稻集中,鱼、泥鳅粪便起到了增肥作用。

2. 北方地区鱼、泥鳅、稻田立体养殖的技术指标

(1)放养量及生长状况:立体养殖的稻田可以放养鲤鱼、草鱼、鲫鱼等,为了便于经营管理要放养同一种鱼苗,采用每 667m² 放养鲤鱼春片 100 尾,总重量约 5kg,放养泥鳅 30~60mm 的小苗 2 000~3 000 尾,秋后捕捞鲤鱼每条可达 450~500g,泥鳅每条可达 90～150mm，重约 20～30g，放养数量及养成目标见表 2-37。

表 2-37 放养数量及生长状况

放养种苗	规格	放养量		成活率(%)	成鱼规格
		数量(尾)	重量(g)		
鲤鱼春片	50g/尾	100	5 000	87	450～500g
泥鳅	30～60mm	2 000～	14 000～	89	90～150mm
	7～9g	3 000	27 000		20～30g

(2)稻田处理：将稻田挖成十字形、口字形、田字形的养殖沟，沟宽 300mm，深 200mm，在养殖的四角挖集鱼坑，用以捕捞和投饵料，集鱼坑直径为 1m，深 300mm，再将池埂加高 100mm，在排水口和入水口处加上纱网或铁丝网为防逃网，掌握好水位。

3. 饲养管理

在刚插完秧苗的稻池中施入一定量的猪、鸡粪肥，以培养水中的浮游生物，在放鱼苗和泥鳅苗后的第三天将米糠、豆饼、玉米面的复合饲料投入到集鱼坑中，每 $100m^2$ 投入 2kg，以后每隔 1 周投 1 次饵料，至水中有大量浮游生物作为天然饵料为止，大约投 4 次，向集鱼坑投入合成饲料，起到喂养和训练鱼到此处活动的作用。

在防虫时，最好选用低毒农药，喷药时须深灌水，药液尽量喷到作物体上，减少农药进入水中毒害鱼和泥鳅，一般可用稻田常用的杀虫剂即可，防止鱼、泥鳅的敌害生物，如水蛇、水鼠、水禽等的侵害，并须防止池埂漏水情况的发生。

4. 稻田立体养殖鱼、泥鳅的经济生态效益

稻田立体养殖鱼和泥鳅，鱼一般在上层水域活动，泥鳅在水底层和浅水中活动，使鱼、泥鳅、水稻 3 种不同生物和作物处于同一生态环境，通过技术管理，达到稻、鱼双丰收。

北方地区鱼、稻共生对水的需要是同步的，水稻返青期和分蘖期，由于植株小，气温低，要浅水灌，以提高地温促使幼苗发育和分蘖率增加,此时鱼体小,摄食量少,浅灌水温有利于鱼、泥鳅的生长,水稻分蘖来期,孕穗期和抽穗期为了控制无效分蘖,确保株高、穗大、籽粒饱满,需保持100~160mm的水深,这时鱼的个体大,鱼的饵料来源广,鱼、泥鳅游动的水体较大,有利于鱼、泥鳅的生长,减少了农药用量,一般稻田防虫需喷洒农药3~4次,而养殖鱼、泥鳅的稻田只需喷洒1次,而且虫口基数和危害明显减轻,虫口基数可减少21%~26%,减少了污染,保护了环境,提高了生态效益。

例93 庭院式泥鳅囤养

江苏省盐城市宋长太进行庭院囤养泥鳅,对其中1只400m^2鳅池进行了核算:总投入35 000元,包括放养鳅种2 500kg,收购均价6元/kg;配合饲料费用13 200元,水电费2 000元,药费1 000元,包装、运输费1 500元,工具及折旧1 800元,其他费用500元;上市商品鳅4 150kg,总收入71 380元,利润36 300元,折合每667m^2利润6万余元。

1. 选购鳅种做法

4~6月份间,天然泥鳅苗种资源丰富,可以每千克5~6元的价格收购220~240尾/kg的鳅种,然后用专用筛,按规格将鳅种筛选、分拣,经消毒处理,在专池中网存暂养7~10天后,放养到成鳅池中饲养6~7个月,养成规格为80尾/kg的商品鱼上市。

2. 主要技术

(1)鳅池建设:一般每只池在100~1 000m^2范围内,长方形成圆形较好。池底和四周用砖、石砌成水泥抹面,池壁顶部用横砖砌成"厂"形檐,池深1.2~1.5m。靠水源处池壁上方建2个进水口,用硬管伸入池内,另一侧池壁底部建2个出水口,用软塑料管固定调节池水深度,进、出水口都要安装拦鱼栅。

(2)放养准备:新建池要浸泡20天以上,并排去池水。放种前池底铺10~20cm厚的松软田土,池四周离池壁留1m无土区,然后加水 60cm 左右，土上可栽少量蒿草等挺水植物，然后用 20mg/L 浓度的高锰酸钾溶液浸泡，隔 1～2 天后再用 150g/m³ 浓度的生石灰水泼洒消毒。

（3）鳅种放养：入池前鳅用 2%～3% 浓度的食盐水浸泡 5～10min。

（4）饲料投喂：可到饲料厂购买泥鳅专用饲料，也可自配饲料（建议配方：小麦粉 48%、豆饼粉 20%、菜饼粉 10%、鱼粉 10%、血粉 7%、酵母粉 3%、添加剂 2%），每天上午 8:00～9:00 和傍晚各投喂 1 次，投喂量按在池泥鳅体重的 3%～10% 灵活掌握。投喂时，饲料做成带粘性团块状，放在离池边 10cm 的饵料台上。

（5）日常管理：水质调控是关键，发现缺氧及时换水，高温季节要搭棚遮荫，或加深水位，并达到每天换水 1 次。同时要防止污物、农药、蛇、鼠、猫等进入养殖池。为防治鱼病可定期用硫酸铜硫酸亚铁合剂（5∶2）泼洒全池，每立方米水体使用 0.7g；也可用浓度为 2%～3% 的食盐水浸洗 5～10min。

（6）捕捞运输：少量捕捞可用网抄捕，集中捕捞可放掉干池水，然后用网抄捕，捕获的泥鳅用清水反复冲洗数次，运输前进行蓄养，使其排除粪便和体外过多的黏液。近距离运输可"干运"，即在竹条筐内壁敷上软布浸水湿润直接装运即可；远距离运输可用尼龙袋充氧装箱运输。

例 94　泥鳅秋季人工繁殖及苗种培育

2005 年，何杰报道在湖北进行泥鳅秋季人工繁殖及苗种培育试验。现将其试验结果介绍如下。

1. 亲鳅的强化培育

8 月中旬从成鱼池拉网起捕，挑选体长 12cm 以上、体形端正、体质健壮、体色鲜亮、无病、无伤、性腺发育较好（腹部白色且无斑点）的个体做亲鳅，而产过的雌鳅腹鳍上方身体两侧有直径为 2～

3mm 的凹陷白斑,不可用。共计挑选出亲鳅 25.3kg,放入水泥亲鱼池进行强化培育。亲鱼池面积为 $10m^2$,水深 50cm,微流水,放养量 $0.85kg/m^2$,池内栽植约占水面积 1/4 的水浮莲。每天投喂 2 次,上午投喂水蚤、鱼粉等动物性饲料,下午投喂自制配合饲料,总投喂量占鱼体重的 7%左右。每 2 天在投饵前抽吸池中粪便残饵 1 次。连续培育 25 天左右,绝大部分亲鳅的性腺发育程度达到了催产要求。

2. 亲鱼的挑选

要求雌鳅腹部丰满圆润,富有弹性,生殖孔呈圆形、外翻、粉红色;从背部向下看,可见腹部两侧明显膨大凸出,呈白色并且无斑点。要求雄鳅腹部柔软,生殖孔狭长凹陷,呈粉红色,有的能挤出乳白色精液。共计挑选出亲鳅 22.1kg,其中雌鳅 19.3kg,雄鳅 2.83kg,雌雄比 6.8∶1。

3. 人工催产

催产药物用绒毛膜促性腺激素(HCG),1 次性背部肌肉注射,雌鳅剂量为 15～20U/g,雄鳅减半。注射时间晚上 20∶00～22∶00,雌、雄分开,以防自然交配影响人工授精,注射后将亲鳅放入水族箱内,并放入少量水浮莲,将水温控制在 25～27℃。温度达不到要求时用加热棒加温。效应期在 8～12h 左右,当轻轻挤压雌鳅腹部有卵子流出时即可进行人工授精。杀雄鳅取精巢后,放在干燥洁净的培育皿内,在低温下(4℃)避光充分剪碎,用冷藏的 Hank's 液(或 0.75% NaCl 溶液)稀释备用。将卵挤于干燥洁净的玻璃缸或面盆等容器内,迅速浇注精液,用羽毛轻轻搅拌,使精卵充分混合受精,静置 15s 后撒在盆内浸在水里的鱼巢上(鳅卵为半黏性卵,较易脱落),把少量未黏附的卵子收集起来,然后单独放入孵化桶内进行孵化。

4. 孵化

将黏附有受精卵的鱼巢置于温室水泥池和孵化环道内进行微

流水孵化，水深 30cm，孵化用水为增氧、曝过气的地下水，水温 27℃ 左右，pH 值为 7.0。孵化池内每天进行 2~4 次水交换，换水量可根据卵的密度和水质情况作适当调整。水温在 25℃ 左右，32h 即可出苗。待鳅苗全部孵出后，取出鱼巢，约过 2 天，鳅苗已能平游，此时即可投喂开口饵料。

5. 仔鱼培育

鳅苗开口摄食时体长只有 5mm 左右，一开口就贪食，游动迅速，争食激烈。以丰年虫无节幼体作为开口饵料，每天投喂 2 次，上午 9：00~10：00，下午 16：00~18：00 各 1 次，日投喂量为每万尾鳅苗孵 6g 丰年虫卵，无节幼体孵出后即行投喂，连续投喂 3 天；以后改投熟的鱼肉糜，用 80 目筛娟过滤，稀释后均匀泼洒。连续投喂 3~4 天，以 1~2h 内吃完、可看到鳅苗肠管内充满白色食物为准。此时泥鳅体色金黄，体格较强壮，如果密度超过 3 000 尾/m^2，应分池或加大水流，然后投喂豆浆并添加少量鱼粉，豆浆按每 $100m^2$ 水面 0.75kg 干黄豆汁，上午、下午各 1 次，连续投喂 7 天。此时正值 9 月下旬，平均水温在 23℃ 以上，可收苗计数，转池进行稚鱼培育。

6. 稚鱼培育

在室外苗种（土）池内培育，面积 $300m^2$，淤泥厚 20cm。放苗 8 天前进行消毒，施底肥，注水深 40cm，繁殖浮游生物，以保证小型水蚤数量达到高峰，鳅苗下塘后有充足的适口饵料，每日 3 次，日投喂量占鱼体总重的 4‰，池水透明度保持在 15cm 左右。投饵施肥与调节水位相结合，施肥仅施无机速效氮肥（硝酸铵 $2g/m^3$），经过 20 多天的饲养，平均水温仍应在 18℃ 以上。随着天气转凉，合理投喂，进行鳅苗越冬的后继管理。

7. 病害防治

（1）在操作中防止鳅苗或成鱼受伤，诱发水霉病。受伤鱼体用 4‰ 的食盐水浸洗 5~10min。

（2）每 15 天用 $1g/m^3$ 的漂白粉泼洒全池。

（3）每 10kg 泥鳅用大蒜 50g 捣烂拌入饲料投喂，以防止肠炎病。

8. 繁殖结果

经过 1 个月的强化培育，90% 以上的亲鳅发育良好，有 86% 的雌鳅产卵，受精率 83%，孵化率 96%，共获得仔鱼约 340 万尾。秋季，泥鳅的性腺发育良好，催产效应期为 8~12h（与上半年 5、6 月份相同）。在试验中发现，如果亲鳅发育较差或催产水温在 24℃ 以下，效应期达 20h 以上，且卵子受精率偏低。

9. 苗种培育结果

以丰年虫无节幼体作为开口饵料，鳅苗生长迅速，体格强壮，转色快，3 天后平均体长达 0.8cm，比投喂蛋黄长 0.2cm 以上，成活率高达 99%；半个月后平均体长达 2cm 左右；到 10 月中旬体长达 5.0cm 左右，体重 3~4g，成活率达 60%，共计获得鳅苗约 200 多万尾。

10. 使用微流水的结果

同以往相比，注射催产素的亲鳅，采用微流水刺激能促进排卵，效应时间相应缩短，催产率提高了 10% 左右；采用微流水孵化，水流太大，会影响胚胎发育并冲伤鳅苗，影响成活率。

11. 孵化环道的使用结果

初孵鳅苗有贴在池壁上的习性，孵化环道单位水体的水—固介面面积大，增大了鳅苗的活动空间，相对提高了单位水体的存苗容量。

12. 体会

（1）为了保证提供大批优质鳅苗，亲鳅的强化培育十分重要。

（2）采用人工授精方法，所用雄鳅量少，减少了亲本用量，所得鳅苗的雌性率也高达 85% 左右，由于雌鳅的生长速度比雄鳅快 1 倍以上，可达到增产的目的。

(3)秋季繁殖的鳅苗,经过1年时间的饲养可长成商品鳅,养殖周期缩短了近半年,能加速资金周转,提高经济效益。

(4)进行秋季繁殖能充分利用闲置的孵化设备、苗种池和人力资源。

(5)采用丰年虫无节幼体等优质饵料可加速鳅苗生长,相对延长了生长期,使泥鳅苗种能达到所需的规格,增强了体质,提高了成活率,并有利于越冬。

(6)在注射催产药物后,雌雄亲鳅应严格分开,以防止自然产卵。由于人工授精所需雌雄比例较大,用排过精的雄鱼的精巢进行人工授精,总受精率明显降低。

(7)泥鳅在仔鱼期生命力较弱,这一阶段是决定成活率的关键时期,特别是当水温降低时容易发生水霉病,水霉菌着生于鳅苗外鳃上严重影响生长,并造成鳅苗大批死亡。解决好这一阶段的鱼病问题,可大幅度提高苗种的成活率。

例95 泥鳅池塘养殖试验

2007年,福建肖建平报道泥鳅池塘养殖试验,现介绍如下。

1. 池塘条件

选择避风向阳、进排水方便、弱碱性底质、水质无污染的池塘6口,每口面积400~667m^2,共3 335m^2,池深80~120cm。池塘经修整改造,利用池岸四周底泥加高加固池埂,开挖一环形周宽60~80cm,深50cm的鱼沟,便于泥鳅抓捕。池塘做到坚固耐用无漏洞,清除过多淤泥,保持池底淤泥20~25cm。进、出水口用聚乙烯网片拦住,池底向排水口倾斜,便于排水和捕捞。

2. 清塘消毒与水质培育

鳅苗下池前10天,每667m^2用生石灰100kg带水清塘消毒,消毒后第3天引进池水30~50cm,施入鸡、鸭粪便等有机肥培育水质,用量为120~130kg/667m^2,待水色变绿,池水透明度20cm

左右时,即投放泥鳅苗种。

3. 苗种放养

待药性消失、池水转肥后,于2006年2月7日放养,泥鳅苗种系上年度本地人工繁殖培育的苗种,放养时规格400尾/kg,数量19.2万尾,计480kg,放养密度3.84万尾/667m²。同时,放养规格13～15cm的鲢鳙春片鱼种1 000尾,以便调节池塘水质。苗种放养时均用5%食盐浸浴鱼种10min后再下池。

4. 饲养管理

在培肥水质、提供天然饵料的基础上,增加投喂用豆粕、菜粕、鱼粉、次粉、盐、磷酸二氢钙等原料组成的粉状配合饲料,饲料粗蛋白32%,一般每天上、下午各投喂1次,时间分别为上午8:00～9:00、下午17:00～18:00,日投饲量为泥鳅体重的4%～8%。在每口池塘距池底20cm处设1个用塑料密眼网片和木条钉成面积为2m²的饵料台,饲料用水拌成团状,投放饵料台上。投饲量视水质、天气、摄食情况灵活掌握。此外,根据水质肥度进行合理施肥,池水透明度保持在30～40cm,水色为黄绿色为好。在7～8月份水温达30℃以上时,经常更换池水,保持池塘有微流水,并增加水深;当泥鳅常游到水面浮头"吞气"时,表明水中缺氧,应停止施肥,及时加大进水量。

5. 病害防治

在整个养殖周期,泥鳅未出现大的病害。发现少数个体发生烂鳍病,其症状:病鳅的鳍、腹部皮肤及肛门周围充血、溃烂,尾鳍、胸鳍发白并溃烂,鱼体两侧自头部至尾部浮肿,并有红斑。通过使用1g/m³漂白粉泼洒全池,连续用药3天,且在饲料中按0.5%添加中药"三黄粉"拌入饲料连喂6天,病情得到控制。平时做好清除水蛇、蛙、水蜈蚣、水鸟、水禽等敌害生物的工作。

6. 捕捞

2006年11月22～31日,对成鳅进行捕捞收获。先将池中的鲢鳙鱼捕捞上市,然后在排水中安装好网箱,将池水逐渐排干,有部分泥鳅会随着排水进入到网箱中,其他大部分泥鳅会集中到鱼钩中,在鱼钩中捕捞,捕捞后的泥鳅放入水泥池中暂养过秤计算产量。

7. 产量与效益

共收获泥鳅 3 320kg,平均每 667m² 产 644kg,养殖成活率 62.25%。平均规格 36 尾/kg,其中最大个体 45g,最小个体仅 15g。收获鲢鳙鱼 860kg,平均规格 1.05kg。

本试验成本支出计 3.32 万元。其中:泥鳅苗种以 20 元/kg 的价格购得,计 0.96 万元;使用饲料 6 000kg,支出 1.68 万元;塘租 0.12 万元;人工费 0.5 万元;药物等其他费用 0.06 万元。单位成本 0.664 万元/667m²,饵料系数 2.11。

泥鳅销售价格 13~15 元/kg,平均价格 13.6 元/kg,鲢平均价 4.2 元/kg,实际销售收入 4.876 万元,单位产值 0.975 万元/667m²。获得效益 1.556 万元,单位效益 3 112 元/667m²,投入产出比 1:1.47。

8. 体会

(1)试验表明,在闽西北山区池塘养殖泥鳅是可行的,利用池塘或中低产稻田改造成专池养殖泥鳅对调整水产养殖品种结构、增加农民收入具有现实意义。

(2)试验所用的鳅种是当地购买的,由于泥鳅苗种规格参差不齐,放养时没有分筛,泥鳅的活动和抢食能力不一,造成泥鳅养殖成活率较低,且商品鳅规格不一致,影响了销售价格和养殖效益。

(3)试验所用的配合饲料为当地饲料加工厂配制的,其配合饲料对泥鳅的适口性较差,且饲料营养配比未达泥鳅营养需求,饲料营养配比与加工等有待进一步试验完善。

(4)通过试验观察,水温 14℃ 以上时泥鳅开始摄食,5~6 月份和 9~10 月份水温 25~27℃ 时食欲旺盛,7~8 月份水温超过

33℃以上,泥鳅摄食量减少,此阶段仅在每日傍晚适量投饲1次,建议可采取加大池水交换量和加深水位来降低高温季节池水的水温。

例96 北方稻田泥鳅养殖增效益

2007年,徐亚超报道稻田养殖泥鳅的试验,现将其总结介绍如下。

2006年4～11月份,在盘锦市盘山县的3 553m²试验田中,进行生态养殖泥鳅试验。试验证明,泥鳅在盘锦地区是适宜进行生态养殖的优良品种。这种养殖方式不仅能改良土质、节肥增产,而且所产稻谷和泥鳅品质好、无污染、市场畅销,适应了现代社会人们对于绿色食品的需求。

1. 稻田工程

当地稻田水源丰富,注、排水方便,田埂坚实不渗漏,适于进行稻谷栽培和泥鳅养殖。4月16日开始稻田工程建设:将稻田人工分成5块,分别记为1～5号,其中5号为对照田栽培稻谷,1～4号稻田由环沟、田间沟和暂养沟3部分组成。环沟在稻田内侧的四周开挖,沟宽80～90cm,深50～60cm;田间沟是中央挖"十"字沟,和"十"字中央挖的鱼溜;暂养沟可在稻田的一端开挖,沟宽120～140cm,深80～100cm,也可将田头的蓄水沟、丰产沟、进排水渠利用起来,作为稻田的暂养沟,以增加养殖面积。稻田中挖出的土全部用于加高、加固1～4号的大池堤并夯实到30～50cm,池壁用塑料薄膜或网片等贴于田埂内侧,下端要求埋入硬泥中20cm以上,防止泥鳅跳跃和钻洞逃逸。进、排水口设置在稻田的斜对角并加上双层拦鱼网,用以防止敌害生物和野杂鱼等进出。其中鱼沟和鱼溜面积约占总面积的22.5%。具体情况见表2-38。

表2-38 稻田面积情况

编号	总面积(m^2)	稻田面积(m^2)	鱼沟和鱼溜面积(m^2)
1	713	1 927	560
2	533		
3	707		
4	533		
5	1 067	1 067	0

2. 水稻栽培

5月21日,在施足基肥后开始水稻插秧,插秧时适当增加沟内侧的栽培密度,以发挥边际优势,同时又为泥鳅提供了一个遮荫避暑的良好场所。

3. 鳅种放养

放养前在鱼沟和鱼溜内施足基肥和泼洒石灰水,在杀灭细菌和敌害生物的同时,培养泥鳅的天然饵料生物。6月3日稻种成活返青后,加注新水至稻田水位10~15cm,从鑫安源生态养殖厂购进苗种76.5kg,分规格进行放养。规格3~5cm的鱼种,放入1号稻田;规格5~8cm放入2~4号稻田。注意鱼种下塘时,要用3‰~5‰的食盐水浸泡5~10min消毒后,方可放入稻田。

4. 投喂和饲养

由于天然饵料充足,泥鳅在放养的第1星期不必投饵,第2星期每隔3~4天投喂1次饵料。开始时采用遍撒方式,将饵料均匀泼洒在田面上,以后逐渐缩小食场,最后将饵料投放在固定的鱼溜上,以利于泥鳅的集中摄食和秋季捕捞。等到泥鳅正常吃的时候,坚持定时、定位、定质、定量的"四定"原则。7~8月份是泥鳅的生长旺季,颗粒饲料蛋白质含量应达到32%以上。人工饲料条件下,还可投喂一些豆饼、麦、动物内脏及蚕蛹粉。每天投喂要看天气、看水色、看鱼的活动情况灵活掌握。投喂时间固定在每天上午

9:00~10:00 和下午 15:00~16:00,日投喂量占鱼体重的 3%~7%。或者以泥鳅在 1h 左右吃完饵料为准。另外,每隔 1 个月左右,看水质肥瘦追施有机肥 50kg/667m² 左右,并加入少量过磷酸钙,以培养泥鳅的天然活饵。

5. 日常管理

(1)掌握水质、水位:饲养期间,要注意观察水色和鱼沟、鱼溜内泥鳅的活动情况。田面水深保持在 10~20cm,夏季高温季节应加深水位,依据水温和水质情况要经常换水,防止水质恶化。为防止换水时温差过大,每次可以换掉鱼溜内水量的 1/3~1/2 或适当调节。

(2)稻田防害:养殖泥鳅的稻田,病虫害一般很少发生。在预防稻田病虫害时,绝对禁止使用敌百虫、甲胺磷等有机磷剧毒农药。要选用高效、低毒、降解快、无残留的农药。施用时,将泥鳅集中到暂养沟,放干稻田水按规定用量和浓度喷施,喷施时喷嘴必须朝上,让药液尽量喷在稻叶上,千万不要泼洒或撒施。施药后对泥鳅勤观察,勤巡池,发生意外要立即加注新水或泥鳅集中捕放到活水中,待恢复正常后再放回稻田。

(3)防逃除害:在下大雨时,要特别注意田水的疏导和检查网栏,防止泥鳅漫过田埂随着水逃走。日常勤巡池注意检查田中、环沟和鱼溜等处有无蛇、鼠、水蜈蚣和凶猛鱼类等敌害生物,以便及时清除和驱捕。

6. 收获

从 11 月 3 日起陆续起捕售出,鱼种起捕率达 80%,18 日经核算养成泥鳅产量 256.5kg,售价 15 元/kg,获产值 3 847.5kg;2 994m² 稻田共产稻谷 2 534kg,售价 2.0 元/kg,获产值 5 068 元。共获产值 8 915 元,纯利 4 044.5 元。

7. 体会

(1)加强养殖期间的日常管理工作,做到科学投饵,适时换水和防止敌害生物的侵袭等。

(2)在温度适宜时,尽量提早放养,以延长泥鳅生长期。另外,通过分规格饲养发现,在同一生长期内,放养较大规格的鱼种,养成较大规格的泥鳅经济效益更高。

(3)稻田生态养殖泥鳅中稻谷产量是600kg/667m^2,比普通稻田增产100kg/667m^2。1 927m^{2}多收入578元;560m^{2}稻田泥鳅产值3 847.5元,除去鳅种、饵料、起捕等费用,比普通稻田多收入1 316.5元;另外,减少农药和化肥适用量,节省120元,总计比普通稻田增收1 436.5元。所以,应该在盘锦地区大力推广稻田生态养殖泥鳅技术。

例97　网箱泥鳅养殖技术经验总结

安徽省芜湖市邓朝阳报道,几年来芜湖市开始进行池塘、稻田、网箱养殖泥鳅,都取得较好的经济效益,尤其是网箱养殖效果明显,经济效益高。现将网箱养殖泥鳅技术总结介绍如下。

1. 水域条件

以池塘、沟渠为宜,要求水深不超过2m,水位稳定,淤泥不超过30cm,水质好,无污染。最好与农田用水分开。

2. 网箱制作

网箱用聚乙烯网布制成,面积以15m^{2}适宜,长5m,宽3m,高2m,为敞口式。食台用普通圆钢和网布制成,面积为40cm×60cm,四周留有10cm高的折边。

3. 网箱设置

网箱上、下固定在水中的毛竹上,网箱距离塘埂10m,网箱间距3~5m即可。网箱呈东西向排列,箱底落入泥土,并放上10cm厚的泥土。

网箱上部露出水面20cm,并用目大3cm的网片覆盖。每个网箱设制食台4个。

网箱设置数量以不影响人工投喂和管理为限。

4. 鳅种的放养

(1)鳅种来源：目前，养殖的鳅种主要来源于天然采捕，要选择竹笼诱捕的，在晴朗的天气里，当天收购当天运输放入网箱，不能放置时间过长。运输前先放在清水塘中网箱内暂养6h，让其排出粪便，洗去体表的黏液。运输的鱼篓中水体要超过鳅体的3倍，每50kg水添加二溴海因0.2mg。

(2)种苗放养：一般在梅雨季节后开始收购、放养。苗种放养前在网箱中移植部分水草，约1/3。一般选500～600尾/kg的鳅种。选购的同时按规格分级运输，分级饲养。进网箱前用3%的食盐水消毒3～5min，放养密度1.5kg/m^2。

5. 饲料投喂

泥鳅食性杂，进箱前期投喂部分成鳗料和破碎的小杂鱼，后期投喂入上配合饲料，以米糠、麸皮、菜籽饼为主，加入少量鱼粉、鱼糜、豆粕。投喂要定时、定点，每天傍晚定量投喂在食台上。进箱初始几天摄食量很小，要少喂。以后根据天气变化适当调整。每1个星期选1个对照箱以1h摄食完为限，测定合适投饲量，其他箱在此基础上减少20%的投喂量。

6. 日常管理

(1)保持适当的水位，特别是下暴雨时要密切注意，防止水位变化大，泥鳅外逃。

(2)注意定期清洗网箱四周，让网箱内水体能充分交换，在池塘中每667m^{2}套养200尾细鳞斜颌鲴。

(3)要及时清除死鱼、残余物，特别是放养初期，每天清洗食台、定期消毒。

(4)防鼠害和水鸟，注意检查网箱四角水位处是否有破损。泥鳅入箱后一定要用网片盖好。

(5)培肥水质，养殖的水体要达到肥、活际准。

(6)防止农田用药期间药物入池。

7. 疾病防治

(1)水霉病：放养初期鱼体受伤容易生水霉病，可用3%的食盐水浸洗消毒防治。

(2)腐鳍病：每隔15天用灭菌王每100kg鱼用40g拌饵投喂。

(3)定期用二溴海因泼洒消毒，每立方水体用0.4g。

例98 虾池养泥鳅防偷死症

江苏宝应袁莹勇等于2007年报道，巧用泥鳅防虾死亡的经验，现介绍如下。

南美白对虾以生长速度快、产量高、抗病力强而赢得广大养殖户的青睐，成为我国对虾养殖的主力品种。但近两三年来，白虾病害严重，种质下降，生长速度变缓，极大地影响了白虾的养殖效益。在内地，白虾养殖历史较短，虾病没有沿海地区严重，但由于养殖户一味追求经济效益，养殖单产逐年增加，加上水质调控手段没有跟上，白虾偷死症时有发生，给养殖者带来了巨大打击。

偷死症，也称死底症，是指在白虾养殖中后期出现的一种特殊的现象：白虾摄食不随着养殖时间的增加而增加，其中还有相当部分反而随着养殖时间的延长而减少，平时在外部观察白虾的生活都比较正常，但检查饵料台和底部时会发现个别死虾，时间一长，死虾大量增加，无明显发病症状，而且死亡前没有明显的发病前兆。养殖户都束手无策，无法控制，只要是规格较大，市场价格较好就只好考虑尽早出售。

偷死症主要发生在高密度养殖的虾塘，通常在水温28℃以上，养殖时间60~80天左右，对虾规格80~140尾/kg，一般在富营养化且水质恶化的池塘，出现过缺氧或池塘溶氧过低的池塘极容易发生。发病初期，在料台中有时发现个别白虾死掉，没有症状，一般每天在池底有1~2kg死虾/塘，随着水质继续恶化，每天在池底可发现10~20kg甚至50kg以上死虾/塘，死虾的个体都较大，通常无明显的异症，部分死虾可见黄鳃或黑鳃，多见软壳现象，病程很长，在南美白对虾蜕壳期间为死亡高峰期，若不加以控制，死亡现象会一直持续到收虾季节，甚至绝收。

偷死症一旦发生，许多养殖户都会加强喂药，但不管是内服还是外用都不见明显效果，达不到预期的目的，这是因为药不对症的缘故。很多学者将此病症总结为"缺氧中毒综合征"：在高密度养殖过程中，饲料残饵和白虾的排泄物无法从中间排污口排干净，积累在池中，这些残饵粪便在分解时消耗大量溶氧，久而久之，虾池底部处于缺氧或溶氧低的状态，底部的水土界面氧化还原电位低，处于还原态，残饵粪便在缺氧的状态下分解生成像氨氮、硫化氢等有毒物质，难以分解和溢出，慢慢积累在池底，加上虾塘中的大虾长期生活在池底——缺氧的环境中，受到有害物质的慢性作用，慢性中毒，不断死去。出现死虾后，进行水质检测都是亚硝酸盐普遍偏高，都在4.0×10^{-6}mg/L以上。

偷死症对养虾业的危害，不仅在于由于直接导致养殖产量降低，还在于对虾死亡后沉于池底，腐烂、耗氧败坏水质，使病症进一步恶化并可能引起其他严重疾病，更由于偷死症发病早期没有明显的发病前兆，绝大部分死虾均是在池底才能发现，因此平时不容易被业者及时觉察，而养殖户的水质监测又不会每天进行，等到养殖户发现明显症状时为时已晚，要彻底治愈十分困难。因此，防治偷死症的关键在于提前发现，及早预防。根据多年的养殖经验，发现在对虾池中放养一定数量的泥鳅，能帮助养殖户及早发现偷死症并及时预防。

泥鳅适宜生长在光线较差的近岸池底，与对虾的生存水体一致，具有鳃呼吸、肠呼吸等多种呼吸方式。正常情况下，泥鳅都会静伏水底摄食生长，但它对气压和溶氧的反应较敏感。当气压低，或水底溶氧降到2.0mg/L时，泥鳅就会因水缺氧而窜动不安，不断上升到水面吞气补氧,而此时对虾尚未表现出浮头症状。如前所述,偷死症是缺氧中毒综合征,而缺氧又是造成水体中氨氮和亚硝酸盐积累超标导致对虾中毒的罪魁祸首,所以通过泥鳅活动及早发现水底缺氧是预防偷死症的有效手段。泥鳅属典型杂食性鱼类,喜食植物性食物,如水生植物种子、嫩芽、藻类以及淤泥中的腐殖质等。其口小,抢食能力弱,每 $667m^2$ 放养 100 尾左右泥鳅苗不会对对虾生长造成影响,相反还因摄食池底残饵和腐殖质而改善水质。

当发现泥鳅大量上窜吞气时,即说明水底缺氧或水质即将恶化,必须及时监测水质,并根据具体情况进行预防。

1. 加强增氧,保持池水溶解氧在 4.0mg/L 以上,高温季节在放养 60 天后,白天缩短停机时间或不停机,晚上或天气闷热尽量不停机。

2. 当天早上减少 1/3 投饲量,并检查池底是否有剩余饲料,注意准确掌握投饵量,基本控制每餐投料能使虾食达 7~8 成饱即可,决不能出现剩料。

3. 泼洒全池 1 次纯化硝化细菌,其用量为每 $667m^2$ 水体泼洒 1 000g。试验表明,在虾塘应用纯化硝化细菌后约 120h 后,池塘内的硝化细菌会逐步进入繁殖高峰,此时明显可见池塘水的亚硝酸氮开始下降,当在池塘应用纯化硝化细菌 15 天后,其硝化细菌繁殖进入顶峰阶段,此时可见亚硝酸氮下降 95% 以上。通常每月使用 1 次强化硝化细菌,便可获得控制"死底症"规模发生的良好效果。

4. 注意检查池是否有偷死的对虾,特别是当对虾也出现浮头后。

当发现池底有偷死对虾时,就要及时进行治疗,主要治疗措施:

(1)全天增氧,减少投饲甚至停食。

(2)池水比较深的池塘,可排底层水降低水位至 1.5m 以下,这样有利于亚硝酸氮的分解。

(3)采取泼洒全池活性炭或硫代硫酸钠等物理、化学制剂的方法,迅速改善池水水质,进行暂时控制死底继续发展。

(4)可往养殖水体投洒增氧剂或泼洒双氧水,重点泼洒在污染区,这样通过其强氧化作用,可降低亚硝酸氮对白对虾的危害,暂时减少"死底"现象的规模发生。从使用效果来看,这与方法(3)一样,仅仅是一种治标的手段,不能从根本上解决亚硝酸氮过高问题,且由于需要反复多次使用,会造成控制成本的增加。

(5)泼洒纯化硝化细菌和光合细菌等有益菌。硝化细菌开袋后马上加入原池塘水使之形成悬浊液后,泼洒全池,如果每1 000g拌5kg沸石粉加10倍原池塘水搅拌均匀后泼洒全池,效果更佳,光合细菌则直接使用。使用有益菌后4~5天内一般不排水,可加水。如果对虾死亡量较大,则必须在进行(1)~(4)的步骤后全池消毒,待药物毒性消失后再泼洒微生态制剂。

例99 泥鳅大规模苗种生产技术

1998年5~6月间王卫民进行了泥鳅的大规模苗种培育试验。5月初首先在土池中进行培育,1 000m² 共放鳅苗130万尾,经半个月培育仅收鳅种5 000余尾,鳅种平均全长4.3cm。6月初继续在水泥池中进行鳅种培育试验,水泥池面积450m²,放鳅苗95万尾,经过20天的培育收鳅种29.45万尾,成活率31%,鳅种平均全长3.4cm。本文总结了水泥池培育鳅种成功的经验并分析了土池培育鳅种失败的原因,提出了土池和水泥池大规模培育鳅种的措施及注意事项。

1. 材料与方法

(1)试验地点:湖北省大沙湖农场水产开发公司。

(2)时间:1998年5月7日至6月24日。

(3)鳅苗来源:本课题组人繁所得鳅苗。

(4)培育方法

①土池培育:面积 1 000m², 池深 0.5m, 四周和中央开有 15cm 深, 30cm 宽的鱼溜, 出水口建有漏管和 4m² 的集鱼池。

②水泥池培育:面积 450m², 池深 1.2m, 池埂坡比 1∶0.5, 进排水方便。

2. 结果

(1)土池培育鳅苗:土池为放苗前(5月初)刚开挖的池子。该池以前为稻田,从田中挖一锹深(20cm 左右),池埂以挖起的土堆积而成。放苗前灌水,水深 25cm, 池四周放有蚕豆秸秆。1998 年 5 月 7 日放鳅苗 130 万尾, 放苗前每 10 万尾鳅苗喂蛋黄 1 个。之后每天泼洒豆浆 2 次, 早、晚各 1 次, 每次泼洒 2kg 黄豆浆, 前 3 天沿池边泼洒, 3 天后满池泼洒。第 5 天下猪粪 500kg, 并继续每天投喂豆浆到收苗为止。5 月 24 日放水、收苗, 在集鱼池用鱼苗箱收集, 放完水后 80%~90% 的鳅种被收起, 共收鳅种 5 000 多尾。经过 15 天饲养, 最小个体全长为 3.5cm, 最大个体达 5cm, 平均 4.3cm。

(2)水泥池培育鳅苗:放苗前用漂白粉彻底消毒,并将池底和池壁四周用水冲洗干净。然后灌水(水经三道网目为 120 目的筛绢门过滤), 水质清新, 溶氧 8mg/L 以上, 水中无杂物和大型浮游动物, 灌水深度 25cm。6 月 5 日鳅苗平游后喂以蛋黄, 立即下塘, 共投放鳅苗 95 万尾。几小时后发现鳅苗全部潜伏在池壁四周, 密度很大, 肉眼可见, 每平方米聚集 2 万~3 万尾, 池中部未见鳅苗。每天投蛋黄 2 次, 上午、下午各 1 次, 每次 2.5kg。具体方法:蛋黄煮熟后捣碎, 用 80 目筛绢过滤, 沿池壁四周泼洒。泼洒蛋黄后可以看到鳅苗抢食, 半小时后捞起少量鳅苗, 可见鳅苗肚内蛋黄, 说明鳅苗已摄食。经常观察鳅苗活动, 保持池内微流水。3 天后鳅苗长到 1cm 左右, 开始向池中游去, 池壁四周只有少量鳅苗。鳅苗满池均匀分布,仍沉底。此时需满池泼洒蛋黄,每次蛋黄投喂量增加到 3.75kg,同时增投少量黄豆浆。每天进行水质监测,用水质快速分析盒早、中、晚测定溶氧、氨态氮、硝态氮、亚硝态氮和硫化氢的含量,若有超标则及时换水。每天巡塘数次,发现青蛙、青蛙卵和其他敌害生物及时清除。1 周后鳅苗长到 1.3~1.6cm,活动能力增强,摄食量和摄食能力增大,除了继续投喂蛋黄和豆浆外增加活饵料的量,如浮游动物、水蚯蚓等,同时投喂人工配合饲料。6 月 24 日放水收鱼,共收鳅种 29.45 万尾,成活率 31%。经过 20 天的培育,鳅种平均全长达到 3.4cm,其中最大个体全长 4.0cm,最小个体全长 2.5cm。鳅种体质健壮,无疾病,活动力强,为优良鳅种。

3. 水泥池培育鳅种成功原因分析

(1)在培育池的准备、消毒、水的过滤等方面为鳅苗下塘创造了良好条件。

(2)鳅苗下塘时体质好,比较容易适应新的环境。

(3)水泥池条件好,池边平缓,进、排水设施完善,水质清新,容易观察鳅苗在池中的活动情况。

(4)经常巡塘,发现敌害及时清除。在整个培育过程中没有青蛙、蝌蚪等敌害生物伤害鳅苗。

(5)加强水质监测,每天测定水质 3 次,保持池中经常有微流水。温度高时加大换水量。

(6)前 3 天以投喂蛋黄为主,之后以投喂豆浆为主。鳅苗长大后投喂人工配合饲料以满足生长需求。

4. 土池培育鳅种失败原因分析

(1)培育池不合格:开挖泥鳅苗种培育池时仅将稻田中的泥土挖一锹深,抛至田边,池埂就是用田中的土堆积而成的。虽然进行了夯实,但池埂仍然漏水,因此这是一个不合格的泥鳅苗种培育池。

(2)培育池没有进行消毒与培肥：鳅苗下塘时池水清瘦，池中存在各种敌害生物，如大型浮游生物、水蜈蚣、红娘华、蝌蚪等。刚下塘的鳅苗集聚在池边，不多活动，反应差，极容易被蝌蚪捕食。在最后收集鳅种时，收集到的蝌蚪比鳅种多得多。

(3)鳅苗未及时下塘：由于鳅苗培育池尚未准备好，鳅苗不能及时下塘。在网箱里暂养了数天，虽然死亡不多，但体质弱、食欲差，下塘后很难适应新的环境。做过多次试验，10万尾鳅苗平游后在网箱内暂养1周，每天投喂蛋黄2次，鳅苗生长停滞，但不死亡；投到土池中培育1周后全部死亡。

(4)小结：土池培育鳅种有待今后继续试验。今后土池培育鳅种的方法和值得注意的事项：

①鳅种培育池必须按要求提前准备好，池深80cm，池埂高出水面30cm，池埂坡度平缓，池埂、池底均应锤打夯实，防止漏水。进、排水系统完善，进、排水方便。池的四周用聚乙烯薄膜敷设30cm高的防害墙，防止敌害生物特别是青蛙进入池中。

②池塘要彻底消毒，清除敌害生物。灌水时应经多次过滤，防止敌害生物随水进入池中。

③鳅苗下塘前必须培水，以有机肥为基肥，使池水"肥"而"嫩"，即水中含有大量小型浮游动植物。

④鳅苗平游后立即下塘。前3天以投喂蛋黄为主，沿池边泼洒；3天后以满池泼洒豆浆为主。1周后鳅苗长到1.3～1.6cm，可增加投喂一些人工配合饲料。

⑤加强饲养管理，经常巡塘，防止敌害生物侵入，特别是要消灭青蛙，清除青蛙卵。

⑥鳅种长到3.3cm后要及时分塘或转为成鳅养殖。

5. 水泥池培育鳅种的改进措施

(1)鳅苗放养密度较大，特别是下塘前3天鳅苗大量集聚在池边。可在池中放置一些附着物以增加接触面，相对降低鳅苗栖息密度。

(2)加强鳅苗前期饲料的研究。目前,均以蛋黄为鳅苗的前期饲料,蛋黄营养丰富,容易被吸收,但缺乏维生素C,几天后就不能满足鳅苗生长对营养的需求。同时,经常投喂蛋黄极容易污染水质,而且成本较高,后期鳅苗死亡率高。

例 100　稻田养泥鳅增效益

稻田养殖泥鳅具有投资少,管理方便,既增产水稻又增加水产品,并且随着人们膳食结构的变化,泥鳅的身价越来越高,备受消费者的青睐,颜单赤旗村于1997年10 672m^2平均每667m^2产达75kg左右,产值1 000多元,现将其主要技术总结介绍如下。

1. 稻田选择及设施建设

养殖泥鳅的稻田应选择保水性能强,地势较低洼的田块为好。其配套设施主要:

(1)加高加固田埂,达到不渗水、不漏水,发水不溢水逃鱼。

(2)在距田埂内侧3～5m外,开挖一圈环,其标准为口宽5m,深1m以上,另外在田中间开挖"十"字或"井"字形小沟,沟宽50cm,深30cm,并与四周环沟通连。

(3)建好进出水口拦网防逃设施,一般要建双道。外侧可用聚乙烯网,内侧可用金属网片,以防泥鳅逃逸。

2. 苗种放养

放养前其沟塘应和稻田养殖鱼蟹一样进行清整消毒,然后适量肥水再放种苗,苗种放养时间一般在4～5月间,每667m^2放养量2万尾左右。

3. 饲养管理

在日常饲养管理中:

(1)搞好饲料的投喂,泥鳅是杂食性鱼类,天然水域中的昆虫幼虫、小型甲壳类动物、底栖生物、水草、植物碎屑、有机物质等都是泥鳅的上等饵料,在稻田养殖中除摄取稻田中的天然饵料外辅以人工投喂,其投喂品种以鱼蟹虾用料要求一样,没有大的区别,投喂视吃食生长情况而定,每日投量一般为在田泥鳅总量的3%～4%即可。

(2)搞好水质水层管理,一般3～4天加注新水1次,稻田水位正常保持10cm左右。

(3)搞好防逃,平时勤巡查进出水口及堤埂有无漏洞,泥鳅逃跑能力极强,一旦发现漏洞,应及时堵塞。

(4)搞好病害防治,一般每隔半月预防用药1次,如生石灰、漂白粉等。

4. 取捕方法

泥鳅的取捕方法:

(1)可以用网张捕。

(2)可用捕虾、黄鳝的"笼"张捕,内放炒过的米糠或鱼粉等置于笼内,傍晚时置于投饵场或隐蔽处,晨间取笼即可有大量鱼获物。

(3)放水捕捞,即在排水口外系网或张网,一般于夜间进行,这样多方面结合,便可使在稻田鳅鱼基本捕尽。

第三章 泥鳅人工养殖技术要点

一、繁殖

1. 亲泥鳅准备

(1)亲鳅的来源:人工繁殖用的亲鳅尽量避免长时间蓄养,因而最好采集临近产卵期的天然泥鳅,在进行数天的强化培育后,当水温稳定在 20℃左右时,进行人工繁殖。

(2)亲鳅的选择

①亲泥鳅挑选 泥鳅一般 2 龄达性成熟,3 龄以上、个体大的怀卵量大,产卵数多(表 3-1)。

表 3-1 不同龄泥鳅怀卵量与产卵数的比较

亲鳅年龄(年)	产卵数(粒)		卵巢卵数(粒)		$\dfrac{产卵数}{卵巢卵数} \times 100\%$
	范围	平均	范围	平均	
2	202～6 311	2 625	782～14 669	5 450	48.2
3	1 336～17 960	6 099	5 054～21 820	10 704	57.0
4 年以上	9 164～23 418	13 431	11 856～39 707	23 431	57.3
平均					55.7

雌泥鳅体重与产卵数间关系可用关系式:产卵数 $= 462 \times$ 体重$(g) - 1\,794$ 来表示。

作为亲泥鳅最好要选 3 龄以上,体长 15～20cm,平均体重达 12g 以上,而雌泥鳅要 18g 以上,最好为 40～50g,且体质健壮、体色正常、体形端正、无伤残、活力强、鳍条整齐的个体。选择亲泥鳅

第三章 泥鳅人工养殖技术要点

时同时要注意雌、雄尾数的配比,雄鳅适当多准备些,一般雌:雄=1:3～1:2。

②雌、雄泥鳅的区别:泥鳅雌、雄性在成体阶段主要的区别是在胸鳍、背鳍和腹鳍上方体侧白色斑痕3个方面。泥鳅体表多黏液,不容易抓住辨识。只要准备1个盛有少量水的碗或盆,将泥鳅放在其中,待其安定下来,鳍自然展开时,便较容易辨认了。在生殖季节特征更是明显。其主要区别见表3-2、图3-1、图3-2。

表3-2　雌、雄泥鳅外部特征辨认

部位	出现时期	雌泥鳅	雄泥鳅
体形及大小		近圆筒形的纺锤状,较肥大	近圆锥形的纺锤状,较瘦小
胸鳍	体长>5.8cm	第二鳍条基部无骨质薄片,整个鳍形末端圆、较小	第二鳍条基部具骨质薄片,生殖期鳍条上有追星,整个鳍形较大,末端尖
背鳍	生殖期	下方体侧无纵隆起	下方体侧具纵隆起
腹部	生殖期	膨大	不膨大
腹鳍	产卵之后	上方体侧具白色斑块或伤痕	不具白色斑块

如在雌泥鳅腹鳍上部出现白色斑块状伤痕,这是当年已产过卵的雌泥鳅的标志。产卵期间所捕获的雌泥鳅,往往都有这种标志。一旦出现这种标志,便不再能用做当年繁殖用亲鳅。这种白斑的出现,是由于雌鱼在产卵时,被雄鱼紧紧地相卷,雄鱼胸鳍的小骨板压着雌鱼的腹部,从而使其腹部受了伤,小形鳞片和黑色素的脱落,留下这道近圆形的白斑状伤痕。一般可根据伤痕深浅来估计雌泥鳅产卵的好坏。一般是伤痕深,产卵好。

(3)亲泥鳅的培育:亲泥鳅强化培育是泥鳅人工繁殖中比较重要的技术环节。通过亲泥鳅的强化培育,使其体质增强,对部分已

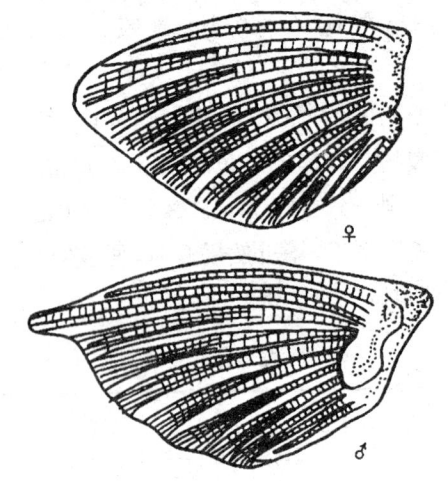

图 3-1 雌、雄泥鳅的胸鳍

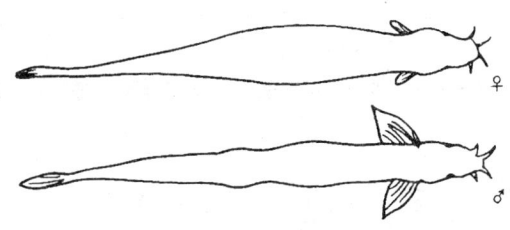

图 3-2 雌、雄泥鳅的外形

产一部分卵的泥鳅,可恢复产卵。对未成熟的泥鳅能较快达到成熟,而使其提前产卵。在亲泥鳅放养前,池塘先用漂白粉或生石灰清塘,每 $10m^2$ 用生石灰 1kg 或漂白粉 100g,化水后泼洒全池。一般 7 天之后便可放养泥鳅了。

如果是尚未成熟的亲泥鳅,培育方法与养殖成泥鳅相同,只是密度应降低,一般每平方米放养 25 尾为宜。如果是准备用于人工繁殖泥鳅的强化培育,通常在 1 个月之前将泥鳅雌、雄分开进行培育,放养密度为 6~10 尾/m^2。

第三章 泥鳅人工养殖技术要点

亲泥鳅培育时投喂的饲料以动物内脏、鱼粉、豆粕、菜籽饼、四号粉、米糠为主,添加适量酵母粉和维生素。水温15～17℃时,饲料中动物蛋白含量10%左右,植物蛋白含量30%左右。随着水温增高,逐渐增加动物蛋白质的含量。当水温达20℃以上时,动物蛋白质含量增加到20%,植物蛋白减至20%。日投喂量掌握在池中泥鳅体重的5%～7%。培育期间适当追肥,使水色为黄绿色,水质保持肥、活、爽。要定期换水,每次换水量为1/4左右。池中要放养水草,保持良好的培育环境。还可以在池面上设置诱虫灯,引诱昆虫投入水中,作为泥鳅的活饵料。

2. 影响泥鳅繁殖的因素

在我国,泥鳅规模化人工繁殖的发展历史不长,我国幅员辽阔,各地自然条件、人工繁殖条件千差万别,如何提高泥鳅产卵量、受精率和孵化率,各地都有不同的成功经验,而且还在不断探索研究和实践,在生产中结合各地实际情况逐步提高,以下介绍有关内容,供读者结合各自条件参考运用。

泥鳅产卵量与其年龄、体长有关;受精率、孵化率受水域的pH值、水温等的影响很大;鱼卵的黏附性与鱼巢材料有密切的关系。

(1)产卵量与年龄、体长的关系:不同年龄、不同体长泥鳅的产卵量不同。雌泥鳅体长为151～200mm以及200mm以上的,相对产卵量要比体长100～150mm的高出1倍。4～5龄的产卵量为1～3龄产卵量的2.2倍。相对产卵量变幅在每克体重22粒以上(表3-3、表3-4)。

表3-3 不同体长泥鳅的繁殖效果比较

体长范围(mm)	平均体长(mm)	相对产卵量(粒/mm)	受精率(%)	孵化率(%)
100～150	135.7	22.05	91	80.2
151～200	174.2	43.39	92	81.0
200以上	209.3	48.82	90	80.6

表 3-4 不同年龄泥鳅的繁殖效果的比较

年龄(年)	1	2	3	4	5
一次产卵量(粒)	1 754	3 388	4 650	10 471	16 172
相对产卵量(粒/g)	109.6	110.4	110.9	132.2	141.7
受精率(%)	77.1	85.6	91.7	93.7	90.0
孵化率(%)	82.3	84.2	81.7	83.6	81.1

(2)受精率、孵化率与水质的关系

①pH 值:鱼类对水体 pH 值变化十分敏感。唐东茂(1998)报道,采用氢氧化钠和硫酸调节水体 pH 值,成四个不同梯度,按性比 1∶1 配组进行泥鳅人工繁殖试验,结果表明,水体 pH 值对泥鳅繁殖效果有明显的影响,以 pH 值在 6.5～7.0 的水体效果最佳(表 3-5)。

表 3-5 不同 pH 值水体中泥鳅繁殖效果比较

pH 值	相对产卵量(粒/g)	受精率(%)	孵化率(%)	备注
5.6～6.0	0	0	0	50%死亡
6.5～7.0	186.4	71.8	78	
7.5～8.0	22.3	47	62.3	
8.5～9.0	17.4	34	57.4	

②水温:不同水温对繁殖效果产生明显的差别。肖调义(1999)和唐东茂分别统计了 7 个和 5 个温度段时的繁殖效果(表 3-6、表 3-7)。他们试验的结果都说明了温度不同,繁殖效果不同。以在 24～26℃水温中繁殖效果最好。其中具体数据有差别,这可能和使用的催产剂种类,以及亲泥鳅成熟度不同有关。

第三章 泥鳅人工养殖技术要点

表3-6 不同水温对泥鳅繁殖效果的比较(肖调义等)

水温(℃)	16~18	18~20	20~22	22~24	24~26	26~28	28~30
产卵率(%)	25	75	100	100	100	100	100
相对产卵量(粒/g)	23.3	117.6	114.3	115.4	117.4	113.6	111.5
受精率(%)	30	83	89	92	91	90	89
孵化率(%)	20.0	43.0	72.0	73.5	77.4	60.1	51.6
效应时间(h)	20	17	16	13	11	8	6
孵化时间(h)	48	45	37	34	31	29	27

表3-7 不同水温对泥鳅繁殖效果的比较(唐东茂)

水温(℃)	16~18	18~20	20~22	22~24	24~26
效应时间(h)	37.5	22.7	14.7	10.5	9.0
孵化时间(h)	48.5	35.0	27.0	25.0	21.5
相对产卵量(粒/g)	96.0	108.2	110.0	134.5	176.0
受精率(%)	71.7	87.0	90.0	93.8	94.6
孵化率(%)	76.0	82.5	83.2	83.8	86.3

(3)繁殖效果与催产剂的关系:张玉明(1999)认为,单独使用LRH-A几乎对泥鳅不起作用,要与HCG联合使用,对一些性腺发育较差的亲泥鳅,使用低剂量注射即能获得理想的催熟效果。表现为雌鳅卵核能较快地偏位,雄鳅精液增多,其催熟作用远比脑垂体或绒毛膜激素为佳。曲景青(1993)同样认为,单独使用LRH-A对泥鳅催情几乎不起作用,起作用的是PG、HCG和PG加LRH-A。但从成本考虑,以选用HCG为宜。每尾雌鳅用HCG 1~2mg,具体用量视亲鳅大小、催产时期及水温高低而增减。而唐东茂(1998)报道,在雌、雄泥鳅性比为1:1时,使用LRH-A作为催产剂注射。配制时用0.6%鱼类生理盐水溶解成所需浓度,以雌泥鳅每尾注射0.2mL,雄鱼减半。在泥鳅背部肌肉1次注射,进针角度30°,深度3mm。催产剂量5~45mg/尾范

围有效,而以 30mg/尾效果最好(表 3-8)。在低剂量时催产作用不大,而浓度过高时催产效果也较弱。所以,他认为单独使用 LRH-A 同样有效。作者认为,以上两种不同观点是与催产亲泥鳅不同发育时期以及配套的人工繁殖条件有关。

表 3-8　LRH-A 不同剂量的催产效果(水温 20℃)

组别	催产剂量 (mg/尾)	效应时间 (h)	相对产卵量 (粒/g)	受精率 (%)	孵化率 (%)
1	生理盐水(对照组)		0	0	0
2	5		0	0	0
3	10	17.0	21.4	14.0	14.3
4	15	10.0	56.6	82.7	46.0
5	20	10.5	89.3	89.3	78.3
6	30	10.0	92.9	93.0	81.3
7	45	16.0	14.5	66.0	41.0

(4)雌、雄亲泥鳅不同性比与繁殖效果的关系:在 20℃水温条件下,雌泥鳅注射 LRH-A 30mg/尾,设计 3 种性比,即 2∶1、1∶1、1∶2,结果说明不同性比时繁殖效果是不同的(表 3-9)。

表 3-9　泥鳅不同性比的繁殖效果比较(水温 20℃,催产剂 LRH-A)

性比(♀∶♂)	相对产卵量(粒/g)	受精率(%)	孵化率(%)
1∶1	176	94.6	86.3
1∶2	222	97.0	90.6
2∶1	108	89.8	95.7

然而有实验证明,在使用 HCG 时,不同性比对催产后繁殖的效果无明显差异。在使用 LRH-A 时正如前述,不同性比繁殖效果却不同(唐东茂,1998)。

(5)注射催产剂的时间与繁殖效果的关系:在雌、雄亲泥鳅性比为 1:1,雌泥鳅注射量均为 30mg/尾时,不同注射时间的情况下繁殖效果不同(表 3-10)。

表 3-10　不同注射时间的繁殖效果

注射时间	相对产卵量(粒/g)	受精率(%)	孵化率(%)
6:00	108.2	87.0	82.5
18:00	114.6	93.8	83.8

在自然界泥鳅的繁殖季节,发情时间一般在清晨,上午 10:00 左右自然产卵结束。所以,人工繁殖中宜在每天下午 18:00 左右注射催产剂,使发情产卵时间与其在自然生活中的节律相符,使繁殖效果更好。

(6)孵化密度:由于受精卵发育耗氧量大,尤其孵出前、后不仅耗氧量增加,而且卵膜、污物增多,耗氧更大,所以必须注意孵化密度。一般体积 0.2~0.25m³ 孵化缸以放受精卵 40 万~50 万粒为宜;孵化环道中受精卵分布不及孵化缸均匀,一般是内侧多外侧少,所以密度应是孵化缸放卵量的 1/2 左右。采用孵化槽时以每升水放受精卵 500~1 000 粒为宜。要是采用静水孵化的必须将受精卵撒在人工鱼巢上,以每升水放 500 粒左右的参考密度来撒放。

(7)鱼巢质量与受精率、孵化率的关系:以纤细多须材料制作的鱼巢黏附受精卵数量更多,如用棕片做鱼巢时比水草上黏附的受精卵多 4 倍,受精率和孵化率相比较没有明显的不同。如果用前述编著者创制的可浮形承卵纱框预先承接脱落的受精卵进行孵化,可以提高其孵化率。

(8)亲泥鳅来源与受精率、孵化率的关系:从野外和养殖场获得的亲泥鳅繁殖效果比从商场中采购的亲泥鳅繁殖效果好。也就是说作为亲泥鳅,经培育能大大提高受精率、孵化率(表 3-11)。

表 3-11　不同来源亲泥鳅繁殖效果比较（日本：铃木亮）

亲泥鳅来源	注射个体（尾）	平均体重（g）	产卵鳅比率（%）	平均受精率（%）	平均孵化率（%）
水田采捕（2日后）	25	14.7	80.0	77.5	60.4
留池采捕（1日后）	17	17.6	100.0	93.1	92.6
S养鱼场鱼池（1日后）	12	14.3	96.7	77.9	66.6
M贩鱼店蓄养槽	25	15.1	80.0	36.0	16.6
N贩鱼店蓄养槽	18	16.1	100.0	41.3	13.8

3. 自然产卵繁殖

泥鳅是多次产卵类型的鱼类。长江流域在4月下旬，当水温逐渐升至18℃以上时便开始产卵。直到8月份，均属其产卵季节。产卵盛期在5月下旬水温稳定20℃左右时到6月下旬。每次产卵往往要4～7天才能产空。可以在泥鳅较集中的地方设置鱼巢，诱使泥鳅在上面产卵受精，然后收集受精卵进行孵化（鱼巢制作后文详述）。为了收集较多的受精卵，可以采用天然增殖措施，即选择环境较僻静、水草较多的浅水区施几筐草木灰，然后每667m^{2}施400～500kg的猪、牛、羊等畜粪。周围要采取有效的保护措施，防止青蛙等的侵袭。这样便可诱集大量泥鳅前来产卵，收集较多的受精卵。

专门建立产卵池、孵化池，创造人工环境，让泥鳅在专用池中自然交配产卵，并用鱼巢，可收集大量受精卵，然后在孵化池中人工孵化。这种方法更为实用。

产卵池、孵化池可以是土池或水泥池，面积不宜太大，以利于操作管理，规模小的也可用水箱。或用砖砌成形或薄膜铺填成水池；或用各类筐等作支撑架，铺填薄膜加水等方法。

该项工作应在泥鳅繁殖季节之前准备完毕。先将池水排干，晒塘到底泥裂缝。每667m^{2}用70～100kg生石灰清塘除野。待药性消失后在池塘中栽培水生植物，如蒿草、稗草等作为鱼巢，或放养水浮莲、水葫芦等。池中每 667m² 施入预先腐熟并做消毒的畜粪 400~500kg。进水水位达 20~30cm。池周设置防蛙、防鸟和防逃设施。

(1) 鱼巢的准备：除了在产卵池中种养水生植物作为鱼巢外，还可以增设用多须的杨柳须根、棕榈皮等作为人工鱼巢。

人工鱼巢预先用开水烫或煮，漂净晒干。棕榈皮则要用生石灰水浸泡 2 天。生石灰用量为每千克棕榈皮 5kg 生石灰。生石灰水浸泡后再放入池塘中浸泡 1~2 天，晒干备用。为了使鱼巢消毒防霉，常用 0.3% 的福末林(福尔马林)浸泡 5~10min，或 0.01% 的亚甲蓝溶液浸泡 10min，或 0.001% 的高锰酸钾溶液浸泡 30min。将晒干的鱼巢扎把后吊挂在绳或竹竿上，放入池中。

(2) 亲鱼入池：亲泥鳅雌、雄比例按 1∶2~1∶3 放入产卵池。入池时机宜选水温达到 20℃ 以上晴天时进行。每 667m² 放亲泥鳅 600~800 尾。

(3) 采集受精卵：鱼巢用桩固定在产卵池四周或中央。当水温 20℃ 以下时，泥鳅往往在第二天凌晨产卵。5~6 月份水温较高时，泥鳅多在夜间或雨后产卵。自然产卵多在上午结束。作者根据以往经验，水泥池中也可在鱼巢下设置承卵纱框以承接未曾粘牢而脱落下来的受精卵，以利孵化。承卵纱框可用木制框钉上窗纱并拉紧，放入时用石块压住。这种承卵纱框装载受精卵后，除去石块上浮水面可兼做孵化框用。附着了受精卵的鱼巢和承卵纱框要及时取出放入孵化池孵化育苗，以免被大量吞食。由于泥鳅卵黏性较差，操作时要格外小心，防止受精卵脱落。同时放入新的鱼巢，让尚未产卵的泥鳅继续产卵。

4. 人工催产繁殖

(1) 成熟泥鳅的鉴别：亲泥鳅成熟度优劣涉及人工催产乃至受精卵好坏与孵化率的高低。一般雄泥鳅能挤出精液，较容易判别。雌泥鳅卵巢发育要求达到成熟阶段最好，不成熟或过度成熟便会使人工繁殖失败;接近成熟阶段则可以采用人工催熟。

鉴别亲泥鳅成熟程度通常采用"一看二摸三挤"的方法。首先目测泥鳅体格大小和形状。一般较大的泥鳅,在生殖季节雌鳅腹部膨大、柔软而饱满,并呈略带透亮的粉红色或黄色;生殖孔开放并微红,表示成熟度好、怀卵量大。雄泥鳅的腹部扁平,不膨大,轻挤压有乳白色精液从生殖孔流出,入水能散开,并镜检精子活泼,表示成熟度好。若要检查卵的成熟情况,则轻压雌泥鳅腹部,卵即排出,呈米黄色半透明,并有黏着力的则是成熟卵。如需强压腹部才排出卵,卵呈白色而不透明,无黏着力的则为不成熟卵。初期过熟卵,卵呈米黄色,半透明,有黏着力,而受精后约1h内逐渐变成白色。中期过熟卵,卵呈米黄色,半透明,但动物极、植物极颜色白浊。后期过熟卵,原生质变白,极部物质变成黄色液体。

(2)人工催产自然受精

①催产期人工催产的时间往往比自然繁殖期晚1~2个月,一般在家鱼人工繁殖期的中期水温22℃以上时进行。这时亲泥鳅培育池中的泥鳅食量突然减少,抽样检查,可发现有的雌泥鳅腹侧已形成白斑点,这表明人工催产时机已到。在最适水温25℃时,受精卵孵化率会高于90%;水温过高,如30℃时则受精率差,胚胎发育过程容易产生死亡,所以应选较佳催产期。

②雌、雄泥鳅配比与个体大小有关:亲鳅体长都在10cm以上时,雌、雄配比以1:2~1:3为宜。如雄鳅体长不到10cm时,雌、雄比应调配为1:3~1:4。

③注射催产剂

a. 准备工作:催产用具预先进行消毒。如果是玻璃注射器,可用蒸馏水煮沸进行消毒,不能用一般自然水,因为自然水煮沸时容易在玻璃内壁形成薄层水垢,导致注射器阻滞。消毒后的器具应放置有序,避免临用时忙乱、污染。注射器、针头、镊子等最好放置在填有纱布的瓷盘中加盖。亲泥鳅预先换清水,除去污泥脏物。

b. 催产剂选择及用量：人工催产是对已达到适当成熟的亲鱼（雌鱼卵巢处在Ⅳ期末），在适当温度下通过催产剂作用，使鱼体内部发生顺利的连锁反应，而达到产卵的目的。在这种情况下，卵膜吸水快，膨压大，受精率高，胚胎发育整齐，畸形胚胎少，孵化率高，最后所获苗种体格健壮，发育正常。当亲鱼成熟度和外界水温达到生殖要求后，催产剂的注射便是关键。

应正确选择催产剂的品种和用量。一般是使用自己熟悉的催产剂及其品牌，这样工作起来容易做到心中有数。就目前说，泥鳅人工繁殖催产剂一般选HCG（绒毛膜促性腺激素），或PG（脑垂体），或HCG加PG。而LRH-A（促黄体生成素释放激素类似物）单独使用，往往效果不好。有时采用HCG或PG加LRH-A。

从用量来说，因催产剂除了能使亲鱼正常产卵排精外，还能在短期内促使亲鱼性腺成熟，所以用量一定要掌握好。用量过多，不仅浪费，还会影响卵的质量。催产剂用量的原则有以下几点：

一是早期用量适当偏高，一般比中期用量高25%左右。这是由于早期水温较低，生殖腺敏感度差些，常出现能排卵而不能产卵的现象。此时适当增加催产剂用量，就能加强对卵巢膜的刺激，促进产卵；

二是早期适当增加脑垂体用量，一般比中期用量高30%～50%。这是由于亲鱼早期成熟度差，增加PG用量可在短期内促进卵细胞成熟；

三是在整个生产过程，对成熟度差的雌鱼都可增加脑垂体；

四是对腹部膨大的雌鱼，宜适当减少催产剂用量；

五是避免脑垂体总量过大，以免引入较多异体蛋白而影响卵、精子的质量。

对雄鱼注射量一般为雌鱼的一半。但在催产季节的中、后期，许多雄鱼在没有注射催产剂时，精液已很丰富，即使不做注射，也不致影响雄鱼发情和卵的受精率。此时如做注射，反会引起精液早泄而不利于受精。

催产剂要用生理盐水或林格液来配制,从实践来看,一般以每尾泥鳅注射量为 0.1～0.2mL 为宜,如配制太稀,会造成注入鱼体量太多,对吸收或鱼体承受不利;如太浓,容易造成针头阻塞或一旦注射渗漏,失去有效注入剂量太多。

配制催产剂的量要根据泥鳅数量(适当放量)来估计,因为在操作时不可避免地会有损失。药液最好当天用完,如有剩余则可贮存冰箱冷藏箱中,一般 3 天内药效不会降低。也可将药液装瓶密封,挂浸在井水之中第二天再用。如怀疑药效有降低,则可用来注射雄鱼,不致浪费。

c. 注射时间安排:催产剂注射后有一个效应时间,效应时间是指激素注射后至达到发情高潮的时间。效应时间长短与成熟度、激素种类、水温等有关。一般来说其他条件相同与水温的关系较为密切(表 3-12)。因此,可根据催产后亲泥鳅所在环境水温的高低,推算达到发情产卵的时间,以便安排产卵后的工作。

表 3-12 效应时间与水温间的关系

水温(℃)	效应时间(h)
20	15～20
21～23	13
25	11
27 以上	7～8

d. 注射方法:泥鳅个体小,多采用 1mL 的注射器和 18 号针头进行注射。每尾注入 0.2mL(雌鱼)或 0.1mL(雄鱼)的药液。泥鳅滑溜,较难用手持住操作,故注射时需用毛巾将其包裹,掀开毛巾一角,露出泥鳅注射部位。注射部位一般是腹鳍前方约 1cm 地方,避开腹中线,使针管与鱼体呈 30°角,针头朝头部方向进针,进针深度控制在 0.2～0.3cm。也可采用背部肌肉注射。为了准

确地掌握进针深度,可在针头基部预先套一截细电线上的胶皮管,只让针头露出 0.2～0.3cm。为便于操作,也可将泥鳅预先用 2% 的丁卡因或 0.1g/L 水(MS-222),浸泡麻醉后再行注射。

按照泥鳅自然生活节律,为了催产效果更好,以每天下午 18:00 左右安排进行催产剂注射较好。

e. **自然交配受精**:经注射催产剂后的亲泥鳅可放在产卵池或网箱中进行自然交配受精。将预先洗净消毒扎把的鱼巢布设在产卵池或网箱中。

一般网箱规格为 2m×1m×0.5m(长×宽×高),每只网箱放亲鳅 50 组。

雌、雄泥鳅在未发情之前,静卧产卵池或网箱底部,少数上、下窜动。接近发情时,雌、雄泥鳅以头部互相摩擦、呼吸急促,表现为鳃部迅速开合,也有以身体互相轻擦的。雌鱼逐渐游到水面,雄鳅跟上追逐到水面,并进行肠呼吸,从肛门排出气泡。当一组开始追逐,便引发几组追逐。如此反复几次追逐,发情渐达高潮。当临近产卵时,雄鳅会卷住雌鳅躯体,雌鱼产卵、雄鱼排精。这时雄鳅结束了这次卷曲动作,雌、雄泥鳅暂时分别潜入水底。稍停后,开始再追逐,雄鳅再次卷住雌鳅,雌鳅再次产卵、雄鳅排精。这种动作要反复进行 10～12 次之多,体形大的次数可能会更多。由于雌、雄泥鳅成熟度个体差异以及催产剂效应作用的快慢不同,同一批亲泥鳅的这种卷体排卵动作之间间隔时间有长有短。有人观察,在水温 25℃时,有些泥鳅两次卷体时间间隔 2h 20min 之多,有的间隔为 20min,时间间隔短的仅 10min 左右(图 3-3)。

每尾雌泥鳅 1 个产卵期共可产卵 3 000～5 000 粒。卵分多次产出,一般每次产 200～300 粒。受精卵附着在鱼巢上,如鱼巢上附着的卵较多时,应及时取出,换进新的鱼巢。泥鳅卵的黏性较差,附着能力弱,容易脱落。产卵池中的鱼巢下可设置前文已叙述过的可浮性纱框,承接落下的受精卵,以便提高孵化率。产卵结束

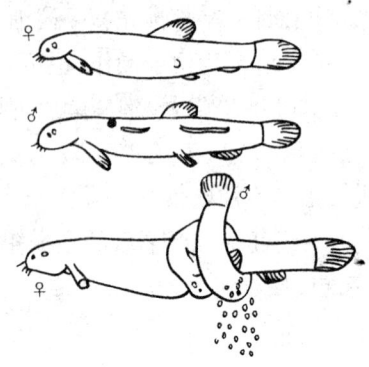

图 3-3 泥鳅产卵示意图

后,将亲泥鳅全部捞出,受精卵在原池或原网箱或其他地方孵化,避免亲泥鳅吞食受精卵。

(3)人工催产人工授精:由于泥鳅是分批产卵的,让其自然产卵受精往往产卵率和受精率不高。如采用人工授精,可获得大批量受精卵,效果较自然受精好得多。

人工催产人工授精往往比天然繁殖时间晚 1~2 个月,长江流域一般在 5~6 月份、晴天水温较高时进行。这时如培育的亲泥鳅食量突然减少,说明是催产的时机到了。人工授精的地方应在室内,避开阳光直射。

人工催产人工授精的大体过程是:注射催产剂→发情高潮之前取精巢→制备精液→挤卵→同时射入精液→搅拌→漂去多余精液和血污物。为了做到不忙乱有节奏地工作,一般 3~5 人为一个组合,操作时动作要迅速、轻巧,避免损伤受精卵。

人工授精的关键是适时受精,否则会影响受精率和孵化率。

①人工催产:人工催产是对雌、雄亲泥鳅注射催产素,注射方法与前述相同。为做到适时受精,必须根据当时水温和季节准确估计效应时间,以便协调制备精液以及挤卵工作。

②人工授精：当临近效应时间之时，要经常检查网箱内亲泥鳅活动，如发现有雌、雄泥鳅到水面追逐激烈，鳃张合频繁呼吸急促时，说明发情高潮来临。轻压雌鱼腹部，若有黄色卵子流出并卵粒分散，说明受精时机已到，应迅速进行受精。

a. 精液制备：在发情高潮来临之前应及时制备精液。由于泥鳅的精液无法挤出，所以要进行剖腹取精巢。雄泥鳅精巢贴附在脊椎的两侧，为两条乳白色的精巢。剖开腹部寻到精巢，用镊子轻轻地取出精巢，放在研钵中，再用剪刀将其剪碎，最后用钵棒轻轻地研磨，并立即用林格液或生理食盐水稀释。一般每尾雄泥鳅的精巢可加入 20~50mL 的林格液。要避免阳光照射，并防止淡水混入，以保持精子的生命力。精液制备完成，马上进行人工授精。

b. 人工授精：在规模不大时，可用一白瓷碗，装盛适量清水，一人将成熟雌鱼以毛巾或纱布裹住，露出腹部，以右手拇指由前向后轻压，将成熟卵挤入瓷盆中。另一人用 20mL 注射用针筒吸取精液（不装注射针）浇在卵子上。第三个人一手持住大碗轻轻摇晃，另一手用鹅毛轻轻搅拌，使精液充分接触卵子。数秒钟后加入少量清水，激活精子并使卵子充分受精。随即将受精卵进行孵化。

大规模生产时，用 500mL 烧杯，加入 400mL 林格液，以同样的操作组合，尽快将卵挤入，同时用鹅毛搅拌，经 4~5min 后，倒掉上层的林格液，添加新林格液，洗去血污。把预先配制的精液倒入烧杯中，同时用羽毛搅拌，使精卵充分混合，再将受精卵进行孵化。

二、孵化

1. 胚胎发育过程

泥鳅孵化过程实际上就是胚胎发育过程。泥鳅卵圆形，直径 0.8mm 左右，受精后因卵膜吸水膨胀，卵径增大到 1.3mm，几乎完全透明。成熟卵弱黏性。卵球分化有动物极和植物极。动物极为原生质集中多的一端,也就是泥鳅胚胎存在的位置;植物极为卵黄也就是营养物质集中的一端。当水温19.5℃,从动物极原生质隆起形成胚盘似帽状,约占卵球高度的1/3,胚盘经细胞分裂进入桑椹期历时7h 15min。之后历经囊胚期、原肠期、神经胚期、肌节出现期、尾芽形成期,这时器官逐步形成,眼囊、嗅囊、尾芽、耳囊、尾鳍褶、晶体、耳石相继出现,心脏原基开始有节律跳动,心率约48次/min。经48h45min,胚体剧烈扭动,泥鳅苗从卵膜内孵出(图3-4)。

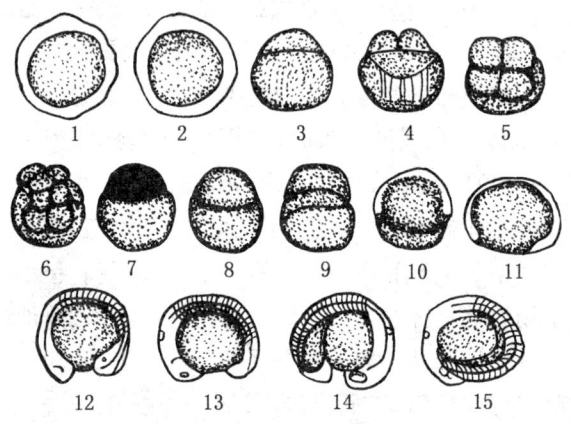

1~2. 原生质向一端移动 3. 胚盘形成 4. 二细胞时期 5. 四细胞时期 6. 八细胞时期 7. 桑椹期 8. 囊胚期 9. 原肠初期 10. 原肠中期 11. 胚体形成期 12. 眼泡出现期 13. 耳囊出现期 14. 卵黄囊成梨形 15. 心脏形成期

图3-4 泥鳅的胚胎发育

在一定水温条件下泥鳅胚胎以及早期仔鱼发育阶段见表3-13。

第三章 泥鳅人工养殖技术要点

表3-13 泥鳅胚胎及早期仔鱼发育的主要阶段

主要发育阶段	时间(h、min)(从受精起计)	发育特征
受精卵	0、00	微黏性,半透明,卵径0.98～1.17mm
胚盘形成	0、15	动物极隆起形成帽状胚盘
二细胞期	0、25	胚盘分裂为2个分裂球
高囊胚期	3、38	分裂球界限不清,形成囊胚,囊胚占卵1/2
原肠中期	6、10	囊胚向下包至卵黄约1/2
胚孔封闭期	9、20	胚体完全包裹卵黄
肌节出现期	10、10	胚体中部出现2对肌节
尾芽出现期	15、50	胚体尾部形成钝角状芽突
肌肉效应期	18、20	胚体肌肉出现间歇性收缩
心跳期	22、50	管状心脏原基出现节律跳动
出膜期	31、20	胚体扭动,由尾部冲出胚胎外膜,仔鱼全长2.8～3.5mm
眼点期	35、02	眼囊出现黑色素
鳃形成期	45、10	胚体头部出现2对呼吸鳃
卵黄囊消失期	87、30	卵黄囊基本消失,仔鱼全长4.7～5.3mm

泥鳅胚胎发育速度与水温密切相关(表3-14),在一定温度范围内,泥鳅胚胎发育速度随着水温增高而加快。

表3-14 不同水温条件下泥鳅孵出所需时间

水温(℃)	孵出所需时间(h)
14.8	117
18	70
20～21	50～52
24～25	30～35
27～28	25～30

泥鳅苗从开始出膜直至全部出膜所需时间也和水温有关(表3-15、表3-16)。上述两表所列数据,是在不同条件下取得的,可根据生产中不同条件时参考运用。

表 3-15　泥鳅苗孵化出膜时间和水温的关系

水温(℃)		孵化时间(h、min,从受精起计)	
温差范围	平均	开始出膜	全出膜
21～24.5	22.5	30、30	34、50
23～26	24.5	27、40	32、00
25.5～29.5	28.0	22、00	25、05

表 3-16　不同水温与孵化时间的关系(日本:铃木亮)

水温(℃)	孵化所需时间(h)	
	开始孵化	孵化完成
15±0.5	109	124
20±0.5	49	56
25±0.5	31	37

2. 孵化管理

孵化率的高低,除了和雌、雄泥鳅成熟度有关之外,还和水质、水温、溶氧、水深、光照等因素有关。

(1)水质:孵化用水尤其是用孵化缸、孵化环道进行孵化的水要求清洁、透明度高,不含泥沙、无污染,不可有敌害进入,pH值7左右,溶氧高。河水、水库水、井水、澄清过滤后的鱼塘水及曝气后的自来水、地下水等均可作为孵化用水。

(2)水温:最适孵化水温为25～28℃,过低、过高均会影响孵化率及成活率,会增加畸形率和死亡率。为避免胚胎因水温波动引起死亡,孵化用水温度差不宜超过±3℃。如是井水和地下水等,应预先贮放在池中,曝气增氧,并使水温和孵化用水接近。

(3)光照:因泥鳅属底栖鱼类,喜在阴暗遮蔽环境生活,所以孵化环境应有遮阳设施,这也可避免阳光直射而引起的畸变和死亡。

(4)溶氧:在胚胎发育过程中,受精卵对溶氧变化较为敏感。尤其在出膜前期,对溶氧要求更高。生产实践证明,采用预先充气增氧后进行浅水、微流水的孵化效果比深水、静水要好。但在增氧流水时应避免鱼巢上受精卵脱落堆集粘上泥沙而影响孵化率。所以粘着孵化时要求水深20～25cm,尽量少挪动鱼巢,以免受精卵大量脱落。为充分利用脱落的受精卵提高孵化率,可采用纱框承卵方法,承接脱落受精卵后进行纱框飘浮孵化。为保证孵化时受精卵对水中溶氧的需求,孵化密度不能太高。如有流水则可提高孵化密度。

(5)控制水量:在正常孵化过程中,水流的控制一般采用"慢—快—慢"的方式。在孵化缸中,卵刚入缸时水流只需能调节到将受精卵翻动到水面中央大约20min能使全部水体更换1次。孵化环道中则以可见到卵冲至水面为准,即流速控制为0.1m/s,大约每30min可使水体更换1次。胚胎出膜前后,必须加大水流量,这时孵化缸要增加到每15min便使全部水体更换1次;孵化环道水流速提高到0.2m/s,大约每20min可使水体做1次交换。当全部孵出后,水流应适当减缓,并及时清除水中卵膜。当苗能平游时水流应再减小,以免幼弱的鳅苗耗力过大。

(6)清洗除污:在孵化缸、孵化环道中应经常洗刷滤网,清除污物。出膜阶段及时清除过滤网上的卵膜和污物。

(7)及时取出鱼巢:泥鳅苗孵出后往往先躲在鱼巢中,游动不活跃,之后渐渐游离鱼巢。这时可把鱼巢荡涤出鱼苗,取出鱼巢,洗净卵膜,除去丝须太少的部分,重新消毒扎把,以做再用。

3. 泥鳅人工繁殖应注意的一些问题

(1)种鱼选择时,雌鱼最好选择体重为80～150g,体长20～25cm;雄鱼最好体重为40～80g,体长15～20cm的个体,而且均应为体质健壮,发育良好的亲本。若条件有限,亲本体长也应在

12cm 以上,体重在 15g 以上。选择时从鳅鱼的背部向下观察,看见腹部是白色的,即是发育良好的标志。但腹部两侧出现了白斑点的是已产完卵的鱼,不能选用。泥鳅的体长和怀卵量有很大的关系,一般体长 8cm 的雌鱼的体长和怀卵量约 2 000 粒,体长 10cm 的怀卵量 7 000 粒,20cm 的卵量可达 24 000 粒。

(2)泥鳅的人工繁殖用的雌、雄种鱼最好为产卵期捕获不久的天然产泥鳅,亲本均不宜长期蓄养。若需长期使用种鱼必须蓄养,则需经过一定的处理。

(3)采用人工催产繁殖,以 4 月中旬至 5 月中旬、6 月中、下旬至 7 月中旬卵质最好。在晴天水温较高时,按(1)所述的标准,选择人工繁殖用的亲鳅。

(4)注射部位以背部肌肉注射为好,若采用腹腔注射,亲鱼成活率会降低。

(5)在人工授精前,应准备好用棕片或杨柳根做成的鱼巢和其他受精所需的用具。预先把受精用的工具清洗干净,放在阴凉处。受精操作不要在太阳底下进行,以免杀伤卵子和精子。

(6)泥鳅的卵,粘着力不强,受振动就会分离,然后互相粘着或成块,因此如在室外使用孵化水槽,要防止因风而引起水面波动致使卵掉落。为了能顺利的孵化出稚鱼,重要的是孵化用水不受污染,因此需将不好的卵及时用虹吸管除去。不好的卵在受精 8~20h 而变白逐渐发霉。这些不好的卵如果粘在受精卵上有时会使受精卵因缺氧而死亡。

(7)换水时不要出现急剧的水温变化,预先准备好装满水的水槽可使孵化更顺利和安全。

(8)流水式水槽有时出现水霉,损害发育中的卵。可用亚甲蓝 10g 与 10L 水配成溶液滴在孵化槽中,使其浓度在 20 万~50 万分之一的范围以防止水霉发生。

(9)孵化适宜水温是 20~28℃,最适宜的温度是 23℃ 左右。

在泥鳅卵的孵化中,如果温度太高,孵化所需的时间会缩短,但孵化率会降低。在夏季受阳光直射的孵化槽,水温会超过28℃以上,因而需遮挡日光。孵化水温会影响孵化出来的稚鱼的大小,在20℃左右水温孵化的稚鱼肌节数多,体长亦大。过高或过低的水温,会使孵化出来的稚鱼体形小。受精到孵化的温差大,也会使稚鱼体形变小。孵化率最高时是25℃,孵化稚鱼体形最大时的水温是20℃。因此,最适宜的孵化水温是23℃左右。

4. 泥鳅人工繁殖技术改进

为了提高泥鳅人工繁殖的效果,应根据泥鳅的生物学特点,不断地改进人工繁殖的生产技术。例如,可参照青虾繁殖中网箱繁殖的技术,采用套箱进行泥鳅人工繁殖。方法是:将催产后待产的亲泥鳅放入网目为8~9目的网箱中,密度控制约40尾/m^2(一般每尾雌鳅产卵3 000~5 000粒),然后将该网箱装入另1只较大的网箱中,组成一组套箱。大网箱网目以受精卵不能漏出为度,将套箱放入良好水质的水体中,实行控温(20~26℃)、控光(遮阳),进行泥鳅繁殖、孵化。当亲鳅产卵受精完毕可方便地撤出小网箱,而受精卵则通过网箱底的网孔落入大网箱中,用大网箱对受精卵进行人工孵化。为避免卵粒堆集死亡,需在网箱底进行增氧。可连接延时控制器,根据苗情控制增氧机开启,实施间隔增氧。注意防止过量增氧而导致鳅苗发生"气泡病",一旦发生严重的"气泡病",则可以1g/m^3的食盐溶液治疗。网箱孵化时应控制受精卵的密度,以低于20万粒/m^2为好。

三、夏花培育

1. 清塘消毒

每100m^2用生石灰9~10kg进行清塘消毒。方法是:在池中挖几个浅坑,将生石灰倒入加水化开,趁热泼洒全池。第二天用耙将塘泥与石灰耙匀后放水20cm左右。适量施入有机肥料用以培育水质,产生活饵料。经7~10天后待生石灰药力消失,放几尾试水鱼,1天后无异常,轮虫密度约4~5只/mL即可放苗。

2. 泥鳅苗放养

(1)鱼苗优劣的判别:在泥鳅苗装运、长途运输之前应挑选体质好的鱼苗,方能保证运输及饲养中的成活率。鱼苗优劣可参考以下几方面来判别:

①了解该批苗繁殖中的受精率、孵化率。一般受精率、孵化率高的批次,鱼苗体质较好。

②好的苗体色鲜嫩,体形匀称、肥满,大小一致,游动活泼有精神。

③装盛少量苗在白瓷盆中,用口适度吹动水面,其中顶风、逆水游动者强;随着水波被吹至盆边者弱,如强的为多数则优。

④盛苗在白瓷盆,沥去水后在盆底剧烈挣扎,头尾弯曲厉害的强;鱼体黏贴盆边盆底、挣扎力度弱或仅以头、尾略扭动者弱。

⑤在鱼篓中苗,略搅水成漩涡,其中能在边缘溯水游动者为强;被卷入漩涡中央部位,随波逐流者弱。

⑥在网箱中暂养时间太久的便会消瘦、体质下降,不宜做长途转运。

(2)鳅苗运输:泥鳅苗长途转运时必须用鱼苗袋并充氧,否则极容易死亡。在密封式充氧运输中,水中溶氧充足,一般掌握适当密度不会缺氧。但为降低运输成本,又要达到一定的密度。鱼苗在运输中,不断向水中排出二氧化碳、氨等代谢产物。在密封式运输中,由于二氧化碳不能向外散发,时间一长,往往积累较高浓度,甚至引起鱼苗麻痹死亡。据测试,当鱼苗发生死亡时,塑料充氧袋水中溶氧仍较高,最低也含2mg/L,而二氧化碳升至150mg/L,所以,塑料袋中鱼苗死亡有时不是因为缺氧,而是高浓度二氧化碳和氨等的协同作用引起的,这时应替换新水方能预防。充氧袋中用水不宜用池塘肥水,应选择大水面清新水体,如河、湖泊、水库水。

水中有机物、浮游生物量要少,以减少耗氧和二氧化碳积聚。水质应为中性或微碱性。如用自来水则应预先在大容器中贮存2~3天,逸出余氯,或向自来水中充气24h后再用。装运前1天装在网箱中,停止喂食,网箱放置清洁大水面中,让苗排除污物,以减少途中水质污染。袋中空气要排尽后再充氧。如是空运不宜将氧充得太足,以免飞机升空因气压变化而胀破塑料袋。天气太热时可在苗箱和塑料充氧袋之间加冰块。具体做法是,预先制冰,将冰装入小塑料袋并扎紧袋口,均匀放在苗箱中间,苗箱用胶带封口后立即发运。如果路程长,运输时间久,转运途中需开袋重新充氧,如水质污染严重,应重新换新水。

(3)泥鳅苗放养方法

①适当密度:一般放养孵出2~4天的水花鳅苗,每平方米800~2 000尾,静水池宜偏稀,具半流水条件的池可偏密;体长约1cm的小苗(10日龄),每平方米放500~1 000尾。

②饱苗放养:先将鳅苗暂养网箱半天,并喂给蛋黄,按每10万尾投喂鸭蛋黄1个。具体做法参照前述关于鳅苗前期培育中的操作方法。然后再进行放养。

③"缓苗"处理:如用塑料充氧袋装运而来的苗,放养时注意袋内袋外温差不可大于3℃,否则会因温度剧变而死亡。可先按次序将装苗袋漂浮于放苗的水体,回过头来再开第一个袋,使袋内外水体温度接近后(约漂20min),并向袋内灌池水,让苗自己从袋中游出。

④"肥水"下塘:为使鳅苗下塘后能立即吃到适口饵料。预先应培育好水质。如池中大型浮游生物较多,由于泥鳅苗小而吃不进,不仅不能作为鳅苗的活饵料,还会消耗水体中大量的较小型饵料和氧气。遇有这种情况可以在鳅苗下池前先放"食水鱼",以控制水中大型浮游生物量,同时用以测定池水肥瘦。如发现"食水鱼"在太阳出来后仍然浮头,说明池水过肥,应减少施肥量;如果

"食水鱼"全天不浮头或很少浮头,说明水质偏瘦,可适当施肥;如果"食水鱼"每天清晨浮头,太阳出来后即下沉,说明水体肥瘦适中,可放鳅苗。用"食水鱼"也可测定清塘消毒剂药力是否消失,如果"食水鱼"活动正常,表示药力消失,可以放苗。但在鳅苗放养前应将"食水鱼"全部捕起。以免影响鳅苗后期生长。

⑤同规格计数下塘:同一池内应放养同一批次、相同规格的鳅苗,以免饲养中个体差异过大,影响成活率和小规格苗的生长。放养时应经过计数下池。计数一般采用小量具打样法。即先将泥鳅苗移入网箱中,然后将网箱一端稍稍提出水面,使苗集中在网箱一端,用小绢网勺舀起装满一量具,然后倒入盛水盆中,再用匙勺舀苗逐一计数,得出每一量具中苗的实数。放养时仍用此量具舀苗计数放入池内,按量取的杯数来算出放苗数。量具也可采用不锈钢丝网特制的、可沥除水的专用量杯,但制作时注意整个杯身内外必须光滑无刺,以免伤苗。

3. 饲养管理

(1)泥鳅苗期发育特点 泥鳅生长发育有其本身的特点。在孵出之后的半个月内尚不能进行肠呼吸,该阶段如同家鱼发塘期间,必须保证池塘水中有充足的溶氧,否则极有可能在一夜之间因泛池而死光。半个月之后,鳅苗的肠呼吸功能逐渐增强,一般生长发育至1.5~2cm体长时,才逐步转为兼营肠呼吸,但肠呼吸功能还未达到生理健全程度,所以这时投饵仍不能太足,蛋白质含量不宜太高,否则会消化不全产生有害气体,妨碍肠呼吸。

(2)饲喂 泥鳅水花入池时的首要工作是培肥水质,同时又要加喂适口饵料。在实际生产中通常采用施肥和投饲相结合的方法。投喂饲料时应做到定点投喂,以便今后集捕。

①施肥培育法:根据泥鳅喜肥水的特点,鳅苗在天然环境中最好的开口饵料是小型浮游动物,如轮虫、小型枝角类等。采用施肥法,施用经发酵腐熟的人畜粪、堆肥、绿肥等有机肥和无机肥培育

水质,以繁育鳅苗喜食的饵料生物。一般在水温 25℃时施入有机肥后 7～8 天轮虫生长达到高峰。轮虫繁殖高峰期往往能维持 3～5 天,之后因水中食物减少,枝角类等侵袭及泥鳅苗摄食,其数量会迅速降低,这时要适当追施肥料。轮虫数量可用肉眼进行粗略估计,方法是用一般玻璃杯或烧杯,取水对阳光观察,如估计每毫升水中有 10 个小白点,轮虫为白色小点状,表明该水体每升含轮虫 10 000 个。

水质清瘦可施化肥快速肥水。在水温较低时,每 100 立方米水体每次施速效硝酸铵 200～250g,而在水温较高时则改为施尿素 250～300g。一般隔天施 1 次,连施 2～3 次。以后根据水质情况进行追肥。在施化肥的同时,结合追施鸡粪等有机肥料,效果会更好。水色调控以黄绿色为宜。水色过浓则应及时加注新水。除施肥之外,尚应投喂麦麸、豆饼粉、蚕蛹粉、鱼粉等。投喂量占在池鳅苗总体重的 5%～10%。每天上、下午各投喂 1 次,并根据水质、气温、天气、摄食及生长发育情况适当增减。

②豆浆培育法:豆浆不仅能培育水体中的浮游动物,而且可直接为鳅苗摄食。鳅苗下池后每天泼洒 2 次。用量为每 10 万尾鳅苗每天用 0.75kg 黄豆的豆浆。泼浆是一项细致的技术工作,应尽量做到均匀。如在豆浆中适量增补熟蛋黄、鳗料粉、脱脂奶粉等,对鳅苗的快速生长有促进作用。为提高出浆量,黄豆应在 24～30℃的温水中泡 6～7h,以两豆瓣中间微凹为度。磨浆时水与豆要一起加,1 次成浆。不要磨成浓浆后再兑水,这样容易发生沉淀。一般每千克黄豆磨成 20L 左右的浆。每千克豆饼则磨 10L 左右浆。豆饼要先粉碎,浸泡到发粘时再磨浆。磨成浆后要及时投喂。养成 1 万尾鳅种约需黄豆 5～7kg。以上两种方法饲喂 2 周之后,就要改为以投饵为主。开始可撒喂粉末状配合饲料,几天后将粉末料调成糊状定点投喂。随着泥鳅长大,再喂煮熟的米糠、麦麸、菜叶等饲料。拌和一些绞碎的动物内脏则会使鳅苗长势更好。

这时投喂量也由开始占体重的 2%～3% 逐渐增加到 5% 左右,最多不能超过 10%。每天上、下午各投喂 1 次。通常凭经验以泥鳅在 2h 内能基本吃完为度。

(3) 日常管理

①巡塘:黎明、中午和傍晚要坚持巡塘观察,主要观察摄食、活动及水质变化。如水质较肥,天气闷热无风时应注意鳅苗有无浮头现象。鳅苗浮头和家鱼不同,必须仔细观察才能发现。水中溶氧充足时,鳅苗散布在池底;水质缺氧恶化时,则集群在池壁,并沿壁慢慢上游,很少浮到水面来,仅在水面形成细小波纹。一般浮头在日出后即下沉,要是日出后继续浮头,且受惊后仍然不下沉,表明水质过肥,应立即停止施肥、喂食,并冲新水以改善水质增加溶氧。鳅苗缺氧死亡往往发生在半夜到黎明这段时间,应特别注意。在饵料不足时,鳅苗也会离开水底,行动活泼,但不会全体行动,和浮头是容易区分的。如果发现鳅苗离群,体色转黑,在池边缓慢游动,说明身体有病,须检查诊治。如发现鳅苗肚子膨胀或在水面仰游不下沉,说明进食过量,应停止投饵或减量。

②注意水质管理:既要保持水色黄绿,有充足的活饵料,又不能使水质过肥缺氧。前期保持水位约 30cm,每 5 天交换一部分水量。通过控制施肥投饵保持水色,不能过量投喂。随着鳅苗生长到后期,逐步加深水位达 50cm。

③注意调节水温:由于水位不深,在盛夏季节应控制水温在 30℃ 以内。可采用搭建阴篷、遮阳网、加注温度较低的水和放养飘浮性水生植物等来加以调节。

④清除敌害:鳅苗培育时期天敌很多,如野杂鱼、蜻蜓幼虫、水蜈蚣、水蛇、水老鼠等,特别是蜻蜓幼虫危害最大。由于泥鳅繁殖季节与蜻蜓相同,在鳅苗池内不时可见到蜻蜓飞来点水(产卵),其孵出幼虫后即大量取食鳅苗。防治方法:主要依靠人工驱赶,捕捉。有条件在水面搭网,既可达到阻隔蜻蜓在水面产卵,又起遮阳

降温作用。同时在注水时应采用密网过滤,防止敌害进入池中。发现蛙卵要及时捞除。

通过以上培育措施,一般 30 天左右鳅苗都能长成 3cm 左右鱼种。

⑤分养:当泥鳅苗大部分长成了 3～4cm 的夏花鱼种后,要及时进行分养,以避免密度过大和生长差异扩大,影响生长。分塘起捕时发觉鳅苗体质较差时,应立即放回强化饲养 2～3 天后再起捕。分养操作具体做法是:先用夏花鱼网将泥鳅捕起集中到网箱中,再用泥鳅筛进行筛选。泥鳅筛长和宽均为 40cm,高 15cm,底部用硬木做栅条,四周以杉木板围成。栅条长 40cm,宽 1cm,高 2.5cm。在分塘操作时手脚要轻巧,避免伤苗。

四、大规格鱼种培育

孵出的泥鳅苗经 1 个多月的培育,长成夏花已开始有钻泥习性,这时可以转入成鳅池中饲养。但为了提高成活率,加快生长速度,也可以再饲养 4～5 个月,长成体长达到 6cm,体重 2g 以上的大规格泥鳅种时,再转入成鳅池养殖。如果泥鳅卵 5 月上、中旬孵化,到 6 月中、下旬便可以开始培育大规格鳅种。7～9 月份则是养殖鳅种的黄金时期。也可以用夏花泥鳅分养后经 1 个月左右培育成 5cm 的鳅种,然后就转入成鳅养殖池养殖商品鳅。

1. 泥鳅苗种阶段食性特点

泥鳅在幼苗阶段(5cm 以内),主要摄食浮游动物如轮虫、原生动物、枝角类和桡足类。当体长 5～8cm 时,逐渐转向杂食性,主要摄食甲壳类、摇蚊幼虫、丝蚯蚓、水陆生昆虫及其幼虫、蚬、幼螺、蚯蚓等,同时还摄食丝状藻、硅藻、植物碎片及种子。人工养殖中摄食粉状饲料和农副产品及畜禽产品下脚料与各种配合饲料等。还可摄食各种微生物、植物嫩芽等。

2. 池塘准备及放养

培育泥鳅种的池塘要预先做好清塘修整铺土工作,并施基肥,做到肥水下塘。池塘面积可比培育夏花阶段大,但最大不宜超过 $15m^2$,以便人工管理。水深保持 40～50cm。每平方米放养 3cm 夏花 500～800 尾,同一池放养规格要整齐一致。

3. 饲养管理

在放养后的 10～15 天内开始撒喂粉状配合饲料,几天之后将粉状配合饲料调成糊状定点投喂。随着鳅体长大,再喂煮熟的米糠、麦麸、菜叶等饲料,如拌和一些绞碎的动物内脏则长势更好。如是规模较大种苗场也可以自制或购买商品配合饲料投喂。喂食时将饲料拌和成软块状,投放在食台中,把食台沉到水底。

人工配合饲料中的动、植物性饲料比例为 6∶4,用豆饼、菜饼、鱼粉(或蚕蛹粉)和血粉配制成。如水温升至 25℃ 以上时,饲料中的动物性饲料比例应提高到 80%。

日投饵量随着水温高低而有变化。通常为在池泥鳅总体重的 3%～5%,最多不超过 10%。水温 20～25℃ 时,日投量为在池鳅总体重的 2%～5%;水温 25℃ 时,日投量为在池鳅总体重的 5%～10%;水温 30℃ 左右时,少投喂或不投喂。每天上午、下午各投 1 次。具体投喂量则根据天气、水质、水温、饲料性质、摄食情况灵活掌握,一般以 1～2h 内吃完为适合,否则应随着时增减投喂量。

鳅种培育期间要根据水色适当追肥,可采用腐熟有机肥水泼浇。也可将经无公害处理过的有机肥在塘角沤制,使肥汁渗入水中。也可用尿素追施,方法是少量多次,以保持水色黄绿适当肥度。其他有关日常管理可依照夏花培育中的日常管理进行。

4. 泥鳅苗种的稻田培育

(1)稻田培育泥鳅夏花之前,必须先经过清整消毒。每 $100m^2$ 的稻田可放养孵化后 15 天的泥鳅苗 2.5 万～3 万尾。通常可采取两种放养方式。

第三章　泥鳅人工养殖技术要点

①先用网箱暂养,当泥鳅苗长成 2~3cm 后再放入稻田饲养。由于初期阶段泥鳅苗活动能力差,鳞片尚未长出,抵御敌害和细菌的能力弱,而通过网箱培育便可大大提高其成活率。

②把鳅苗直接放入鱼凼中培育,凼底衬垫塑料薄膜,达到上述规格后在放养。饲养方法与孵化池培育相同。

稻田培育夏花的放养时间根据各地气候情况灵活掌握,气候较温暖的地方在插秧前放养,在较寒冷地方可在插秧后放养。

鳅苗放养前期可投喂煮熟的蛋黄、小型水蚤和粉末状配合饲料。可将鲤鱼配合颗粒料,以每万尾 5 粒的量碾成粉末状,每天投喂 2~3 次。为观察摄食情况,初期可将粒状饲料放在白瓷盘中沉在水底,2h 后取出观察,如有残饵,说明投量过多需减量;反之则需加量。开始必须驯饵,直至习惯摄食为止。10 天后检查苗情,如头大身小,说明饵料质或量不够。水温 25~28℃时,鳅苗食欲旺盛,应增加投喂量和投喂次数。每日可增加到 4~5 次,投饲量为鳅苗总体重的 2%。

饲养 1 个月之后,鳅苗达到每克 10~20 尾时,可投喂小型水蚤、摇蚊幼虫、水蚯蚓及配合饲料。投配合饲料时,以每万尾 15~20 粒鲤鱼颗粒料碾成的粉状料,每天投喂 2~3 次,并逐渐驯食天然饵料。

在培育中要定期注水增氧。投喂水蚤时,如发现水蚤聚集一处,水面出现粉红色时,说明水蚤繁殖过量,应立即注入新水。如鳅苗头大体瘦时,应适当补充饵料,如麦麸、米糠、鱼类加工下脚料等。同时每隔 4~5 天,在饵料培育池中增施经无公害处理过的鸡粪、牛粪和猪粪等粪肥,以繁殖天然饵料。

(2)稻田培育泥鳅鱼种　在稻田中可放养泥鳅夏花进行鳅种培育。培育鳅种的稻田不宜太大,须设沟凼设施。放养的夏花要经泥鳅筛过筛,达到同块稻田规格一致。放养前应先经清整消毒。放养量为 5 000 尾/100m²。

为了在较短时间内使泥鳅产生一个快速生长阶段,鳅种应采取肥水培育法。具体做法是:在放养前每 100m² 先施基肥 50kg。饲养期间,用麻袋装有机肥,浸在鱼凼中做追肥,追肥量为 50kg/100m²。除施肥外,同时投喂人工饲料,如鱼粉、鱼浆、动物内脏、蚕蛹、猪血粉等动物性饲料,以及谷物、米糠、大豆粉、麦麸、蔬菜、豆粕、酱粕等植物性饲料。随着泥鳅生长,在饵料中逐步增加配合饲料的比重。人工配合饵料可用豆饼、菜饼、鱼粉或蚕蛹粉和血粉配制成。动植物性成分比例、日投量等可参看鳅种培育中有关部分。

投饵应投在食台,切忌散投,否则到秋季难以集中捕捞。方法是:将配合饵料搅拌成软块状,投放在离凼底 3～5cm 的食台上,使泥鳅习惯集中摄食。平时注意清除杂草,调节水质,日常管理与前述相同。当鳅苗长成全长 6cm 以上,体重 5～6g 时,便成为鳅种,可转为成鳅饲养。

五、商品泥鳅养成

1. 放养前的准备工作

(1) 养殖水域清整消毒:养殖泥鳅的水域预先应用生石灰、漂白粉等进行清整消毒,除野灭害。一般预先晒塘,晒到塘底有裂缝后再在塘周挖小坑,将块状生石灰放入,浇水化灰并趁热泼洒全池。第 2 天用耙将石灰与泥拌和。用量一般为每 100m² 用生石灰 10～15kg。

(2) 鳅种消毒防病:放养前预先用 2‰～3‰ 食盐水浸浴鳅种 5～10min 或 10mg/kg 漂白粉溶液浸浴 10～20min。根据水温和鱼种耐受情况调整浸浴时间。

(3) 野生鳅种驯养:野外捕捉来的鳅种规格不整齐,预先可用泥鳅筛按规格分选,做到同一池子放养规格基本一致。另外,野生鳅长期栖息在水田、河湖、沼泽及溪坑等水域中,白天极少到水面活动,夜间才到岸边分散摄食。为了让其适应人工饲养,使它们由分散觅食变为集中到食台摄食,由夜间觅食变为白天定时摄食,由习惯吃天然饵料变为吃人工配合饲料,必须加以驯化。具体做法是:在下塘的第3天晚上(20:00左右),分几个食台投放少量人工饲料。以后每天逐步推迟2h投喂,并逐步减少食台数目。经约10天驯养,使野生鳅适应池塘环境,并从夜间分散觅食转变为白天集中到食台摄食人工配合饲料。如果1个驯化周期效果不佳,可在第1周期获得的成果的基础上,重复上述措施,直至达到目的。

(4)泥鳅饲料及投饲技术:在人工养殖条件下,为达到预期产量,就应准备充足的饲料,进行规模化养殖时更为重要。泥鳅食性广泛,饲料来源广,除了运用施肥培育水质,还可广泛收集农副产品加工下脚料,还可专门培养泥鳅喜食的活饵料。

泥鳅食欲与水温关系密切。当水温16～20℃时,应以投喂植物性饲料为主,比例占60%～70%;水温21～23℃时,动、植物性饲料各占50%;水温24℃以上时,应适当增加动物性饲料,植物性饲料减至30%～40%。

一般动物性饲料不宜单独投喂,否则容易使泥鳅贪食不消化,肠呼吸不正常,"胀气"而死亡。最好是动、植物饲料配合投喂。可根据各地饲料源,调制泥鳅的配合饲料。以下两种配方可做参考:

①鱼粉15%,豆粕20%,菜籽饼20%,四号粉25%,米糠17%,添加剂3%。

②鱼粉或肉粉5%～10%,血粉20%,菜籽饼粕30%～40%,豆饼粕15%～20%,麦麸20%～30%,次粉5%～10%,磷酸氢钙1%～2%,食盐0.3%,并加入适量鱼用无机盐及维生素添加剂。

预先可沤制一定量的有机肥,放养后定期根据水色不断追肥。最后肥渣也可装袋堆置塘角起肥水作用,以不断产生水生活饵。

(5)野生鳅种采捕:进行规模化养殖,就应开展泥鳅人工繁殖培育规格一致的鳅种;要是小规模养殖,也可采捕野生鳅种。

泥鳅苗种采捕比较容易,从春季到秋季任何时候都可从稻田、河、沟等水域里捕到幼鳅,作为苗种进行成鳅养殖。往往在夏季雨后幼鳅比较集中,如河沟的跌水坑、稻田注水口等处。幼鳅的捕捞方法与成鳅捕捞大致相似。日本有人曾设计了一种在稻田中诱捕幼鳅的装置,捕捉效果很好。方法是:采用一段直径约1.3m水泥短管,直立埋在稻田中。管的上口露出水面30cm,并用铁皮设置成朝向内面的卷边倒檐,以防泥鳅从上逃出。在管壁与泥相接触的地方设置数个直径约10cm的圆孔,在这些圆孔上设置向内部伸入的金属网漏斗,成倒须状,网目为3mm。水泥管内放堆肥、豆饼、米糠、螺肉等饵料引诱幼鳅进入。据报道,用该装置在7~8月份的1个月期间,投诱饵30余kg,从不到1 400m^2的稻田内诱捕到幼鳅30~40kg。

2. 泥鳅池塘养殖

池塘养殖泥鳅可以是土池、水泥池。可根据生产的目的,放养不同规格的鳅种和稀放鳅苗,收获不同规格要求的商品泥鳅。

(1)苗种放养:一般在每平方米养殖池中可放养水花鳅苗(孵出约2~4天苗)800~2 000尾,放养体长1cm(约10日龄)小苗500~1 000尾,放养体长3~4cm夏花100~150尾,体长为5cm以上则可放养50~80尾。有微流水条件的可增加放养量,条件差的则减量。

(2)投饲技术:放种前按常规要求清塘消毒后施足基肥,每100平方米可施10~20kg干鸡粪或50kg猪牛粪,2周后放种。

泥鳅是杂食性鱼类,喜食水蚤、丝蚯蚓及其他浮游生物。在成鳅养殖期间抓好水质培育是降低养殖成本的有效措施,合乎泥鳅生理生态要求,可弥补人工饲料营养不全和摄食不均匀的缺陷,还可减少病害发生,提高产量。放养后根据水质施用追肥,保持水质一定肥度,使水体始终处于活爽状态。也可在池的四周堆放发酵腐熟后的有机肥或泼洒肥汁。

充分培养天然饵料的基础上还必须人工投喂,在投喂中应注意饵料质量,做到适口、新鲜。主要投喂当地数量充足、较便宜的饲料,这样不致使饲料经常变化,而造成泥鳅阶段性摄食量降低影响生长。不投变质饲料。

在离池底约 10~15cm 处建食台,做到投饲上台。要按"四定"原则投喂饲料,即定时:每天 2 次(上午 9:00 和下午 16:00~17:00)。定量:根据泥鳅生长不同阶段和水温变化,在一段时间内投喂量相对恒定。定位:在每 100m² 池中设直径 30~50cm 固定的圆形食台。定质:做到不喂变质饲料,饲料组成相对恒定。

每天投喂量应根据天气、温度、水质等情况随时调整。当水温高于 30℃ 和低于 12℃ 时少喂,甚至停喂。要抓紧开春后水温上升时期的喂食及秋后水温下降时期的喂食,做到早开食,晚停食。

一般 6cm 规格(体重 2~3g)的入塘鳅种,经 1 年养殖可达到 10~12g。池塘养鳅各月饲料投喂量可按表 3-17 比例参考确定。

表 3-17 成鳅各月投喂比率

月份	7	8	9	10	11	4	5	6
水温(℃)	32	29	25	21	16	17	23	26
占年投饵量(%)	5	15	24	8	2	7	18	21

配合饲料应制成团块状软料投放在食台上。

(3)巡塘管理:防止浮头和泛池,特别在气压低、久雨不停或天气闷热时,如池水过肥极易浮头泛池,应及时冲换新水。

平时要坚持巡塘检查,主要查水质,看水色,观察泥鳅活动及摄食情况等。

要注意防逃。泥鳅逃逸能力很强,尤其在暴雨、连日大雨时应特别注意防范。平时应注意检查防逃设施是否完整,塘埂有否渗漏,冲新水时是否有泥鳅沿水路逃跑等。

要定期检查泥鳅生长情况,随时调整喂食、施肥、冲注新水等。如果放养的泥鳅苗生长差异显著时,应及时按规格分养。这样,可避免生长差异过大而互相影响。还可使较小规格的泥鳅能获得充足的饲料,加快生长。

3. 泥鳅稻田养殖

稻田养殖泥鳅是生态养殖的一种方式。稻田浅水环境非常适合泥鳅生存。盛夏季节水稻可作为泥鳅良好的遮荫物,稻田中丰富的天然饵料可供泥鳅摄食。另外泥鳅钻泥栖息,疏通田泥,既有利肥料分解,又促进水稻根系发育,鳅粪本身又是水稻良好的肥源,泥鳅捕食田间害虫,可减轻或免除水稻一些病虫害。据测定,泥鳅养殖的稻田中有机质含量、有效磷、硅酸盐、钙和镁的含量均高于未养田块。有学者对稻田中捕捉的33尾泥鳅进行解剖鉴定,其肠内容物中有蚊子幼虫的有6尾;解剖污水沟中的泥鳅14尾,肠内充满蚊子幼虫的有11尾,有蚊子成虫的11尾。可见泥鳅还是消灭卫生害虫的有力卫士。

(1)养殖方式:稻田饲养商品泥鳅有半精养和粗养两种。半精养是以人工饵料为主,对鳅种、投饵、施肥、管理等均有较高的技术要求,单产较高。粗养主要是利用水域的天然饵料进行养殖生产,成本低、用劳力较少,但单产较低。

①稻田半精养:半精养一般在秋季水稻收割之后,选好田块,搞好稻鱼工程设施,整理好田面。来年水稻栽秧后待秧苗返青,排干水,太阳暴晒3~4天。每100m^2田面撒米糠20~25kg,次日再施有机肥50kg,使其腐熟,然后蓄水。水深15~30cm时,每100m^2放养5~6cm鳅种10~15kg。放养后不能经常搅动。第1周不必投喂,1周后每隔3~4天投喂炒麦麸和少量蚕蛹粉。开始时均匀撒投田面,以后逐渐集中到食场,最后固定投喂在鱼凼中,以节省劳力和方便冬季聚捕。每隔1个月追施有机肥50kg,另加少量过磷酸钙,增加活饵料繁衍。泥鳅正常吃食后,主要喂麦

麸、豆渣、蚯蚓和混合饲料。根据泥鳅在夜晚摄食特点,每天傍晚投饵1次。每天投饵量为在田泥鳅总体重的3%～5%。投饵做到"四定",并根据不同情况随时调整投喂量。一般水温22℃以下时以投植物性饵料为主;22～25℃时将动、植物饵料混合投喂;25～28℃时以动物饲料为主。11月份至翌年3月份基本不投喂。夏季注意遮荫,可在鱼凼上搭棚,冬季盖稻草保暖防寒。注意经常换水,防止水质恶化。冬季收捕一般每100m²可收规格10g以上泥鳅30～50kg。

②稻田粗养:实行粗养的稻田,同样应按要求做好稻田整修和建设必要的设施。当水稻栽插返青后,田面蓄水10～20cm后投放鳅种。只是放养密度不能过大,由于不投饵,所以通常每667m²投放3cm鳅种1.5万～2万尾,或每100m²稻田投放大规格鳅种5kg左右。虽不投饵,但依靠稻田追施有机肥,可有大量浮游生物和底栖生物及稻田昆虫供其摄食。夏季高温时应尽量加深田水,以防烫死泥鳅。如为双季稻田,在早稻收割时,将泥鳅在鱼凼或网箱内暂养,待晚稻栽插后再放养。如防害防逃工作做得好,每667m²稻田也可收获10cm(尾鱼8g左右)泥鳅50kg以上。

另一种粗养方式是栽秧后,直接向田里放泥鳅亲鱼10～15kg,任其自然繁殖生长,只要加强施肥管理,效果也不错。

(2)施肥和用药:施肥对水稻和鱼类生长都有利。但施肥过量或方法不当,会对泥鳅产生有害作用。因此,必须坚持以基肥为主,追肥为辅;以有机肥为主,化肥为辅的原则。稻田中施用的磷肥常以钙镁磷肥和过磷酸钙为主。钙镁磷肥施用前应先和有机肥料堆沤发酵后使用。堆沤过程靠微生物和有机酸作用,可促进钙镁磷肥溶解,提高肥效。堆沤时将钙镁磷肥拌在10倍以上有机肥料中,沤制1个月以上。过磷酸钙与有机肥混合施用或厩肥、人粪尿一起堆沤,不但可提高磷肥的肥效,而且过磷酸钙容易与粪尿中的氨化合,减少氮素挥发,对保肥有利。因此,采用氮肥结合磷钾肥做基肥深施可提高利用率,也可减少对鱼类危害。

有机肥均需腐熟才能使用。防止有机肥在腐解过程中,产生大量有机酸和还原性物质而影响鱼类生长。

基肥占全年施肥量的 70%～80%,追肥占 20%～30%。注意施足基肥,适当多施磷钾肥,并严格控制用量,因为,对泥鳅有影响的主要是化肥。施用过量,水中化肥浓度过大,就会影响水质,严重时引起泥鳅死亡。几种常用化肥安全用量每 $667m^2$ 分别为:硫酸铵 10～15kg,尿素 5～10kg,硝酸钾 3～7kg,过磷酸钙 5～10kg。如以碳酸氢铵代替硝酸铵做追肥,必须拌土制成球肥深施,每 $667m^2$ 用量 15～20kg。碳酸氢铵做基肥,每 $667m^2$ 可施 25kg,施后 5 天才能放苗。长效尿素做基肥,每 $667m^2$ 用量 25kg,施后 3～4 天放鱼。若用蚕粪做追肥,应经发酵后再使用。因为新鲜蚕粪含尿酸盐,对鱼有毒害。施用人畜粪追肥时每 $667m^2$ 每次以 500kg 以内为宜,做基肥时以 800～1 000kg 为宜。过磷酸钙不能与生石灰混合施用,以免起化学反应,降低肥效。

酸性土壤稻田宜常施石灰,中和酸性,提高过磷酸钙肥效,有利提高水稻结实率,但过量有害。一般稻田水深 6cm,每 $667m^2$ 每次施生石灰量不超过 10kg。要多施则应量少次多,分片撒施。

农药对鱼毒性分 3 类(其中一些已被列为禁用药物,如,呋喃丹,五氯酚钠)。

①高毒农药有:呋喃丹、1605、五氯酚钠、敌杀死(溴氯菊酯)、速灭杀丁(杀灭菊酯)、鱼藤精等。

②中毒农药有:敌百虫、敌敌畏、久效磷、稻丰散、马拉松(马拉硫磷)、杀螟松、稻瘟净、稻瘟灵等。

③低毒农药有:多菌灵、甲胺磷、杀虫双、速灭威、叶枯灵、杀虫脒、井冈霉素、稻瘟酞等。

据有关测试,甲胺磷对草鱼种安全浓度为常规用药量的 27 倍,乐果为 9.2 倍,马拉硫磷为 2.7 倍,敌敌畏为 39 倍,敌百虫为

46倍,杀虫脒为2.2倍,稻瘟净为3.1倍,井冈霉素458倍。所以,以上农药如按常规用量施药,对养殖鱼类是安全的。中稻田在用杀虫双时,最好放在二化螟发生盛期,前期可用杀螟松、敌百虫、马拉松等容易在稻田生态环境中消解的农药。若在水稻收割后进行冬水田养鱼的稻田,切忌在水稻后期使用杀虫双。

用药时尽量用低毒高效农药,事先加深田水,水层应保持6cm以上。如水层少于2cm,能对鱼类安全带来威胁。病虫害发生季节,往往气温较高,一般农药随着气温上升会加速挥发,同时也加大了对鱼类毒性。喷撒农药时应尽量喷在水稻叶片上,以减少落入水中的机会。粉剂尽量在早晨稻株带露水时撒用;水剂宜晴天露水干后喷。下雨前不要施药。用喷雾器喷药时喷嘴应伸到叶下向上喷。养鱼稻田不提倡拌毒土撒施。使用毒性较大的农药时,可一边换水一边喷药,或先干田驱鱼入沟凼再施药,并向沟凼冲换新水。也可采用分片施药,第一天施一半,第二天再施另一半,可减轻对鱼的药害。

4. 泥鳅流水养殖

以下几种方法均可利用流水条件进行泥鳅无公害养殖,供各地根据自身条件选用。

(1)塘、坑养殖:将溪流、沟渠水流引入庭院或用"借水还水"方式,即用支流引进塘、坑,再从塘、坑流出"还"入沟、渠,进行流水养鳅。例如,在院内建2~10m²的长方形池,深50~60cm,上搭荫棚或用木板做盖,也可建瓜、豆棚遮荫。每平方米放养6cm鳅种200~300尾。投喂米糠、麦麸和少量鱼粉,添加适量甘薯淀粉粘合成团块状饲料或加蚯蚓、蝇蛆等鲜活饲料。1年增重4~5倍,当年每平方米水面可收成鳅8~10kg。

(2)木箱养殖:木箱规格1m×1m×1.5m。设直径3~4cm进、排水孔,装网目2mm金属网。箱底填粪肥、泥土,或一层稻草一层土,堆积2~3层,最上为泥土,保持箱内水深30~50cm。木箱安放流水处,使水从一口入,另一口出。也可用水管从上向下流水。几个木箱可并联。

选择向阳、水温较高处设箱,降雨时防溢水。箱上要盖网,防鸟兽危害。每箱可放养鳅种 1~1.5kg。每天投喂米糠、蚕蛹或蚯蚓混合制成的团块状饵料。每天投饲量为鳅体总重的 2%~3%,半年之后可收获,1个箱可产成鳅 8~15kg。

(3)网箱养殖:网箱养鳅具有放养密度大,网箱设置水域选择灵活,单产高,管理方便,捕捞容易等优点,是一种集约化养殖方式。

①网箱设置:箱体由聚乙烯机织网片制成,网目大小以泥鳅不能逃出为准。适于设置在池塘、湖泊、河边等浅水处。箱体底部必须着泥底,箱内铺填 10~15cm 泥土。箱体面积以 20~25m² 为宜。高度视养殖水体而定,使网箱上半部高出水面 40cm 以上。要设箱盖等防逃设施。

②放养:一般每平方米放养 6~10cm 鳅种 800~1 200 尾,并根据养殖水体条件适当增减。水质肥、水体交换条件好的水域可多放;反之则少放。

③饲养管理箱内设 1 个 2m² 食台,食台离底 20~25cm,饵料投在食台上,方法与池塘养殖泥鳅相同。

④管理:主要是勤刷网衣,保持箱体内外流通。经常检查网衣,有洞立即补上。网箱养殖密度大,要注意病害防治。平时要定期用生石灰泼洒。或用漂白粉挂袋,方法是每次用 2 层纱布包裹 100g 漂白粉挂于食台周围,1 次挂 2~3 只袋。要及时清除食台残饵。

(4)无土饲养法:国外泥鳅养殖多采用多孔材料代替泥土进行立体养殖,效果很好。无土养殖的泥鳅口味好。有的以细沙代替泥土,养殖密度可提高 4 倍,1 年中泥鳅个体可长 5cm 左右。无土养殖解决了捕捞不方便、劳动强度大、起捕率不高的问题,为大规模生产泥鳅开辟了广阔的前景。

例如,饲养池为水泥池,面积 30m²,水深 0.45m。池中放置长 25cm,孔径 16cm 的维尼纶多孔管 10 800 根。每 20 根为 1 排,每两排扎成 1 层,每三层垒成 1 堆,总共 90 堆。每池放养尾重 0.4～0.5g 鳅苗 7 000 尾。每日投饲 2 次,投饲量为鱼体重的 3%～5%。池水以每分钟 60L 的量循环交换。共饲养 90 天,每平方米产量达 2kg,折合每 667m² 产 1 300kg。也有的把大小为 40cm×20cm×15cm 的 3 孔水泥砖块竖立池底,饲养管理同上。饲养 90 天,每平方米产量可达 3.75kg,折合每 667m² 产 2 500kg。

(5)沟渠围栏饲养法:利用沟渠流水饲养泥鳅,在其上、下游处设拦网放种饲养。一般每平方米放养 1 龄鳅种 2.5～3kg,饲养 4～6 个月后,每平方米产量达 10～12kg。这种饲养方式需全部投喂高质量的人工配合饲料,成本较高。

(6)水槽饲养法:在有水源但不宜建池的地方可用此法饲养泥鳅。水槽长 1.5m,宽和高各 1m。在其一侧或两侧开设直径 3～5cm 的进、出水孔。孔口安装网目 2～3mm 的密眼金属网。槽内堆放粪肥和泥土。槽内水深 30cm 左右。注水可用水管由上向下注入。也可将槽放在流水处,任水自由注入、排出。水槽应置于向阳避风处,水温不能低于 15℃。每只水槽可放养 3～5cm 的泥鳅苗 1～1.5kg。投喂糠麸、糟渣、蚕蛹、螺蚌和禽畜内脏,每天投喂 1 次。一般 4 月份放种,到年底可增重 8～10 倍,每只水槽可收获泥鳅 8～15kg。

5. 泥鳅庭院养殖

(1)庭院泥鳅养殖的特点:养殖过程注意勤喂饲料,勤换水,喂料要少量多次。饲料除了鱼粉等动物性饲料外,还要投喂部分植物性饲料,如米饭、麸、酒糟、菜叶、水草、米糠、豆渣、饼粕等,也可喂些配合饲料。坑凼施肥以家畜肥为主。庭院养泥鳅可自繁、自育苗种。只要保留适量亲泥鳅便能获得足量的鱼种。在繁殖季节成熟亲鳅不必注射激素,只要在饲养小水体中给予微流水刺激,就能产卵繁殖。在庭院式养殖中,可与黄鳝、革胡子鲶一起进行混养。

另外,泥鳅可以与常规家鱼、鳗鱼等混养,尤以与鳗鱼、鲢鳙、草鱼混养效果较好。泥鳅不与家鱼争食,且能疏松底质,促进有机物分解及微生物的繁衍,为鱼类创造良好的生活条件。但是,鲤鱼、鲫鱼、罗非鱼等与其争食厉害,互相影响大,故不宜混养。泥鳅和家鱼混养时,一般每平方米放养泥鳅100~200尾,约占总放养量的20%。

以下介绍庭院中砌砖池;混凝土池方式开展泥鳅无公害庭院养殖的技术操作要点。该方法大约每平方米产全长10cm以上泥鳅5kg。

(2) 设施

① 砖池:标准砖24cm墙,M7.5水泥沙浆砌筑,池高1.2m。

② 混凝土池:C20混凝土浇筑,墙厚12~15cm。

③ 排灌设施:池底设有一距池底20~25cm的排水孔,孔径5cm,内置网目2mm的网筛,距池壁顶部5cm处建2个以上溢水孔,溢水孔直径5cm,内置网目2mm网筛。

④ 池面积和底质:每只池以20~30m^2为宜,长方形,东西走向。

以水泥池底上覆20cm壤土较佳,不渗漏,池底向排水孔一角倾斜,倾斜度以15°为宜。

⑤ 水源水质:井水、河水、泉水,水质符合无公害养殖要求。

⑥ 水深:成鳅池水深30~80cm,池壁高出水面20cm以上。

(3) 成鳅养殖技术管理

① 准备工作

a. 清池消毒:新建池应用清水泡池15天以上。"试水"无害后才可放种。

老池应预先更新铺设底质。

放养前 7～10 天,每平方米用 110g 生石灰,彻底清池消毒。

b. 施肥进水:每平方米用腐熟有机肥 300g 培肥水质,池水深 30cm。

c. 水生植物栽培:池中栽培莲藕、慈姑、空心菜、水葫芦等。水生植物面积占总面积 1/3。

②鳅种放养

a. 放养时间:野生鳅苗:11～12 月份放养;人工繁育苗:5～6月份放养。

b. 鳅种规格:每尾以 3～5cm 为宜。

c. 放养量:以每平方米放 200～300 尾为宜。

鳅种质量应做筛选,做到规格整齐、无畸形、品种纯、无病、无伤、活泼健壮。

放养前用 10mg/kg 高锰酸钾药浴 15～20min。

③饲养管理

a. 投饲:可投喂蛋白质含量 98% 以上的颗粒饲料或自配饲料,用 10% 鱼粉,30% 豆饼,30% 麸皮,20% 玉米,5% 酵母粉,5%复合矿物质混合而成。

b. 投喂方法:利用长 50cm,宽 30cm,高 10m 的塑料盒或类似材质箱体沉入水中 30cm,饲料成团状放置其上、投喂做到定位、定质、定量投喂。每天 2 次,时间为上午 9:00～10:00、下午 17:00～18:00。

c. 日投饵量:日投饵量按池中鳅重的 3%～5% 投喂,上午、傍晚投喂量占全天投喂量比例分别为 70%、30%,并根据季节、天气、水质、吃食情况适时增减,投喂 1h 以后无残饵为宜。

放养野生苗时,放养后半月内投饵量应为正常的 50%,驯化适应后正常投喂。

d. 水质管理:春、秋季带每 15 天换 1 次水,夏季 10 天换 1 次水,每次换水量为池水的 1/4～1/3。

e. 巡塘检查:每天检查水质变化、残饵余留;雨天防池水外溢,雨季防溢水孔网堵塞或破坏,防止泥鳅顶水外逃,如发现泥鳅活动不活泼,应立即加注新水。

(4)病害防治

①实行泥鳅种、池塘、食场、饵料消毒。

②保持良好生环境,每20天每平方米施生石灰15g。

③定期检查,预防为主,病鳅池及时隔离治疗。

(5)商品鳅捕捞

①置网捕捞:把网铺设食饵底部,当投饵聚食时起网捕捞。

②干池捕捞:排干水,用小捞海直接捕捞。

庭院中砌砖池、混凝土池养殖泥鳅,还可采用以下3种养殖方式:

①浸秆养鳅法:可用砖(石)、水泥砌成,深度以1m为宜,池底铺一层15cm厚的肥泥,肥泥上铺一层10cm厚秸秆,上覆几排筒瓦,便成为泥鳅窝,然后放入40cm深的清水。7天后,当水中出现许多幼小昆虫时,即可每平方米放养3cm以上的鳅苗30~40尾。采用此法,可适当减少饵量。按常规管理,6个月即可捕捞上市获利,比全部人工饲养提前3个月,节省饵料40%。

②遮荫养鳅法:在1m的土池中,铺设一层无结节的尼龙网,网口高出池口30~40cm,并向内倾斜,再用木柱固定。在池底网上铺一层40cm厚的泥土,同时栽种慈姑等水生植物,并保持水深20~30cm,然后将大规格鳅苗放入水中。用此法养殖泥鳅,由于池中生长的水生植物可吸收水中营养物质,防止水质过肥,夏季还可遮阳,并可净化水质,加速鳅生长快而肥壮。比人工养法提前2个月上市获利。

③诱虫养鳅法:用砖(石)、水泥砌成深1m池子,池中用土堆成若干条宽1.3m,高20cm,间距20cm的土畦,保持水深10~15cm。每平方米放5~6cm鳅苗30~50尾。池上装若干只黑光

灯诱虫,每晚19:00至次日晨5:00开灯,诱得昆虫即可满足泥鳅饵料的需要。

6. 泥鳅滩荡中多品种混养

荡滩中进行鳅、鳝、鱼混养,年底收获可观。具体做法如下。

(1)准备工作和苗种放养:荡滩面积100m×666.7m,平均水深1.2m,池埂修固坚实、不渗漏。根据养殖面积配备柴油机、拖排泵以及船只。冬季干塘,用石灰消毒,清整,暴晒半个月。

苗种来源:鲢、银鲫为专用塘培育,黄鳝、泥鳅为市场收购。放养情况见表3-18。

表3-18 鱼、鳝、鳅放养情况

放养时间(月)	品种	规格(尾/kg)	666.7m² 放养量(kg)
4~6	泥鳅		2
4~6	黄鳝	40~50	2
1	鲢	13~14	10
1	银鲫	夏花	4 000 尾

(2)饲养管理:黄鳝种当天收捕当天放养,选腹部颜色黄且杂有斑点者,规格40~50尾/kg。苗种下塘先用3%~4%食盐水浸浴5min。

①种植水草:在浅水区移植水花生,浮水区栽种荷藕,水生植物覆盖面积占15%左右。

②投喂颗粒饵料:按鱼的存塘量的比例投喂,每10天调整投喂量比例。

③高温季节勤换水,7~8月份2天加换新水1次,每次换水量为1/4~1/3。

④加强防逃工作,进、排水口和较低容易逃埂段,加铁丝网或聚乙烯网,并深埋土中,防鳝、鳅逃逸。

⑤从养殖中体会到,在大水面混养中,鱼产量宜设计在200~

300kg/666.7m² 为宜,便于进行水质控制。黄鳝产量设计在 10~15kg/666.7m²,避免过密而互残。饲养泥鳅可利用残饵,繁殖的小泥鳅可做黄鳝活饵料。

六、泥鳅越冬

我国除南方地区终年水温不低于 15℃外,一般地区,1 年中泥鳅的饲养期为 7~10 个月,其余时间为越冬期。当水温降至 10℃左右时,泥鳅就会进入冬眠期。

在我国大部分地区,冬季泥鳅一般钻入泥土中 15cm 深处越冬。由于其体表可分泌黏液,使体表及周围保持湿润,即使 1 个月不下雨也不会死亡。

泥鳅在越冬前和许多需要越冬的水生动物一样,必须积蓄营养和能量准备越冬。因此,应加强越冬前饲养管理,多投喂一些营养丰富的饲料,让泥鳅吃饱、吃好,以利越冬。泥鳅越冬育肥的饲料配比应为动物性和植物性饲料各占 50%。

随着水温的下降,泥鳅的摄食量要开始下降,这时投饲量应逐渐减少。当水温降至 15℃时,只需日投喂泥鳅体重的 1% 的饲料。当水温降至 13℃以下时,则可停止投饲。当水温继续下降至 5℃时,泥鳅就潜入淤泥深处越冬。

泥鳅越冬除了要有足够的营养和能量及良好的体质外,还要有良好的越冬环境。

(1)选好越冬场所:要选择背风向阳,保水性能好,池底淤泥厚的池塘作为越冬池。为便于越冬,越冬池蓄水要比一般池塘深,要保证越冬池有充足良好的水源条件。越冬前要对越冬池、食场等进行清整消毒处理,防止有毒、有害物质危害泥鳅越冬。

(2)适当施肥:越冬池消毒清理后,泥鳅入池前,先施用适量有机肥料,可用经无公害处理的猪、牛、家禽等粪便撒铺于池底,增加淤泥层的厚度,发酵增温,为泥鳅越冬提供较为理想的"温床",以利于保温越冬。

(3) 选好鳅种:选择规格大、体质健壮、无病、无伤的鳅种作为来年繁殖用的亲本。这样的泥鳅抗寒、抗病能力较强,有利于越冬成活率的提高。越冬池泥鳅的放养密度一般可比常规饲养期高2~3倍。

(4) 采取防寒措施:加强越冬期间的注、排水管理。越冬期间的水温应保持在2~10℃。池水水位应比平时略高,一般水深应控制在1.5~2m。加注新水时应尽可能用地下水,或在池塘或水田中开挖深度在30cm以上的坑、溜,使底层温度有一定的保障。若在坑、溜上加盖稻草,保温效果更好。如果是农家庭院用小坑囤使泥鳅自然越冬,可将越冬泥鳅适当集中,上面加铺畜禽粪便保温,效果更好。

此外,还可采用越冬箱进行越冬。其方法是:制做木质越冬箱,规格为(90~100)cm×(25~35)cm×(20~25)cm,箱内装细软泥土18~20cm,每箱可放养6~8kg泥鳅。土和泥鳅要分层装箱。装箱时,要先放3~4cm厚的细土,再放2kg左右泥鳅,如此装3~5层,最后装满细软泥土,钉好箱盖。箱盖上要事先打6~8个小孔,以便通气。箱盖钉牢后,选择背风向阳的越冬池,将越冬箱沉入1m以下的水中,以利于泥鳅安全越冬。

七、泥鳅捕捉

1. 养殖泥鳅的捕捞

泥鳅的捕捞一般在秋末冬初进行。但是为了提高经济效益,可根据市场价格、池中密度和生产特点等多方面因素综合考虑,灵活掌握泥鳅捕捞上市时间。作为繁殖用的亲鳅则应在人工繁殖季节前捕捉,一般体重达到10g即可上市。鳅苗养至10g左右的成鳅一般需要15个月左右,鳅苗饲养至20g左右的成鳅一般需要45个月。如果饲养条件适宜,还可缩短饲养时间。

(1)池塘泥鳅的捕捞:池塘因面积大、水深,相对稻田捕捞难度大。但池塘捕捞不受农作物的限制,可根据需要随时捕捞上市,比稻田方便。池塘泥鳅捕捞主要有以下几种方法。

①食饵诱捕法:可用麻袋装炒香的米糠、蚕蛹粉与腐殖土混合做成的面团,敞开袋口,傍晚时沉入池底即可。一般选择在阴天或下雨前的傍晚下袋,这样经过一夜时间,袋内会钻入大量泥鳅。诱捕受水温影响较大,一般水温在25~27℃时泥鳅摄食旺盛,诱捕效果最好;当水温低于15℃或高于30℃时,泥鳅的活动减弱,摄食减少,诱捕效果较差。

也可用大口容器(如罐、坛、脸盆、鱼笼等)改制成诱捕工具。

②冲水捕捞法:在靠近进水口处铺设好网具。网具长度可依据进水口的大小而定,一般为进水口宽度的3~4倍,网目为1.5~2cm,4个网角结绑提纲,以便起捕。网具张好后向进水口冲注新水,给泥鳅以微流水刺激,泥鳅喜溯水会逐渐聚集在进水口附近,待泥鳅聚拢到一定程度时,即可提网捕获。同时,可在出水口处张网或设置鱼篓,捕获顺水逃逸的泥鳅。

③排水捕捞法:食饵诱捕、冲水捕捞一般适合水温在20℃以上时采用。当水温偏低时,泥鳅活动减弱,食欲下降,甚至钻入泥中,这时只能采取排干池水捕捞。这种方法是:先将池水排干,同时把池底划分成若干小块,中间挖纵横排水沟若干条。沟宽40cm,深30cm左右,让泥鳅集中到排水沟内,这时可用手抄网捕捞。当水温低于10℃或高于30℃时,泥鳅会钻入底泥中越冬或避暑,只有采取挖泥捕捉。因此,排水捕捞法一般在深秋、冬季或水温在10~20℃时采用。

此外,如遇急需,且水温较高时,可采用香饵诱捕的方法,即把预先炒制好的香饵撒在池中捕捞处,待30min左右后用网捕捞。

(2)稻田泥鳅的捕捞:稻田养殖的泥鳅,一般在水稻即将黄熟之时捕捞,也可在水稻收割后进行。捕捞方法一般有以下5种。

①网捕法:在稻谷收割之前,先用三角网设置在稻田排水口,然后排放田水,泥鳅随着水而下时被捕获。此法一次难以捕尽,可重新灌水,反复捕捉。

②排干田水捕捉法:在深秋稻谷收割之后,把田中鱼沟、鱼溜疏通,将田水排干,使泥鳅随着水流入沟、溜之中,先用抄网抄捕,然后用铁丝制成的网具连淤泥一并捞起,除掉淤泥,留下泥鳅。天气炎热时可在早、晚进行。田中泥土内捕剩的部分泥鳅,长江以南地区可留在田中越冬,次年再养;长江以北地区要设法捕尽,可采用翻耕、用水翻挖或结合犁田进行捕捉。

③香饵诱捕法:在稻谷收割前后均可进行。于晴天傍晚时将田水慢慢放干,待第2天傍晚时再将水缓缓注入坑溜中,使泥鳅集中到鱼坑(溜),然后将预先炒制好的香饵放入广口麻袋,沉入鱼坑(详见池塘捕捞中的食饵诱捕法)诱捕。此方法在5~7月份期间以白天下袋较好,若在8月份以后则应在傍晚下袋,第2天日出前取出效果较好。放袋前1天停食,可提高捕捞效果。如无麻袋,可用旧草席剪成长60cm,宽30cm,将炒香的米糠、蚕蛹粉与泥土混合做成面团放入草席内,中间放些树枝卷起,并将草席两端扎紧,使草席稍稍隆起。然后放置田中,上部稍露出水面,再铺放些杂草等,泥鳅会到草席内觅食。

④笼捕法:是采用须笼或鳝笼捕捞(具体内容见"工具捕捞法")。

⑤药物驱捕法:通常使用的药物为茶粕(亦称茶枯、茶饼,是榨油后的残存物,存放时间不超过2年),每667m^2稻田用量5~6kg。将药物烘烧3~5min后取出,趁热捣成粉末,再用清水浸泡透(手抓成团,松手散开),3~5h后方可使用。

将稻田的水放浅至3cm左右,然后在田的四角设置鱼巢(鱼巢用淤泥堆集而成,巢面堆成斜坡形,由低到高逐渐高出水面3~10cm),鱼巢大小视泥鳅的多少而定,巢面一般为脚盆大小,面积0.5~1m^2。面积大的稻田中央也应设置鱼巢。

施药宜在傍晚进行。除鱼巢巢面不施药外,稻田各处须均匀地泼洒药液。施药后至捕捉前不能注水、排水,也不宜在田中走动。泥鳅一般会在茶粕的作用下纷纷钻进泥堆鱼巢。

施药后的第 2 天清晨,用田泥围一圈拦鱼巢,将鱼巢围圈中的水排干,即可挖巢捕捉泥鳅。达到商品规格的泥鳅可直接上市,未达到商品规格的小鳅继续留田养殖。若留田养殖需注入 5cm 左右深的新水,有条件的可移至他处暂养,7 天左右待田中药性消失后,再转入稻田中饲养。

此法简便易行,捕捞速度快,成本低,效率高,且无污染(须控制用药量)。在水温 10~25℃时,起捕率可达 90%以上,并且可捕大留小,均衡上市。但操作时应注意以下事项:首先是用茶粕配制的药液要随配随用;其次是用量必须严格控制,施药一定要均匀地全田泼洒(鱼巢除外);此外是鱼巢巢面必须高于水面,并且不能再有高出水面的草、泥堆物。此法捕鳅时间最好在收割水稻之后,且稻田中无集鱼坑、溜的;若稻田中有集鱼坑、溜,则可不在集鱼坑、溜中施药,并用木板将坑、溜围住,以防泥鳅进入。

2. 野生鳅的捕捞

我国江河、沟渠、池塘和水田等水域蕴藏着丰富的天然泥鳅资源,虽然由于化学农药和肥料的大量使用及水域污染等原因,使这一资源逐渐减少,但泥鳅生产仍以捕捉野生鳅为主。一般野生泥鳅的捕捉方法有工具捕捞、药物聚捕、灯光照捕等,多数与养殖鳅捕捉方法相似。

(1)工具捕捞法:一般是利用捕捉黄鳝用的鳝笼或须笼(俗称鱼笼)来捕捉。有的也用张网等渔具捕捉。

须笼和鳝笼均为竹篾编制,两者形状相似。一般长 30cm,直径 9cm(图 3-5),末端锥形(漏斗

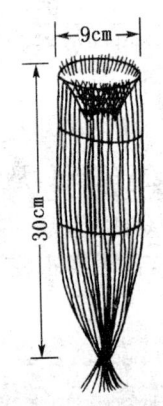

图 3-5 捕捉泥鳅的须笼

部),占全长的 1/3,漏斗口的直径 2cm。须笼的里面用聚乙烯布做成与须笼同样形状的袋子。使用时,在须笼中放入炒香的米糠、小麦粉、鱼粉或蚕蛹粉做成的饵料团子,或投放蚯蚓、螺蚌肉、蚕蛹等饵料,傍晚放置于池底(5～7月份可白天中午放置)。须笼应多处设置,一般每个池塘可在池四周各放 1～3 只须笼。放笼后定时检查,1h 左右拉上来检查 1 次。拉时先收拢袋口,以防泥鳅逃逸。放置须笼的时间不宜过长,否则进入的泥鳅过多,会造成窒息死亡。捕捉到的泥鳅应集中于盛水的容器中,泥鳅的盛放密度不宜太大。此法适宜于人工养殖的池塘、沟渠或天然坑塘、湖泊等水域使用,亦可用于繁殖期间的亲鳅捕捉。须笼闲置时,白天应放阴凉通风处。

上述方法中,也可在须笼内不放诱饵进行捕捉,即在 4～5 月份,特别是涨水季节的夜间,于河道、沟渠、水田等流水处,设置须笼或鳝笼,笼口向着下游,利用泥鳅的溯水习性,让其游进笼中而捕获。9～11 月份时,笼口要朝上游,因为此时泥鳅是顺水而下的。

(2)药物聚捕法:此法与稻田驱捕法所用的药物和操作方法均相同,在非养鳅稻田中亦可使用。

(3)灯光照捕法:此法是人们利用泥鳅夜间活动的习性,用手电筒等光源照明,结合使用网等渔具或徒手捕捉的方法,一般在泥鳅资源丰富的坑塘、沟渠和水田采用。

此外,在野生鳅资源较多的天然水域中,也可采用改制的麻布袋或广口布袋,装入香饵诱捕。

八、泥鳅贮养

1. 暂养

泥鳅起捕后,无论是销售或食用,都必须经过几天时间的清水暂养,方能运输出售或食用。暂养的作用:

一是使鳅体内的污物和肠中的粪便排除,降低运输途中的耗氧量,提高运输成活率;

二是去掉泥鳅肉的泥腥味,改善口味,提高食用价值;

三是将零星捕捞的泥鳅集中起来,便于批量运输销售。

泥鳅暂养的方法有许多种,现摘要介绍以下几种。

(1)水泥池暂养:水泥池暂养适用于较大规模的出口中转基地或需暂养较长时间的场合。应选择在水源充足、水质清新、排灌方便的场所建池,并配备增氧、进水、排污等设施。水泥池的大小一般为8m×4m×0.8m,蓄水量约为20~25m³。一般每平方米面积可暂养泥鳅5~7kg,有流水、有增氧设施、暂养时间较短的,每平方米面积可放40~50kg。若为水槽型水泥池,每平方米可放100kg。

泥鳅进入水泥池暂养前,最好先在木桶中暂养1~2天,待粪便或污泥消除后再移至水泥池中。在水泥池中暂养时,对刚起捕或刚入池的泥鳅,应每隔7h换水1次,待其粪便和污泥排除干净后转入正常管理。夏季暂养每天换水不能少于2次;春、秋季暂养每天换水1次;冬季暂养隔日换水1次即可。

据有关资料报道,在泥鳅暂养期间,投喂生大豆和辣椒可明显提高泥鳅暂养的成活率。按每30kg泥鳅每天投喂0.2kg生大豆即可。此外,辣椒有刺激泥鳅兴奋的作用,每30kg泥鳅每天投喂辣椒0.1kg即可。

水泥池暂养是目前较先进的方法,适用于暂养时间长、数量多的场合,具有成活率高(95%左右)、规模效益好等优点。但这种方法要求较高,暂养期间不能发生断水、缺氧泛池等现象,必须有严格的岗位责任制度。

(2)网箱暂养:网箱暂养泥鳅被许多地方普遍采用。暂养泥鳅的网箱规格一般为2m×1m×1.5m。网眼大小视暂养泥鳅的规格而定,暂养小规格泥鳅可用11~12目的聚乙烯网布,暂养成品鳅可用网目较大的网布。网箱宜选择水面开阔、水质良好的池塘或河道。暂养的密度视水温高低和网箱大小而定,一般每平方米暂养30kg左右较适宜。网箱暂养泥鳅要加强日常管理,防止逃逸和发生病害,平时要勤检查、勤刷网箱、勤捞残渣和死鳅等,一般暂养成活率可达90%以上。

(3)木桶暂养:各类容积较大的木桶均可用于泥鳅暂养。一般用72L容积的木桶可暂养泥鳅10kg。暂养开始时每天换水4~5次,第3天以后每天换水2~3次。每次换水量控制在1/3左右。

(4)鱼篓暂养:鱼篓的规格一般为口径24cm,底径65cm,高24cm,竹制。篓内铺放聚乙烯网布,篓口要加盖(盖上不铺聚乙烯网布等,防止泥鳅呼吸困难),防止泥鳅逃逸。将泥鳅放入竹篓后置于水中,竹篓应有1/3部分露出水面,以利于泥鳅呼吸。若将鱼篓置于静水中,1篓可暂养7~8kg;置于微流水中,1篓可暂养15~20kg。置于流水状态中暂养时,应避免水流过激,否则泥鳅容易患细菌性疾病。

(5)布斗暂养:布斗一般规格为口径24cm,底径65cm,长24cm,装有泥鳅的布斗置于水域中时应有约1/3部分露出水面。布斗暂养泥鳅须选择在水质清新的江河、湖库等水域,一般置于流水水域中,每斗可暂养15~20kg,置于静水水域中,每斗可暂养7~8kg。

2. 长期蓄养

我国大部分地区水产品都有一定的季节差、地区差,所以人们往往将秋季捕获的泥鳅蓄养至泥鳅价格较高的冬季出售。蓄养的方式方法和暂养基本相同。时间较长、规模较大的蓄养一般是采用水槽或水泥池进行。长期蓄养一般须采取低温蓄养,水温要保持在5~10℃范围。若水温低于5℃时,泥鳅会被冻死;高于10℃时,泥鳅会浮出水面呼吸,此时应采取措施降温、增氧。蓄养于室外的,要注意控温,如在水槽等容器上加盖,防止夜间水温突变。蓄养的泥鳅在蓄养前要促使泥鳅肠内粪便排出,并用1%~3%食盐溶液或0.4%食盐加0.4%小苏打合剂浸洗鳅体消毒,以提高蓄养成活率。

九、泥鳅运输

泥鳅的皮肤和肠均有呼吸功能,因而泥鳅的运输比较方便。泥鳅的运输按运输距离分有近程运输、中程运输、远程运输;按泥鳅规格分有苗种运输、成鳅运输、亲鳅运输;按运输工具分有鱼篓鱼袋运输、箱运输、运输工具运输等;按运输方式分有干法运输、带水运输、降温运输等。泥鳅的苗种运输相对要求较高,一般选用鱼篓和尼龙袋装水运输较好;成鳅对运输的要求低些,除远程运输需要尼龙袋装运外,均可因地制宜选用其他方式方法。

不论采用哪一种方法,泥鳅运输前均需暂养1~3天后才能启运。通过暂养,一方面可除去泥鳅的土腥味,提高其商品质量;另一方面可使鱼体预先排出粪便,提高运输成活率。运输途中要注意泥鳅和水温的变化,及时捞除病伤死鳅,去除黏液,调节水温,防止阳光直射和风雨吹淋引起水温变化。在运输途中,尤其是到达目的地时,应尽可能使运输泥鳅的水温与准备放养的环境水温相近,两者最大温差不能超过5℃,否则会造成泥鳅死亡。

1. 干法运输

干法运输就是采取无水湿法运输的方法,俗称"干运",一般适用于成鳅短程运输。运输时,在泥鳅体表泼些水,或用水草包裹泥鳅,使泥鳅皮肤保持湿润,再置于袋、桶、筐等容器中,就可进行短距离运输。

(1)筐运法:装运泥鳅的筐用竹篾编织而成,为长方形,规格为(80~90)cm×(45~50)cm×(20~30)cm。筐内壁铺上麻布,避免鳅体受伤,一筐可装成鳅15~20kg,筐内盖些水草或瓜(荷)叶即可运输。此法适用于水温15℃左右、运输时间为3~5h的短途运输。

(2)袋运法:即将泥鳅装入麻袋、草包或编织袋内,洒些水,或预先放些水草等在袋内,使泥鳅体表保持湿润,即可运输。此法适用于温度在20℃以下,运输时间在半天以内的短途运输。

2. 降温运输

运输时间需半天或更长时间的,尤其在天气炎热和中程运输时,必须采用降温运输方法。

(1)带水降温运输:一般用鱼桶装水加冰块装运,6kg水可装运泥鳅8kg。运输时将冰块放入网袋内,再将其吊在桶盖上,使冰水慢慢滴入容器内,以达到降温之目的。此法运输成活率较高,鱼体也不容易受伤,一般在12h内可保证安全。水温在15℃左右,运输时间在5~6h效果较好。

(2)鱼筐降温运输:鱼筐的材料、形状和规格前面已述。每筐装成鳅15~20kg。装好的鱼筐套叠4~5个,最上面1筐装鳅少一些,其中盛放用麻布包好的碎冰块10~20kg。将几个鱼筐叠齐捆紧即可装运。注意避免鱼筐之间互相挤压。

(3)箱运法运输:箱用木板制做,木箱的结构有3层,上层为放冰的冰箱,中层为装鳅的鳅箱,下层为底盘。箱体规格为50cm×35cm×8cm,箱底和四周钉铺20目的聚乙烯网布。如水温在20℃以上时,先在上层的冰箱里装满冰块,让融化后的冰水慢慢滴入鳅箱。每层鳅箱装泥鳅10~15kg。再将这2个箱子与底盘一道扎紧,即可运输。这种运输方法适合于中、短途运输,运输时间在30h以内的,成活率在90%以上。

(4)低温休眠法运输:是把鲜活的泥鳅置于5℃左右的低温环境之中,使之保持休眠状态的运送方法。一般采用冷藏车控温保温运输,适合于长距离的远程运输。

3. 鱼篓(桶)装水运输

是采用鱼篓、桶装入适量的水和泥鳅,采用火车、汽车或轮船等交通工具的运输方法,此法较适合于泥鳅苗种运输。鱼篓一般用竹篾编制,内壁粘贴柿油纸或薄膜。也有用镀锌铁皮制。鱼篓的规格不一,常用的规格为:口径70cm,底部边长90cm,高77cm,正方体。也可用木桶(或帆布桶)运输。木桶一般规格为:口径70cm,底径90cm,桶高100cm。有桶盖,盖中心开有一直径为35cm的圆孔,并配有击水板,其一端由"十"字交叉板组成,交叉板长40cm,宽10cm,柄长80cm。

鱼篓(桶)运输泥鳅苗种要选择好天气,水温以15～25℃为宜。已开食的鳅苗起运前最好喂1次咸鸭蛋。其方法是:将煮熟的咸鸭蛋黄用纱布包好,放入盛水的搪瓷盘内,滤掉渣,将蛋黄汁均匀地泼洒在装鳅苗的鱼篓(桶)中,每10万尾鳅苗投喂蛋黄1个。喂食后2～3h,更换新水后即可起运。运输途中要防止鳅苗缺氧和残饵、粪便、死鳅等污染水质,要及时换注新水,每次换水量为1/3左右,换水时水温差不能超过3℃。若换水困难,可用击水板在鱼篓(桶)的水面上轻轻地上、下推动击水,起增氧效果。为避免苗种集结成团而窒息,可放入几条规格稍大的泥鳅一道运输。

路途较近的亦可用挑篓运输,挑篓由竹篾制成,篓内壁糊贴柿油纸或薄膜。篓的口径约50cm,高33cm。装水量为篓容积的1/3～1/2(约25L)左右。装苗种数量依泥鳅规格而定:1.3cm以下的装6万～7万尾,1.5～2cm的1万～1.4万尾,2.5cm的装0.6万～0.7万尾;3.5cm的装0.35万～0.4万尾;5cm的装0.25万～0.3万尾;6.5～8cm的装600～700尾;10cm的装400～500尾。

4. 尼龙袋充氧运输

此法是用各生产单位运输家鱼苗种用的尼龙袋(双层塑料薄膜袋),装少量水,充氧后运输,这是目前较先进的一种运输方法。可装载于车、船、飞机上进行远程运输。

尼龙袋规格一般为30cm×28cm×65cm的双层袋,每袋装泥鳅10kg。加少量水,亦可添加些碎冰,充氧后扎紧袋口,再装入32cm×35cm×65cm规格的硬纸箱内,每箱装2袋。气温高时,在箱内四角处各放一小冰袋降温,然后打包运输。如在7～9月份运输,装袋前应对泥鳅采取"三级降温法"处理:即从水温20℃以上的暂养容器中放入水温18～20℃的容器中暂养20～40min后放入14～15℃的容器中暂养5～10min,再放入8～12℃的容器中暂养3～5min。然后装袋充氧运输。

十、泥鳅养殖中的病害防治

目前,对于水产养殖动物病害防治及水产动物的无公害养殖已越来越引起人们的重视。病害防治的发展趋势是从以化学药物防治为主,向以生物制剂和免疫方法,提高养殖对象的免疫机能,选育抗病品种,采用生态防治病害等进行综合防治为主,使产品成为绿色食品。

保护鱼体不受损伤,避免敌害致伤,病原就无法侵入,如赤斑病、打印病和水霉病就不会发生。养殖水体中化学物质浓度太高,会促使泥鳅等鱼类分泌大量黏液,黏液过量分泌,就起不到保护鱼体的作用而降低甚至不能抵御病原菌侵入。

泥鳅在发病初期从群体上难以被觉察,所以只有预先做好预防工作才不至于被动,才能避免重大的经济损失。而病害预防必须贯穿整个养殖工作。

1. 苗种选择

做好病害的预防,首先要选好苗种。苗种优劣一般可参考下列几方面来判别:

(1)了解人工繁殖时的受精率和孵化率。一般受精率、孵化率较高一批的鱼苗体质好。

(2)优质鱼苗体色鲜嫩,体形匀称,苗体肥满,大小较一致,游动活泼。

(3)可装盛鱼苗于白瓷盆中,用口适度吹动水面,其中顶风、逆水游动者为强,随着水波被吹至盆边者为弱。

(4)将鱼苗盛在白瓷盆内,沥去水后在盆底剧烈挣扎,头尾弯曲剧烈者体质强;鱼体粘贴盆底,挣扎力度弱,仅头尾略为扭动者弱。

(5)在鱼篓中的苗,经略搅水成漩涡,其中能在边缘溯水中游动者强,被卷入漩涡中央部位者弱。

2. 苗种消毒

放养前苗种应进行消毒,常用消毒药有:

(1)食盐:浓度2.5%～3%,浸浴5～8min。

(2)聚维酮碘(含有效碘1%):浓度20～30mg/L,浸浴10～20min。

(3)四烷基季铵盐络合碘(季铵盐含量50%):0.1～0.2mg/L,浸浴30～60min。

消毒时水温差应小于3℃。

3. 工具消毒

养殖过程使用的各种工具,往往能成为传播病害的媒介,特别是在发病池中使用过的工具,如木桶、网具、网箱、木瓢、防水衣等。小型工具消毒的药物有高锰酸钾100mg/L,浸洗30min;食盐溶液5%,浸洗30min;漂白粉5%,浸洗20min。发病池的用具应单独使用,或经严格消毒后再使用。大型工具清洗后可在阳光下晒干后再用。

4. 水体消毒

常用的有效消毒药物是生石灰。在泥鳅养殖池中,1m/667m² 水深的水体用生石灰约25kg。泥鳅池一般不用生石灰消毒水体。还有许多优良的水体消毒剂,可根据不同情况选用。漂白粉用量为1mg/L;漂粉精用量为0.1～0.2mg/L;三氯异氰脲酸用量为0.3mg/L;二氯异氰脲酸钠用量为0.3mg/L;氯胺T用量为2mg/L等,这些消毒剂均有杀菌效果。但当水体中施用活菌微生态调节剂时不能与这些杀菌剂合用,必须待这些杀菌剂药效消失后再使用活菌类微生态调节剂,否则会因为杀菌剂存在,使活菌类微生态调节剂失效而造成浪费。杀虫效果较好的制剂有硫酸铜、硫酸亚铁合剂,两者合用量为:按比例5∶2配比,以达到水体浓度0.7mg/L。

5. 饵料消毒

病原体也常由饵料带入,所以投放的饵料必须清洁新鲜无污染、无腐败变质,动物性饲料在投饲前应洗净后在沸水中放置3～5min,或用高锰酸钾20mg/L浸泡15～20min,或食盐5%浸泡5～10min,再用淡水漂洗后投饲。泥鳅池塘施肥前有机肥一定要沤制,并每500kg加入120g漂白粉消毒之后才能投施入池。

6. 加强饲养管理

病害预防效果因饲养管理水平而有不同。必须根据泥鳅的生物学习性,建立良好的生态环境,根据各地具体情况可进行网箱、微流水工厂化、建造"活性"底质等方法养殖;根据不同发育阶段、不同养殖方式、不同季节、天气变化、活动情况等开展科学管理;投饵做到营养全面、搭配合理、均匀适口,保证有充足的动物性蛋白饲料投喂按"四定"原则进行;做到水质、底质良好。

7. 生态防病

生态预防措施有:

(1)保持良好的空间环境。

(2)加强水质、水温管理:保持水质、底质良好,勿使换水温差过大。防止水温过高。

(3)在养殖池中种植挺水性植物或凤眼莲、喜旱莲子草等漂浮性植物;在池边种植一些攀援性植物。

(4)应用有益微生物制剂改良水质维持微生物平衡,抑制有害微生物繁衍。

8. 病池及时隔离

在养殖过程中,应加强巡池检查,一旦发现病鳅应及时隔离饲养,并用药物处理。

9. 在消毒防治中注意合理用药

在无公害泥鳅养殖中,为了保持养殖环境和养殖对象体内、外生态平衡,抑制或消除敌害生物侵袭、感染时除尽量使用有益微生物制剂,进行生物防治,创造良好生态环境之外,正确合理有限制地使用消毒、抗菌药物也是必要的,但必须注意使用这些药物的品种、使用剂量和使用时间,例如,绝不能使用已禁用的药物,不能超量使用,并注意无公害要求的禁用期和休药期等。要是超量使用不仅达不到防治病害的目的,而且会造成药害死亡,这种死亡有时在短期内大量发生,有时则在养殖过程中持续性陆续发生,笔者曾做过有关试验,见表3-19。

表3-19 一些常用药物及化肥对泥鳅存活的影响

药品种类	药品浓度(mg/L)	24h 死亡率(%)	48h 死亡率(%)
CuSO₄	0	5	5
	0.5	0	0
	1	10	65
	1.5	20	80
	2	40	
NaCl	0	0	
	10	0	
	20	100	
NH₃	0	0	
	32(NaOH) pH8.8	0	
	10	0	
	40	25	
	60	50	
	40 加 32(NaOH) pH8.8	65	
	80	100	

续表

药品种类	药品浓度(mg/L)	24h 死亡率(%)	48h 死亡率(%)
NH_4Cl	0	0	
	0.5	0	
	1	15	
	3	20	
	5	50	
	10	100	

泥鳅是鱼类,所以一般鱼类能发生的病害往往在泥鳅养殖中也能发生。以下将常见病害介绍如下,其中一些病害原因尚需深入研究。

1. 红环白身病

病原:不明。

症状:病鳅体表及各鳍条呈灰白色,体表上出现红色环纹,严重时患处发生溃疡,病鱼食欲不振,游动缓慢。该病通常因泥鳅捕捉集中后,长时间处在流水暂养状态而发生。

防治方法:

①将鳅从流水池转入池塘养殖。

②放养时用亚甲蓝药浴 15~20min,浓度为 5g/1 000kg 水体重(5mg/L)。

③泥鳅放养后用 1mg/L 漂白粉泼洒水体。

2. 红鳍病

病原:细菌感染。

症状:发病初期病鳅鳍条及体表部分皮肤剥落呈灰白色、肛门红肿,继而腹部及体侧皮肤充血发炎,鳍条呈血红色,严重时病灶部位逐渐溃烂变为深红,肠道糜烂,患处并发水霉,病鳅常在进水口或池边悬垂,不进食。该病是因鳅体受伤感染病菌所致,危害极大,发病率很高,要是水质急剧变化,更容易诱发此病。夏季是该病高发季节。

防治方法：

①操作时避免鱼体受伤，保持其体表黏液层。

②发病前后用漂白粉水溶液泼洒，浓度用 1.0~1.2mg/L。

3. 水霉病

病原：水霉菌。

症状：病鳅体表长满白色絮状菌丝，游动缓慢，久之体弱而亡。该病终年均有发生，以早春、晚秋及冬季蓄养池中的鳅体受伤后极容易感染此病。

防治方法：

①避免鳅体受伤。

②发病时用食盐-小苏打合剂（各用 400mg/L 水体）泼洒。

4. 气泡病

病因：水中气体过饱和。

症状：鳅体体表、鳃、鳍条上附有许多小气泡，肠道内也充有白色小气泡。病鳅腹部鼓起，浮于水面，若不及时急救，会发生大批死亡。该病多发生在春末、夏初，对幼鱼危害较大，可引起幼体大批死亡。

防治方法：

①合理投饵、施肥，注意水质清新，不便浮游植物繁殖过量。

②发病时排除部分老水，加注新水。

③用泥浆水泼洒全池。

5. 曲骨病

病因：鳅苗孵化时由于水温剧变或水中重金属元素含量过高，或缺乏必要的维生素等营养物质，也有时因寄生虫侵袭等，致使在胚胎发育过程中引起骨骼畸形。

症状：泥鳅苗脊椎骨畸形呈弯曲状。

防治方法：泥鳅繁殖期间保持孵化水水温在适宜范围内，防止温度短期剧变;在鱼苗培育阶段注意营养平衡,投喂混合饲料,保证需要的营养。

6. 烂鳍病

病原:短杆菌感染。

症状:背鳍附近表皮脱落,呈灰白色。严重时鳍条脱落,肌肉外露,停食,衰弱致死。夏季容易流行。

防治方法:用 1‰~5‰ 土霉素溶液浸浴 10~15min,每天 1 次,连用 2 天见效,5 天即可愈。

7. 打印病

病原:嗜水气单孢菌嗜水亚种。

症状:身体病灶浮肿,成椭圆形或圆形,红色,患部主要在尾柄两侧,似打上印章,故名打印病。7~9 月份为主要流行季节。

防治方法:漂白粉化水,泼洒全池,使池水浓度达 1mg/L。

8. 车轮虫病

病原:车轮虫寄生。

症状:车轮虫寄生于鳃、体表。感染后食欲减少,离群独游。严重时虫体密布,轻则影响生长,重则死亡。5~8 月份流行。

防治方法:

①用生石灰彻底清塘后再放养。

②发病水体每立方米用 0.5g 硫酸铜和 0.2g 硫酸亚铁合剂防治。

9. 三代虫病

病原:三代虫寄生。

症状:可见三代虫寄生体表和鳃。5~6 月份流行。对鳅种危害大。

防治方法:用浓度 20mg/L 高锰酸钾溶液浸洗 15~20min;若浓度为 10mg/L 则浸洗 30~50min。根据水温、鳅的体质情况选用以上不同浓度或适当增减。

10. 舌杯虫病

病因:舌杯虫侵入鳃或皮肤。

症状:虫体附着泥鳅鳃或皮肤时,平时取食周围水中的食物,对寄主组织无破坏作用,感染程度不高时危害不大。要是与车轮虫并发或大量发生时,能引起泥鳅死亡。对幼泥鳅,特别是1.5～2cm的鳅苗,大量寄生时妨碍正常呼吸,严重时使鳅苗死亡。一年四季都可出现,以夏、秋季较普遍。

防治方法:

①流行季节用硫酸铜和硫酸亚铁合剂挂袋。

②放养前用浓度8mg/L的硫酸铜溶液浸洗鳅种15～20min。

③用0.7mg/L硫酸铜、硫酸亚铁合剂泼洒全池。

十一、提高泥鳅养殖经济效益

1. 信息收集分析和利用是搞好养殖、提高经济效益的重要方法。例如,根据消费能力和消费习惯变化,及时组织生产不同规格、不同质量的泥鳅及混养品种;了解各地市场需求和价格获得不同地区差价;根据不同季节、不同时期消费习惯,预先暂养,获得季节时间的市场差价;根据不同客户,如宾馆要求、出口规格要求、一般家庭要求等,获得分类规格销售的差价等。当然应预先了解相关数量、运输、集中暂养能力等配套要求,例如,出口贸易的各级中间商需要有相应规格的数量、交货时间的要求,否则会因一定规格泥鳅的数量达不到要求而失去商机。另外,及时获得先进技术便能提高养殖水平。

2. 从产品销售来讲,要全面掌握市场规模,销售量及其变化规律。

(1)进行产品调查:主要包括市场需求的规格和数量及其质量要求。

(2)销售调查:主要对泥鳅市场特点、消费者的购买行为和方

式的调查,包括:

①销路调查:泥鳅销路渠道非常多,是一种畅销水产品,除了各种商业部门、超市、水产品交易市场、农贸集市等,可积极突破旧市场,开拓新市场,建立"多渠道、少环节"的销售渠道,以获得较高的利润。根据不同情况,可与有信誉的个体商贩、宾馆饭店等直接订立销售合同或自办销售点直接销售。

②销售实践调查。

③竞争调查:包括产品竞争能力、与相关产品(如肉、鱼、虾等)的竞争能力以及开拓新市场的调查,防止盲目进入新市场而造成损失。

3. 根据本场生产时机,制定销售计划并准备相关的暂养设施、包装、运输等产销衔接工作。

4. 重视种苗选择、暂养、运输和放养的管理工作,任何环节的失误,将使生产计划落空。

5. 养殖场基建宜逐年完善,可采用一步规划,分期实施,自我积累,滚动开发等措施。各级苗种和成品都可以成为商品,根据市场需求,本场放养模式,安排好各级养殖面积的比例,减少不必要的基建投资。最好做到自流补水,降低抽水成本。

6. 留足饲料费用。

7. 做好巡塘管理和每个水域的塘口记录,及时总结经验,根据市场建立适合本场条件的养殖周期、放养结构、混养品种,并设立必要的生产制度。

8. 建立泥鳅养殖场,必须预先进行,动物性饲料的配套,做到应饲定产,泥鳅人工养殖应用配合饲料时必须有一定量的动物性饲料相配套,方能使泥鳅正常生长,否则会影响泥鳅增重生长,从而影响产量,甚至影响成活率。

9. 安排好养成各级规格商品鱼的养殖周期,填补市场空缺,避免与其他产品扎堆上市,提高市场价格。

10. 实行规模化生产。从分散的个体经营向集约化适度规模经营转变,根据生产环节进行专业化生产,可实行资产联合、股份制,核算统一,利益调节,通过科学的管理及联合体来提高市场竞争力和经济效益。

11. 进行无公害生产养殖。目前,为降低或防止养殖环境污染,药物滥用等,造成水产品中有害物质积累,对人类产生毒害。所以,无公害渔业特别强调水产品中有毒有害物质残留检测。实际上,"无公害渔业"还应包括如下含义:

(1)应是新理论、新技术、新材料、新方法在渔业上的高度集成。

(2)应是多种行业的组合,除渔业外,还可能包括种植业、畜牧业、林业、草业、饵料生物培养业、渔产品加工、运输及相应的工业等。

(3)应是经济、生态与社会效益并重,提倡在保护生态环境、保护人类健康的前提下发展渔业,从而达到生态效益与经济效益的统一,社会效益与经济效益的统一。

(4)应是重视资源合理的利用和转化,各级产品的合理利用与转化增值,把无效损失降低到最小限度。

总之,"无公害渔业"应是一种健康渔业、安全渔业、可持续发展的渔业,同时也应是经济渔业、高效渔业,它必定是世界渔业的发展方向。"无公害渔业"既是传统渔业的一种延续,更是近代渔业的发展。

因此,进行无公害泥鳅养殖是商品泥鳅市场准入的要求,是维护环境安全、人民健康的要求,同时,无公害和各级绿色食品的市场价格明显的高于一般食品。所以,进行泥鳅无公害养殖是降低成本、提高养殖经济效益的重要途径。

(1)无公害生产基地的建立和管理:要进行无公害水产品生产,不仅应建立符合一系列规定的无公害水产品基地,而且要有相应的无公害生产基地的管理措施,只有这样,方能保障无公害生产顺利进行,生产技术和产品质量不断提高,其产品才能有依据地进入国内外相关市场。

无公害农副产品生产基地建立还刚刚开始,其管理方法也一定会随着无公害生产科学技术的发展及市场要求而不断完善和提高。下面将无公害泥鳅养殖基地管理的一般要求列举如下,以供参考。

①无公害泥鳅养殖基地必须符合国家关于无公害农产品生产条件的相关标准要求,使泥鳅中有害或有毒物质含量或残留量控制在安全允许范围内。

②泥鳅无公害生产基地,是按照国家以及国家农业行业有关无公害食品水产养殖技术规范要求和规定建设的,应是具有一定规模和特色、技术含量和组织程度高的水产品生产基地。

③泥鳅无公害生产基地的管理人员、技术人员和生产工人,应按照工作性质不同需要熟悉、掌握无公害生产的相关要求,生产技术以及有关科学技术的进展信息,使无公害生产基地生产水平获得不断发展和提高。

④基地建设应合理布局:做到生产基础设施、苗种繁育与食用泥鳅等生产、质量安全管理、办公生活设施与无公害生产要求相适应。已建立的基地周围不得新建、改建、扩建有污染的项目。需要新建、改建、扩建的项目必须进行环境评价,严格控制外源性污染。

⑤无公害生产基地应配备相应数量的专业技术人员:并建立水质、病害工作实验室和配备一定的仪器设备。对技术人员、操作人员、生产工人进行岗前培训和定期进修。

⑥基地必须按照国家、行业、省颁布的有关无公害水产品标准组织生产,并建立相应的管理机构及规章制度。例如,饲料、肥料、水质、防疫检疫、病害防治和药物使用管理、水产品质量检验检测等制度。

⑦建立生产档案管理制度：对放养、饲料、肥料使用、水质监测、调控、防疫、检疫、病害防治、药物使用、基地产品自检及产品装运销售等方面进行记录，保证产品的可追溯性。

⑧建立无公害水产品的申报与认定制度：例如，首先由申请单位或个人提出无公害水产品生产基地的申请，同时提交关于基地建设的综合材料；基地周边地区地形图、结构图、基地规划布局平面图；有关资质部门出具的基地环境综合评估分析报告；有资质部门出具的水产品安全质量检测报告及相关技术管理部门的初审意见。通过专门部门组织专家检查、审核、认定，最后颁发证书。

⑨建立监督管理制度：实施平时的抽检和定期的资格认定复核与审核工作。规定信誉评比、警告、责令整改直至取消资格的一系列有效可行的制度。

⑩申请主体名称更改、法人变更均须重新认定。

虽然无公害养殖生产基地的建立和管理要求比较严格，但广大养殖户可根据这些要求，首先尽量在养殖过程中注意无公害化生产，使产品主要指标。例如，有毒有害物质残留量等，达到无公害要求。

(2)无公害泥鳅产品的质量要求：国家和各级地方政府对无公害水产品制定公布了一系列相关的监测标准。只有通过按规定抽样检测，符合无公害泥鳅产品质量要求的产品才准许进入市场销售。

无公害泥鳅产品的安全卫生指标，见表3-20、表3-21中的要求。

应注意的是，在泥鳅捕捞、装运、贮存、异地暂养过程中使用的工具、容器、水、暂养环境等必须符合无公害要求，以免合格产品受污染。

第三章 泥鳅人工养殖技术要点

表 3-20 水产品中有毒有害物质限量

项　目	指　标
汞(以 Hg 计,mg/kg)	≤1.0(贝类及肉食性鱼类) ≤0.5(其他水产品)
甲基汞(以 Hg 计,mg/kg)	≤0.5(所有水产品)
砷(以 As 计,mg/kg)	≤0.5(淡水鱼) ≤0.5(其他水产品)
无机砷(以 As 计,mg/kg)	≤1.0(贝类、甲壳类、其他海产品) ≤0.5(海水鱼)
铅(以 Pb 计,mg/kg)	≤1.0(软体动物)
镉(以 Cd 计,mg/kg)	≤1.0(软体动物) ≤0.5(甲壳类) ≤0.1(鱼类)
铜(以 Cu 计,mg/kg)	≤50(所有水产品)
硒(以 Se 计,mg/kg)	≤1.0(鱼类)
氟(以 F 计,mg/kg)	≤2.0(淡水鱼雷)
铬(以 Cr 计,mg/kg)	≤2.0(鱼贝类)
组胺(mg/100g)	≤100 鲐鲲类 ≤30(其他海水鱼类)
多氯联苯(PCBs,mg/kg)	≤2.0(海产品)
甲醛	不得检出(所有水产品)
六六六(mg/kg)	≤2(所有水产品)
滴滴涕(mg/kg)	≤1(所有水产品)
麻痹性贝类毒素(PSP,mg/kg)	≤80(贝类)
腹泻性贝类毒素(DSP,mg/kg)	不得检出(贝类)

表 3-21 水产品中渔药残留限量

药物类别		药物名称	指标(MRL)/(μg/kg)
抗生素类	四环素类	金霉素	100
		土霉素	100
		四环素	100
	氯霉素类	氯霉素	不得检出
胺类及增效剂		磺胺嘧啶	100(以总量计)
		磺胺甲基嘧啶	
		磺胺二甲基嘧啶	
		磺胺甲噁唑	
		甲氧苄啶	50
喹诺酮类		噁喹酸	300
硝基呋喃类		呋喃唑酮	不得检出
		己烯雌酚	不得检出
		喹乙醇	不得检出

12. 拓展市场,包括开发各种加工产品,在进行规模化生产时尤应如此,其中根据不同地区开展餐饮加工是一种低成本的重要方法。以下举例介绍泥鳅的烹调方法:

(1) 泥鳅钻豆腐

①原料:活泥鳅200g(约10条),生姜3g,小葱3g,鸡油50g,豆腐500g,味精5g,细盐5g,胡椒0.5g,红萝卜1个,鸡蛋1个。

②制作

a. 取冷水1盆,将泥鳅放入,然后把鸡蛋打开取出蛋清用筷子搅匀后倒入盆内,用手将泥鳅身上的脏物擦洗干净。生姜去皮,切成细末,小葱切成葱花,红萝卜切成花瓣样4片备用。

b. 大沙锅1个放在微火上,加汤汁,把整块的豆腐和泥鳅同时放在沙锅内,加盖,慢慢烧热,汤热后泥鳅便会往豆腐里钻,至汤烧沸后泥鳅即全死在豆腐中,再约炖30min,至豆腐起孔时,放入细盐、味精,再炖 1~2min,即将沙锅端离火眼。然后将葱花、生姜末撒在豆腐上,把红萝卜花摆在沙锅中两旁,盖上盖,再炖一下,撒上胡椒即成。此菜特点:汤清如镜,味鲜可口,别具一格。

(2)花生烧泥鳅

①原料:泥鳅 250g,瘦猪肉 50g,花生仁 100g,姜片 2 片,精盐 10g,胡椒粉 0.5g,味精 7.5g,熟油 25g,清水 2 000g。

②制作

a. 将活泥鳅放入竹箩里浸入开水中,死后用冷水洗去黏液,并剖去肠、脏及鳃,洗净。

b. 将猪肉洗净切成 2 块。

c. 用 70℃ 的热水浸花生仁约 5min 后就可去衣。

d. 将熟油 26g,放入锅里猛火烧热,把洗净的泥鳅放入略煎,随后加清水。

e. 把姜片、花生仁、瘦肉都放入,用旺火沸 10min 后用慢火烧烂,汤约存 1 500g,再把所有味料放入,上瓷锅便成。

(3)泥鳅糊

①原料:活的大泥鳅约 1 000g(起熟鱼肉 4 成半),叉烧 15g,熟鸡丝 15g,鸭丝 15g,生姜丝 5g,青椒丝 10g,蒜泥 10g,胡椒粉适量,绍酒 15g,酱油 75g,白糖 30g,味精 15g,芝麻油 10g,湿淀粉 25g,汤 50g,熟油 100g。

②制作

a. 将活泥鳅放入竹箩里,浸入沸水锅中,鱼口开后,捞起放入冷水盆中,洗去黏液,去头、肚、脏及骨,取出鱼肉切成长 5cm 的鱼丝,用凉水洗净沥干候用。

b. 将锅烧热放入油 25g,把叉烧、火鸭、鸡丝过锅后用碟盛好候用。

c. 青椒丝用开水烫过,候用。

d. 将炒锅加热用油滑锅后下油 25g,烧至七成热时,把泥鳅丝放入略煸,加上酒、酱油、糖、汤,煮 1min 后加入味精,用湿淀粉调稀芡,起锅放入汤盆中,然后将炒勺背在泥鳅糊中间撇 1 个凹潭,撒上胡椒粉、芝麻油,并将鸭丝、鸡丝、叉烧丝、青椒丝、姜丝放在凹潭周围,把大蒜泥放在凹潭中心,再将猪油 50g 下锅烧至有青烟,倒入糊潭中,立即上桌,吃时可以拌匀。

(4)豆豉姜炖泥鳅

①原料:活泥鳅 500g,姜片 10g,豆豉 15g,精盐 5g,蒜茸 5g,酱油 25g,清水适量,猪油 15g。

②制作

a. 将泥鳅放入竹笋里盖好,用热水烫死,冷水洗去黏液并去鳃及肠肚,洗净,切成 5cm 长的鱼段。

b. 旺火起锅落猪油,爆过蒜茸后加入清水。

c. 再将姜片、豆豉、精盐、酱油放入锅内,沸后再将洗净的泥鳅鱼段放入锅中,水上至刚好浸过鱼面,不能太多。

d. 旺火煮开后,再用慢火熬至水汁起胶状,即可起锅。

13. 实行综合养殖和综合经营:要因地制宜地积极开展多种经营,把生产周期长短不同的生产项目结合起来,做到全年各个时期都有收入;生产上要改革养殖制度,实行立体养殖、综合养殖、生态养殖、轮捕轮放,以减少在产品资金的占用。

要以泥鳅为主,把种植业、畜禽饲养业等有机结合起来,促进动、植物之间互为条件,进行物质良性循环的综合利用。并在此基础上,积极创造条件,开拓经营范围,实行渔、农、牧、副、工、商的综合经营。实践证明,实行综合经营其生态效益、经济效益和社会效益都是比较好的,不仅为社会提供多种副食品和其他产品,而且降低泥鳅的生产成本,提高养殖场的经济效益;不仅为国家增加税收,而且为地方增加累积。

14. 做好规模化生产中的生产技术管理和销售管理:为了不断提高生产水平,应根据不同生产内容和生产规模建立有效的生产管理制度。

建立和健全各项生产管理制度,是保证各项技术措施的实施的重要条件,生产管理制度主要包括:

(1)建立和健全数据管理和统计分析制度:原始记录和统计工作要做到准确、全面、及时、清楚,为了解生产情况、判断生产生产效果、调整技术措施、分析生产成本、总结生产经验、进行科学预测和决策提供依据。

做好数据管理工作,主要是建立养殖水域档案,内容包括:苗种放养日期,品种,数量,规格;投饵施肥日期,数量,品种;捕捞日期,品种,数量等;日常管理情况。全年的生产实绩的统计分析要落实到每只鱼池,总结产量高低,病害轻重的经验教训,以便为第2年调整技术措施,改进养殖方法,加强饲养管理提供科学依据。

(2)建立考核评比制度:为做好考核评比工作,必须正确制定考核指标,包括物质消耗和生产成果,对生产实绩进行全面考核,评价生产中实际效益和存在问题,是生产管理中的经常工作。

技术管理是指对生产中的一切技术活动进行计划、组织、指挥、调节和控制等方面的管理工作。技术管理的基本内容包括搜集、整理技术情报;管理技术档案;贯彻执行技术标准与技术操作规程;搞好技术培训工作;推广应用水产养殖新技术、新产品、新工艺等。

尽管生产管理与技术管理有各自的管理对象,但它们之间是相互依存、相互促进的。因此,只有做好生产技术方面的组织和管理工作,才能提高水产养殖生产技术水平,取得更好的经济效果。

做好产品销售管理,不仅是实现养殖场在生产的重要条件,也是提高养殖场经济效益的重要途径。在产品销售管理工作中,必须注意以下几方面:

①掌握好产品销售时机,注意发挥价值规律的作用:水产品价格放开后,市场调节对水产品的销售起着重要的作用,水产品的价

格是随行就市，按质论价，因此，要充分发挥价值规律的作用，运用市场需求原理、价格理论，掌握好水产品的销售时机，争取有一个好的卖价，这样才能既增加销售数量，又增加销售收入。

②注重水产品的质量，提高其价值：水产品是鲜活商品，具有容易腐性，相同数量的水产品，鲜活程度不同，售价差异很大，随着人们生活水平的提高，对水产品的质量要求也随之提高，从泥鳅来说，包括泥鳅的品种、体色、规格大小、肉质口感、无土腥味、绿色产品级别和信誉品牌等。近城镇的水产养殖场，应在城镇设立鲜活泥鳅的销售门市部，对需要远距离销售的，要做好运输过程中的保鲜工作。

③做到以销定产，以销促产：产与销是相互依存的，既能相互促进，也能相互制约，因此，要做到一手抓生产，一手抓销售，自觉地根据市场行情变化，适时调整养殖品种和规格，调整上市时间，注意市场变，我也变，产品围绕市场转。

④做到水产品均衡上市：水产品均衡上市不仅能满足人们的生活需要，而且有利于加速资金周转和增加销售收入，提高养殖场的经济效益。

⑤采取多种形式，拓宽产品销售渠道：如与大中型工矿企业、超级市场、宾馆饭店和集贸市场菜场挂钩等，总之，要做好产品销售服务工作，促进生产发展。

⑥除了提供鲜活产品之外，开发各类加工产品：如去骨的方便食品、旅游食品等，也包括城市中的餐饮加工及加工产品的综合利用，以求扩大市场，增加产品附加值。

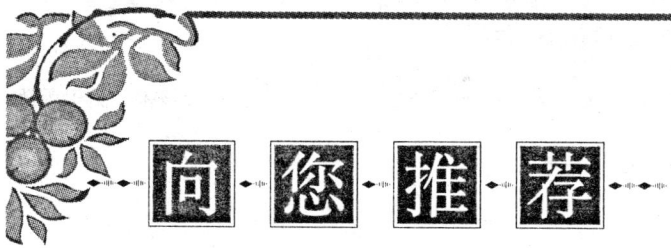

畜禽养殖类

怎样办好家庭养猪场	15.00
怎样办好家庭养貉场	13.00
怎样办好家庭养鹅场	10.00
动物趣谈	24.00
水产品质量安全生产指南	10.00
鸡病鉴别诊断与防治	12.00
果园山林散养土鸡	13.00

注:邮费按书款总价另加 20%

图书在版编目(CIP)数据

泥鳅高效养殖100例 / 徐在宽, 徐青编著. —北京: 科学技术文献出版社, 2013.3(重印)

ISBN 978-7-5023-6680-3

Ⅰ.①泥… Ⅱ.①徐… ②徐… Ⅲ.①鳅科-淡水养殖 Ⅳ.①S966.4

中国版本图书馆 CIP 数据核字(2010)第 098175 号

泥鳅高效养殖100例

策划编辑：袁其兴　责任编辑：陈家显　责任校对：赵文珍　责任出版：张志平

出 版 者	科学技术文献出版社
地　　址	北京市复兴路15号　邮编100038
编 务 部	(010)58882938, 58882087(传真)
发 行 部	(010)58882868, 58882866(传真)
邮 购 部	(010)58882873
官方网址	http://www.stdp.com.cn
淘宝旗舰店	http://stbook.taobao.com
发 行 者	科学技术文献出版社发行　全国各地新华书店经销
印 刷 者	北京高迪印刷有限公司
版　　次	2010年9月第1版　2013年3月第3次印刷
开　　本	850×1168　1/32开
字　　数	257千
印　　张	10.75
书　　号	ISBN 978-7-5023-6680-3
定　　价	20.00元

版权所有　违法必究

购买本社图书，凡字迹不清、缺页、倒页、脱页者，本社发行部负责调换